21天精通

HTML 5 + CSS 3 网页设计

雨辰网络研究中心 编著

中国铁道出版社
CHINA RAILWAY PUBLISHING HOUSE

内 容 简 介

本书以完整的网页设计为主线，以 21 天为学习任务周期，将每天的知识学习和技能训练分为两个部分，每天只需学习两小时，就能顺利地完成一个项目的学习，简单易学。

本书共 21 个章节。其中第 1～3 天主要讲解网页和网站、HTML 5、CSS 3 的基础知识；第 4～10 天主要讲解利用 HTML 5 的功能来构建网页的技术、多媒体等各项应用；第 11～16 天主要讲解利用 CSS 3 技术来美化网页上的文本、图像、表单等相关样式；第 17～21 天通过精选的 5 类常见的网站应用方向来讲解综合利用 HTML 5+CSS 3 技术的设计方法。

随书光盘中赠送 21 小时同时配以制作精良的多媒体互动教学视频，让读者学以致用，达到最佳的学习效果。本书采用环境教学、图文并茂的方式，使读者能够轻松上手、轻易学会。同时本书还赠送了大量的电脑使用技巧速查手册和电脑维护与故障处理技巧速查手册，用于方便读者学习。

图书在版编目（CIP）数据

21 天精通 HTML 5+CSS 3 网页设计 / 雨辰网络研究中心编著. — 北京：中国铁道出版社，2013.12
ISBN 978-7-113-17164-3

Ⅰ. ①2… Ⅱ. ①雨… Ⅲ. ①超文本标记语言－程序设计②网页制作工具 Ⅳ. ①TP312②TP393.092

中国版本图书馆 CIP 数据核字（2013）第 184125 号

书　　名：21 天精通 HTML 5+CSS 3 网页设计
作　　者：雨辰网络研究中心　编著

策　　划：刘 伟	读者热线电话：010-63560056
责任编辑：张 丹	特邀编辑：赵树刚
责任印制：赵星辰	封面设计：多宝格

出版发行：中国铁道出版社（北京市西城区右安门西街 8 号　　邮政编码：100054）
印　　刷：三河市兴达印务有限公司
版　　次：2013 年 12 月第 1 版　　　　　　　　2013 年 12 月第 1 次印刷
开　　本：787mm×1092mm　1/16　印张：25.25　字数：586 千
书　　号：ISBN 978-7-113-17164-3
定　　价：59.80 元（附赠光盘）

前　言

《21 天精通》系列图书是专门为研究网页设计与网站建设的爱好者所创作，旨在帮助读者快速学会和用好网页设计与网站建设的各项技能。此系列图书由雨辰网络研究中心编著。

为什么要写这样一本书

近年来伴随着网页设计的逐渐增多，特别是移动网页需求正在迅猛发展，使得新技术、新应用层出不穷，但如何设计更符合需求的网页，怎样让访问者在电脑、平板电脑和手机之间保持视觉一致、访问更接近真实场景，怎样更精准地使用 HTML+CSS 最佳搭档来设计页面，是今后网络公司急需思考和亟待解决的技术问题，这就导致了近年来 CSS 技术的不断发展。而 HTML+CSS 作为网页设计的最新技术，必将在各类网页设计与布局的应用中体现出更大的作为。

俗话说："读万卷书，不如行万里路"，实践对于学习知识的重要性可见一斑。本书从网页设计与布局的基础开始讲解，结合理论知识，使用通俗易懂的语言，深入浅出地将网页设计与布局的魅力展现在读者眼前，真正做到"从实践中来，到实践中去"，让读者轻松学会，快速成长为一名合格的网页设计人员。

本书特色

■　零基础、入门级的讲解

无论读者是否从事计算机网络相关行业，是否接触过网页设计，都能从本书中找到最佳的学习起点。本书采用零基础入门级的讲解方式，从最基础的网页设计基础讲起，接着讲解了 HTML 在网页设计中对表单、多媒体、网页定位、本地存储、Web 通信等的高级应用，同时对 CSS 在网页样式中的文本、图像、表单、菜单、超链接、CSS 滤镜以及网页美化等方面也进行了详细深入的讲解，并在最后综合实战板块详尽地讲述了不同类型、不同风格网站的设计方法与技巧。

■　实战为主，图文并茂

在讲解过程中，每一个知识点均配有实例辅助讲解，每一个操作步骤均配有对应的插图，这种图文并茂的方法，使读者在学习过程中能够直观、清晰地看到操作的过程和效果，便于读者理解和掌握。

■　您问我答，扩展学习

本书在每章的最后都安排有"技能训练"环节，为读者提供了各种操作技巧和实战技能，将高手所掌握的一些秘籍提供给读者。采用这种"在学中练，在练中学"的方式加强读者的实训技能，同时也帮助读者更快地掌握所学习的内容。

■　细致入微，贴心提示

本书在讲解过程中，各章使用了"注意"、"提示"、"技巧"等小栏目，使读者更清楚地了解相关操作、理解相关概念，轻松掌握各种操作技巧。

光盘特点

21 小时全程同步教学视频

视频涵盖本书所有知识点，详细讲解了每个知识点和项目的开发过程及关键点，读者可以轻松掌握网站建设知识，而且扩展的讲解部分能使读者获得更多的知识。

超多、超值资源大放送

赠送本书所有案例源代码、网站建设经验技巧大汇总、常见错误及解决方案、流行系统代码、常见面试题目及本书内容的教学用 PPT 等超值资源。

"网页设计与布局"学习最佳途径

本书以学习"网页设计"的最佳制作流程来分配章节，从 CSS 的基本语法讲起，然后讲解了网页设计的各种技巧和方法，同时在 HTML+CSS 页面布局环节特别讲解了各种特效和布局案例，并在最后的项目实战环节补充了不同类型、不同风格网站的设计方法与技巧，以便进一步提高读者的实战技能。

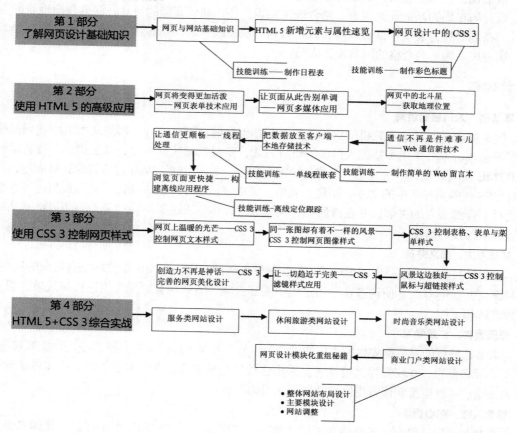

读者对象

- 没有任何网页设计基础的初学者。
- 有一定基础，想更深入学习网页设计的人员。
- 有一定的网页制作基础，没有实践经验的人员。
- 大专院校及培训学校的老师和学生。

创作团队

本书由雨辰网络研究中心策划编著，参加编写和资料收集的有孙若淞、刘玉萍、宋冰冰、张少军、王维维、肖品、周慧、刘伟、李坚明、徐明华、李欣、樊红、赵林勇、刘海松、裴东风等。

在编写过程中，笔者尽所能地将最好的讲解呈现给读者，但难免有疏漏和不妥之处，敬请不吝指正。若您在学习中遇到困难或疑问，或有何建议，可写信至信箱 6v1206@gmail.com，微信：i6v1206。

编者
2013 年 10 月

目　　录

第 1 部分　了解网页设计基础知识

第 1 天　网页与网站基础知识 3

1.1　认识网页和网站 3

  1.1.1　什么是网页 3

  1.1.2　什么是网站 4

1.2　网页的相关概念 6

  1.2.1　浏览器 6

  1.2.2　网页与 HTML 7

  1.2.3　URL、域名与 IP 地址 8

  1.2.4　网站上传和下载 9

1.3　网页的 HTML 构成 10

  1.3.1　文档标记 11

  1.3.2　头部标记 12

  1.3.3　主体标记 13

1.4　HTML 常用标记 14

  1.4.1　链接标记<LINK> 14

  1.4.2　段落标记<P> 15

  1.4.3　通用块标记<DIV> 17

  1.4.4　行内标记<SPAN> 18

  1.4.5　元数据标记<META> 19

  1.4.6　图像标记<IMG> 20

  1.4.7　框架容器标记<FRAMESET> 22

  1.4.8　子框架标记<FRAME> 22

  1.4.9　表格标记<TABLE> 24

  1.4.10　浮动帧标记<Iframe> 26

  1.4.11　滚动标记<marquee> 27

天精通 HTML 5+CSS 3 网页设计

1.5　技能训练 1——制作日程表 29
1.6　技能训练 2——保存整站 32
第 2 天　认识 Web 新面孔——HTML 5 新增元素与属性速览 36
2.1　新增的主体结构元素 36
2.1.1　section 元素 36
2.1.2　article 元素 36
2.1.3　aside 元素 37
2.1.4　nav 元素 37
2.2　新增的非主体结构元素 37
2.2.1　header 元素 37
2.2.2　hgroup 元素 38
2.2.3　footer 元素 38
2.2.4　figure 元素 39
2.3　新增的其他元素 39
2.3.1　新增 input 元素的类型 39
2.3.2　其他元素 39
2.4　新增的属性和废除的属性 42
2.4.1　新增的表单属性 42
2.4.2　新增的链接相关属性 45
2.4.3　新增的其他属性 45
2.4.4　废除的属性 45
2.5　新增的全局属性 47
2.5.1　contentEditable 属性 47
2.5.2　designMode 属性 48
2.5.3　hidden 属性 48
2.5.4　spellcheck 属性 48
2.5.5　tabIndex 属性 49
第 3 天　读懂样式表密码——网页设计中的 CSS 3 51
3.1　认识 CSS 3 51
3.1.1　CSS 3 简介 51
3.1.2　CSS 3 发展历史 52
3.1.3　浏览器与 CSS 3 52
3.2　样式表的基本用法 53
3.2.1　在 HTML 中插入样式表 53
3.2.2　单独的链接 CSS 文件 53
3.3　CSS 3 新增的选择器 54
3.3.1　属性选择器 55
3.3.2　结构伪类选择器 56
3.3.3　UI 元素状态伪类选择器 57
3.4　技能训练——制作彩色标题 59

第 2 部分　使用 HTML 5 的高级应用

第 4 天　网页将变得更加活泼——网页表单技术应用 66

4.1　新增 HTML 5 表单 66

 4.1.1　基本表单元素 68

 4.1.2　高级表单元素 75

 4.1.3　新增表单元素 84

4.2　新增表单属性 86

 4.2.1　autocomplete 属性 86

 4.2.2　min、max 和 step 属性 87

 4.2.3　multiple 属性 88

 4.2.4　placeholder 属性 88

 4.2.5　required 属性 89

4.3　技能训练——创建用户注册页面 90

第 5 天　让页面从此告别单调——网页多媒体应用 92

5.1　音/视频容器与视频编/解码器 92

 5.1.1　视频容器 92

 5.1.2　音频和视频编/解码器 93

 5.1.3　audio 和 video 元素的浏览器支持情况 93

 5.1.4　在 HTML 4 和 HTML 5 中播放多媒体的异同 94

5.2　属性与方法 94

 5.2.1　理解媒体元素 94

 5.2.2　使用 audio 元素 95

 5.2.3　使用 video 元素 96

5.3　事件触发机制 97

 5.3.1　事件概述 97

 5.3.2　事件处理应用 99

5.4　技能训练——为网页添加背景音乐 103

第 6 天　网页中的北斗星——获取地理位置 104

6.1　Geolocation API 获取地理位置 104

 6.1.1　地理定位的原理 104

 6.1.2　地理定位的方法 105

 6.1.3　指定纬度和经度坐标 105

 6.1.4　如何获取位置信息 108

6.2　技能训练——在网页中调用百度地图 109

第 7 天　通信不再是件难事儿——Web 通信新技术 112

7.1　跨文档消息传输 112

7.1.1 跨文档消息传输的基本知识...112

7.1.2 跨文档通信应用测试...113

7.2 Web Sockets API...114

7.2.1 Web Sockets 通信基础..115

7.2.2 服务器端使用 Web Sockets API...117

7.2.3 客户端使用 Web Sockets API...120

7.3 技能训练——编写简单的 Web Socket 服务器...120

第 8 天 把数据放至客户端——本地存储技术...126

8.1 认识 Web Storage...126

8.2 使用 HTML 5 Web Storage API...126

8.2.1 sessionStorage 对象应用...127

8.2.2 localStorage 对象应用...128

8.2.3 Web Storage API 的其他操作...130

8.3 在本地建立数据库...133

8.3.1 本地数据库概述...133

8.3.2 用 executeSql 来插入数据...134

8.3.3 使用 transaction 方法处理事件...134

8.4 技能训练——制作简单的 Web 留言本...134

第 9 天 让通信更顺畅——线程处理...138

9.1 Web Worker 概述...138

9.2 线程中常用的变量、函数与类...139

9.3 与线程进行数据交互...140

9.4 线程嵌套...142

9.4.1 技能训练 1——单线程嵌套...142

9.4.2 技能训练 2——多个子线程中的数据交互...145

第 10 天 浏览页面更快捷——构建离线应用程序...147

10.1 HTML 5 离线应用程序...147

10.1.1 本地缓存...147

10.1.2 浏览器网页缓存与本地缓存的区别...147

10.1.3 目前浏览器对 Web 离线应用的支持情况.....................................148

10.1.4 支持离线行为...148

10.2 了解 manifest（清单）文件...149

10.3 了解 applicationCache API...150

10.4 技能训练——离线定位跟踪...152

第 3 部分　使用 CSS 3 控制网页样式

第 11 天　网页上温暖的光芒——CSS 3 控制网页文本样式 160

11.1　CSS 3 文字样式 160
 11.1.1　定义文字的颜色 160
 11.1.2　定义文字的字体 161
 11.1.3　定义文字的字号 162
 11.1.4　加粗字体 163
 11.1.5　定义文字的风格 165
 11.1.6　文字的阴影效果 165
 11.1.7　控制溢出文本 166
 11.1.8　控制换行 168
 11.1.9　字体复合属性 169
 11.1.10　文字修饰效果 170

11.2　CSS 3 段落文字 171
 11.2.1　设置字符间隔 171
 11.2.2　设置单词间隔 172
 11.2.3　水平对齐方式 173
 11.2.4　垂直对齐方式 174
 11.2.5　文本缩进 176
 11.2.6　文本行高 177

11.3　技能训练——网页图文混排效果 178

第 12 天　同一张图却有着不一样的风景——CSS 3 控制网页图像样式 180

12.1　图片缩放 180
 12.1.1　通过标记设置图片大小 180
 12.1.2　使用 CSS 3 中的 width 和 height 181
 12.1.3　使用 CSS 3 中的 max-width 和 max-height 181

12.2　设置图片的边框 183

12.3　图片的对齐方式 184
 12.3.1　横向对齐方式 184
 12.3.2　纵向对齐方式 185

12.4　图文混排效果 187
 12.4.1　设置图片与文字间距 187
 12.4.2　文字环绕效果 188

12.5　技能训练——酒店宣传单 189

第 13 天　不可思议的杰作——CSS 3 控制表格、表单与菜单样式 193

13.1　CSS 3 与表格 193
 13.1.1　表格的基本样式 193

13.1.2　表格边框宽度 196
13.1.3　表格边框颜色 197
13.1.4　技能训练 1——隔行变色 199
13.1.5　技能训练 2——鼠标悬浮变色表格 202
13.2　CSS 3 与表单 205
13.2.1　美化表单中的元素 206
13.2.2　美化下拉菜单 207
13.2.3　美化提交按钮 209
13.2.4　技能训练 3—— 美化注册表单 211
13.2.5　技能训练 4—— 美化登录表单 214
13.3　CSS 3 与菜单 216
13.3.1　美化无序列表 216
13.3.2　美化有序列表 218
13.3.3　图片列表 220
13.3.4　列表缩进 222
13.3.5　无须表格的菜单 223
13.3.6　菜单的横竖转换 226
13.4　技能训练 5——制作 soso 导航栏 228
第 14 天　风景这边独好—— CSS 3 控制鼠标与超链接样式 232
14.1　鼠标特效 232
14.1.1　如何控制鼠标箭头 232
14.1.2　鼠标变换效果 234
14.2　超链接特效 235
14.2.1　改变超链接基本样式 235
14.2.2　设置超链接背景图 238
14.2.3　超链接按钮效果 239
14.3　技能训练 1——制作图片鼠标放置特效 240
14.4　技能训练 2——制作图片超链接 242
第 15 天　让一切趋近于完美——CSS 3 滤镜样式应用 245
15.1　什么是 CSS 滤镜 245
15.2　通道（Alpha）..246
15.3　模糊（Blur）..248
15.4　透明色（Chroma）...249
15.5　翻转变换（Flip）...250
15.6　光晕（Glow）...252
15.7　灰度（Gray）...253
15.8　反色（Invert）...254
15.9　遮罩（Mask）..255
15.10　阴影（Shadow）...256

15.11　X 射线（X-ray）..257
15.12　图像切换（RevealTrans）..258
15.13　波浪（Wave）...260
15.14　渐隐渐现（BlendTrans）...261
15.15　立体阴影（DropShadow）.......................................263
15.16　灯光滤镜（Light）...264
第 16 天　创造力不再是神话——CSS 3 完善的网页美化设计.........267
16.1　增强的边框属性...267
16.1.1　border-color 属性..267
16.1.2　border-image 属性...269
16.2　增强的背景图像属性...271
16.2.1　background 属性..271
16.2.2　background-origin 属性..272
16.2.3　background-clip 属性...274
16.2.4　background-size 属性...276
16.2.5　overflow-x 和 overflow-y 属性................................279
16.3　增强的其他属性...281
16.3.1　border-radius 属性...281
16.3.2　box-shadow 属性...282
16.3.3　box-sizing 属性..283
16.3.4　resize 属性...284
16.3.5　outline 属性..285
16.3.6　nav-index 属性...287
16.3.7　content 属性...289

第 4 部分　HTML 5+CSS 3 综合实战

第 17 天　服务类网站设计..293
17.1　网站规划与分析...293
17.1.1　网站框架设计...293
17.1.2　网站栏目划分...293
17.1.3　网站模块划分...294
17.1.4　网站色彩搭配...296
17.2　修改样式表确定网站风格..296
17.2.1　修改网站通用样式..296
17.2.2　修改网站布局样式..297
17.3　借用其他网站优秀模块...299
17.3.1　导航条模块实现..299

天精通 HTML 5+CSS 3 网页设计

17.3.2 首页主体布局模块实现 301
17.3.3 网页特效显示模块实现 305

第18天 休闲旅游类网站设计 309
18.1 休闲旅游类网站主页规划 309
18.1.1 旅游网站主页配色规划 309
18.1.2 网页整体架构布局规划 310
18.1.3 用 DIV+CSS 布局网页框架 310
18.2 制作网站的步骤 311
18.2.1 使用 HTML 5 设计网站 311
18.2.2 定义网站 CSS 样式 311
18.2.3 设计页面头部模块 318
18.2.4 设计页面中间部分模块 320
18.2.5 设计页面底部模块 322
18.2.6 微调网站细节并预览 323

第19天 时尚音乐类网站设计 324
19.1 时尚音乐类网站的构思布局 324
19.1.1 设计分析 324
19.1.2 排版架构 325
19.2 制作网站的步骤 327
19.2.1 页头部分 327
19.2.2 左侧内容列表 329
19.2.3 中间内容列表 331
19.2.4 右侧内容列表 333
19.2.5 页脚部分 334
19.3 完善网站的效果 335
19.3.1 页面内容主体调整 335
19.3.2 页面整体调整 337

第20天 商业门户类网站设计 339
20.1 商业门户类网站整体设计 339
20.1.1 颜色应用分析 340
20.1.2 架构布局分析 340
20.2 制作网站的步骤 341
20.2.1 网页整体样式插入 341
20.2.2 网页局部样式 343
20.2.3 顶部模块样式代码分析 350
20.2.4 中间主体代码分析 351
20.2.5 底部模块分析 355
20.3 完善网站的效果 355
20.3.1 部分内容调整 355

20.3.2　模块调整 356
20.3.3　调整后预览测试 358

第 21 天　网页设计模块化重组秘籍 359
21.1　网站类型分析与重组 359
21.2　网站建站特点分析 360
21.2.1　用户群分析 360
21.2.2　建站设计分析 361
21.3　网站设计布局 361
21.3.1　整体布局设计分析 362
21.3.2　各模块化设计分析 362
21.3.3　颜色搭配分析 362
21.4　网站制作详细步骤 363
21.4.1　CSS 样式表分析 363
21.4.2　网页头部设计分析 364
21.4.3　主体第一通栏 368
21.4.4　主体第二通栏 373
21.4.5　主体第三通栏 380
21.4.6　网页底部模块分析 383

第**1**部分

了解网页设计基础知识

在学习网页设计之前，首先要了解有关 HTML 5 和 CSS 3 的一些基本知识。本部分将学习网页与网站基础知识、HTML 5 新增元素与属性以及 CSS 3 的基本知识。

3 天学习目标

- ☐ 网页与网站基础知识
- ☐ 认识 Web 新面孔——HTML 5 新增元素与属性速览
- ☐ 读懂样式表密码——网页设计中的 CSS 3

1 第1天

网页与网站基础知识

1.1 认识网页和网站

1.2 网页的相关概念

1.3 网页的HTML构成

1.4 HTML常用标记

1.5 技能训练1——制作日程表

1.6 技能训练2——保存整站

2 第2天

认识Web新面孔——HTML 5新增元素与属性速览

2.1 新增的主体结构元素

2.2 新增的非主体结构元素

2.3 新增的其他元素

2.4 新增的属性和废除的属性

2.5 新增的全局属性

3 第3天

读懂样式表密码——网页设计中的CSS 3

3.1 认识CSS 3

3.2 样式表的基本用法

3.3 CSS 3新增的选择器

3.4 技能训练——制作彩色标题

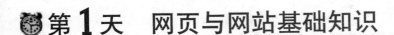

第1天 网页与网站基础知识

学时探讨：

　　本学时主要探讨网页与网站基础知识。网页设计需要先要学习一些有关网站的知识，通过本天的学习，读者能够掌握网页设计的基础知识，了解网页的相关概念，初步认识HTML语言常用标记的用法。

学时目标：

　　通过本章网页与网站基础知识的学习，读者能够掌握网站的知识、网页的组成以及各类网页元素的标记等，为后面更深入的学习打下基础。

　　随着 Internet 的发展与普及，越来越多的人开始在网上通信、工作、购物、娱乐，甚至建立自己的网站。

1.1 认识网页和网站

　　要想学习网页制作，首先需要认识一下网页和网站，了解它们的相关概念。

1.1.1 什么是网页

　　网页是 Internet 中最基本的信息单位，通常情况下，网页中有文字和图像等基本信息，有些网页中还有声音、动画和视频等多媒体内容。网页一般由站标、导航栏、广告栏、信息栏和版权区等部分组成，如下图所示。

3

在访问一个网站时，首先看到的网页一般称为该网站的首页。有些网站的首页具有欢迎访问者的作用，如下图所示。

首页只是网站的开场页，单击页面上的文字或图片，即可打开网站主页，而首页也随之关闭，如下图所示。

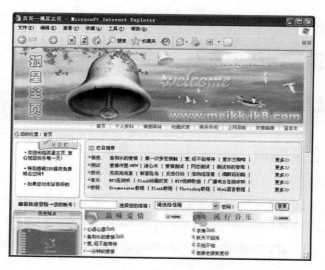

> **提示** 网站主页与首页的区别在于：主页设有网站的导航栏，是所有网页的链接中心。但多数网站的首页与主页通常合为一个页面，即省略了首页而直接显示主页，在这种情况下，它们指的是同一个页面。

1.1.2　什么是网站

网站就是在 Internet 上通过超链接的形式构成的相关网页的集合。按照内容形式的不同，网站可以分为门户网站、职能网站、专业网站和个人网站四大类。

1. 门户网站

门户网站是指涉猎领域非常广泛的综合性网站，如国内著名的三大门户网站：网易、搜狐和新浪，如下图所示。

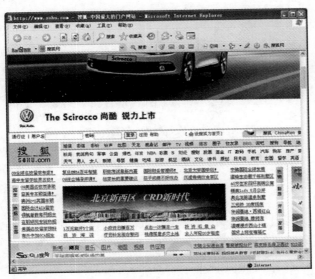

2. 职能网站

职能网站是指一些公司为展示其产品或对其所提供的售后服务进行说明而建立的网站，如下图所示。

3. 专业网站

专业网站是指专门以某个主题为内容而建立的网站，这种网站都是以某一题材作为网站的内容的，如下图所示。

4. 个人网站

个人网站是由个人开发建立的网站，在内容形式上具有很强的个性化，通常用来宣传自己或展示个人的兴趣爱好，如下图所示。

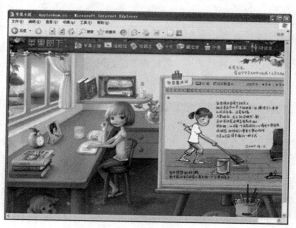

1.2 网页的相关概念

在制作网页时，经常会接触到很多和网络有关的概念，如万维网、浏览器、URL、FTP、IP 地址及域名等。理解与网页相关的概念，对制作网页会有一定的帮助。

1.2.1 浏览器

浏览器是指将互联网上的文本文档（或其他类型的文件）翻译成网页，并让用户与这些文件交互的一种软件工具，主要用于查看网页的内容。目前最常用的浏览器有 3 种：Internet

Explorer、Chrome 和 Firefox。

> **提示** 互联网（Internet）又称因特网，是一个把分布于世界各地的计算机用传输介质互相连接起来的网络。Internet 主要提供的服务有万维网（WWW）、文件传输协议（FTP）、电子邮件（E-mail）及远程登录（Telnet）等。

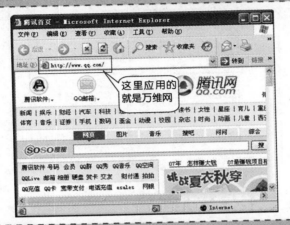

> **提示** 万维网（World Wide Web）简称 WWW 或 3W，它是无数个网络站点和网页的集合，也是 Internet 提供的最主要的服务。它是由多媒体链接而形成的集合，通常上网看到的就是万维网中的内容。

1.2.2 网页与 HTML

HTML（Hyper Text Marked Language）即超文本标记语言，是一种用来制作超文本文档的简单标记语言，也是制作网页的最基本的语言之一，它可以直接由浏览器执行。

打开一个网页，右击空白处，在弹出的快捷菜单中选择【查看源文件】菜单命令，如下图所示。

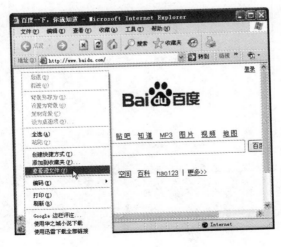

此时即可在打开的记事本窗口中看到编写网页的 HTML 代码，如下图所示。

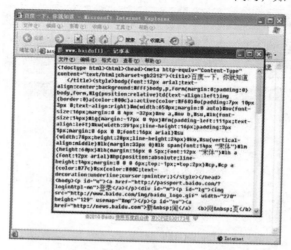

1.2.3 URL、域名与 IP 地址

URL（Uniform Resource Locator）即统一资源定位器，也就是网络地址，是在 Internet 上用来描述信息资源，并将 Internet 提供的服务统一编址的系统。简单来说，通常在 IE 浏览器或 Netscape 浏览器中输入的网址就是 URL 的一种。

域名类似于 Internet 上的门牌号，是用于识别和定位互联网上计算机的层次结构式字符标识，与该计算机的因特网协议（IP）地址相对应。但相对于 IP 地址而言，域名更便于使用者理解和记忆。

IE 浏览器窗口、URL 和域名的关系如下图所示。

提示

URL 和域名是两个不同的概念，如 http://www.sohu.com/是 URL，而 www.sohu.com 是域名。

IP 即因特网协议，是为计算机网络相互连接进行通信而设计的协议，是计算机在因特网上进行相互通信时应当遵守的规则。IP 地址是给因特网上的每台计算机和其他设备分配的一个唯一的地址。在 IE 浏览器的地址栏中输入 IP 地址 "202.38.64.9"，按下回车键，如下图所示。

此时即可打开该 IP 地址指向的网站，如下图所示。

1.2.4 网站上传和下载

上传（Upload）是从本地计算机（一般称客户端）向远程服务器（一般称服务器端）传送数据的行为和过程，如下图所示。下载（Download）是从远程服务器取回数据到本地计算机的过程。

> **提示**
>
> FTP（File Transfer Protocol）即文件传输协议，是一种快速、高效和可靠的信息传输方式，通过该协议可把文件从一个地方传输到另一个地方，从而真正地实现资源共享。制作好的网页要上传到服务器上，就要用到 FTP。

第 1 天 网页与网站基础知识

9

1.3 网页的 HTML 构成

HTML 支持在文本中嵌入图像、声音、动画等不同格式的文件，除此之外还具有强大的排版功能。用 HTML 编写的页面是普通的文本文档，不含任何与平台和程序相关的信息，可以被任何文本编辑器读取。

提示　　描述一个网页的 HTML 文档中加入了很多类似标记（tag）的特殊字符串，从结构上讲，HTML 文档由标记组成，用于决定文件的内容和输出格式。很多标记都像一种容器，有起始标签和结尾标签，标签之间的部分是标签元素体。

【案例 1-1】通常情况下，HTML 文档的标记都可嵌套使用，通常由 3 对基本标记来构成一个 HTML，分别是文档标记<HTML>、头部<HEAD>和主体<BODY>，结构如下：

```
<HTML>              <!-- HTML 文件开始>
<HEAD>          <!-- HTML 文件头开始>
<!--头部信息>
</HEAD>         <!-- HTML 文件头结束>
<BODY>          <!-- HTML 文件体开始>
文档主体，正文部分
</BODY>         <!-- HTML 文件体结束>
</HTML>             <!-- HTML 文件结束>
```

Step01　选择【开始】▶【所有程序】▶【附件】▶【记事本】菜单命令，即可打开【记事本】窗口，在文档窗口中输入上述代码，选择【文件】▶【保存】菜单命令，如下图所示。

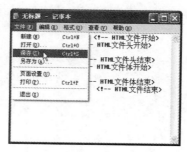

Step02 此时弹出【另存为】对话框,在【保存在】下拉列表框中将保存位置定位←---
在"D:\结果\ch01\1.3\",在【文件名】文本框中输入保存的文件名称和扩展名"1.3.html",
完成后单击【保存】按钮,如下图所示。

Step03 找到 HTML 文件保存的位置,双击文件图标,如下图所示。

Step04 在 IE 浏览器中打开页面,即可看到一个基本的网页效果,如下图所示。

要学习编写一个满意的 HTML 页面,最先需要学习的是 HTML 中最基本的顶级标记,包
括文档标记、头部标记以及主体标记等。

1.3.1 文档标记

基本 HTML 的页面以<HTML>标签开始,以</HTML>标签结束。HTML 文档中的所有内
容都应该在这两个标签之间。

第 1 天 网页与网站基础知识

11

【案例 1-2】文档标记应用示例。

Step01 将如下代码输入在记事本中，并保存为"D:\结果\ch01\1.3\1.3.1.html"。

```
<HTML>


</HTML>
```

Step02 打开创建的 HTML 文档，即可看到空结构在 IE 浏览器中的显示是空白的，如下图所示。

1.3.2   头部标记

头部标记（<HEAD>...</HEAD>）包含文档的标题信息，如标题、关键字、说明以及样式等。除了<TITLE>标题外，一般位于头部的内容不会直接显示在浏览器中，而是通过其他方式显示。

> 提示   头部标记中最为常用的是<TITLE>标记，用于给出文档的标题，并在 IE
> 浏览器的标题栏中显示出来。每个文档在<HEAD>...</HEAD>中仅存在一
> 个<TITLE>标记。

【案例 1-3】这里以修改 HTML 文档中的<TITLE>标记内容为例，来展示头部标记在 HTML 文档中的作用。

Step01 找到并右击随书光盘中的"素材\ch01\1.3.2.html"文档，在弹出的快捷菜单中选择【打开方式】➤【记事本】菜单命令，如下图所示。

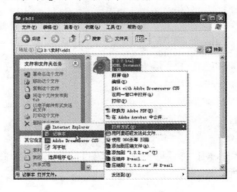

Step02 在打开的记事本窗口中显示页面的 HTML 代码，由头部标记中的<TITLE>标记的内容可以看到网页的标题为"简单页面"，如下图所示。如果要修改网页的标题，可以将"<TITLE>简单页面</TITLE>"修改为"<TITLE>网页标题文字</TITLE>"。

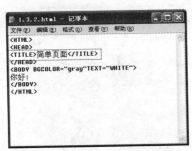

Step03 选择【文件】▶【保存】菜单命令，保存页面后，打开 HTML 文档，即可在 IE 浏览器的标题栏中看到更改后的网页标题文字，如下图所示。

1.3.3 主体标记

主体标记（<BODY>...</BODY>）包含了文档的内容，用若干个属性来规定文档中显示的背景和颜色。

【案例 1-4】修改主体标记内容。

Step01 用记事本打开随书光盘中的"素材\ch01\1.3.2.html"文档，在打开的记事本窗口中会显示页面的 HTML 代码，如下图所示。

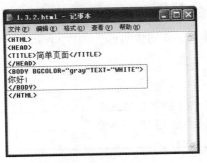

第 1 天 网页与网站基础知识

13

> **提示** 由代码中的 "<BODY BGCOLOR="gray"TEXT="WHITE">" 可以看出，页面的背景颜色为 Gray（灰色），页面中的文本颜色为 White（白色），页面的文字内容为 "你好!"，效果如下图所示。

Step02 如果希望将页面中的背景显示为白色（White），文本显示为黑色（Black），可以将代码中的 "<BODY BGCOLOR="gray"TEXT="WHITE">" 修改为 "<BODY BGCOLOR="White"TEXT="Black">"。

Step03 保存页面后用 IE 浏览器打开文档，即可看到符合修改的页面效果，如下图所示。

1.4　HTML 常用标记

在 HTML 文档中除了具有不可缺少的文档、头部和主体 3 对标记外，还有其他很多常用的标记，如<P>、<TABLE>、<DIV>和<ADDRESS>等。

1.4.1　链接标记<LINK>

<LINK>定义了文档的关联，在<HEAD>…</HEAD>中可包含任意数量的<LINK>，该标记所可能用到的属性如下表所示。

属性	举例	释义
REL	<LINK REL=Glossary HREF="a1.html">	"a1.html" 是当前文档的词汇表
REV	<LINK REV=Subsection HREF="a2.html">	当前文档是 "a2.html" 的词汇表
HREF	<LINK HREF ="1.html">	表示链接的对象是 "1.html" 文档

1.4.2 段落标记<P>

<P>...</P>定义了一个段，是一种块级标记，其结尾标签可以省略。不过在使用浏览器的样式表单时为了避免出现差错，还是建议使用结尾标签。

【案例1-5】段落标记<P>应用示例。

> **提示**　块级标记是相对于行内标记来讲的，可以换行，在没有任何布局属性作用时，在一对块级标记中的内容默认排列方式是换行排列，而行内标记中的内容默认排列方式是在同行排列，直到宽度超出包含它的容器宽度时才自动换行。

Step01 将下述代码输入到记事本中，并保存为"D:\结果\ch01\1.4\1.4.2\1.html"。

```
<HTML>
<HEAD>
<TITLE>简单页面</TITLE>
</HEAD>
<BODY>
这是我的第一个段落。
<P>这是我的</P>
<P>第二个段落</P>
</BODY>
</HTML>
```

Step02 打开保存的文档，即可在 IE 浏览器中看到显示效果，如下图所示。可以看到没有使用段落标记的文字同行排列显示，而使用段落标记的文字以一个段落的形式换行显示。

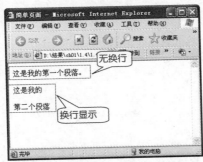

所使用的属性是通用属性中的 ID 属性和 LANG 属性，下面分别予以介绍。

> **提示**　通用属性适合大多数的标记，其中有 ID 属性、CLASS 属性、STYLE 属性、TITLE 属性、LANG 属性和 DIR 属性。在本章后面讲解的几种常用标记时，将先后用到这些通用属性。

1. ID 属性

ID 属性为文档中的元素指定了一个独一无二的身份标识，该属性的值的首位必须是英文字母，在英文字母后可以是任意的字母、数字和各种符号，使用格式见如下代码：

```
<P ID=F1>My first Paragraph.</P>
<P ID=F2>My second Paragraph.</P>
```

以上代码指定了两个段落，其中第一段 My first Paragraph.的标识为 F1，第二段 My second Paragraph.的标识为 F2。

通过这些指定的标识 ID，可以将段落与相应的样式规则联系起来。比如下面的代码就定义了两段各自的颜色：

```
P#F1{
Color:navy;
Background:lime
}
P#F2{
Color: white;
Background: black
}
```

Step01 将下述代码输入到记事本中，并保存为 "D:\结果\ch01\1.4\1.4.2\2.html"。

```
<HTML>
<HEAD>
<style>
P#F1{
Color:navy;
Background:lime
}
P#F2{
Color:white;
Background:black
}</style>
<TITLE>简单页面</TITLE>
</HEAD>
<P ID=F1>第一个段落</P>
<P ID=F2>第二个段落</P>
</BODY>
</HTML>
```

> **提示** 由上段代码可以看出，第一段文字颜色为海军蓝（Navy），背景色为浅绿色（Lime）；第二段文字的颜色为白色（White），背景色为黑色（Black）。

Step02 打开保存的文档，即可在 IE 浏览器窗口中看到页面效果，如下图（左）所示。

> **提示** 如果希望将第二段文字的背景色设置为红色（Red），可以将 "P#F2{Color:white;Background:black}" 修改为 "P#F2{Color:white;Background: red}"，效果如下图（右）所示。

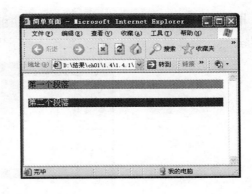

2. LANG 属性

LANG 属性指定了内容所使用的语言，其属性值不区分大小写，使用格式如下：

```
<P LANG=en>This paragraph is in English.</P>
```

1.4.3　通用块标记<DIV>

<DIV>…</DIV>定义了一个通用块级容器，可以把文档分割为独立的、不同的部分，使开发者能够为分块的内容提供样式或语言信息。<DIV>…</DIV>可以包含任何行内或块级标记，以及多个嵌套。

> **提示**　　<DIV>…</DIV>与 CLASS、ID 和 LANG 通用属性的联合使用非常有效，这里就以 CLASS 属性为例介绍<DIV>…</DIV>标签的使用方法。

CLASS 属性可以把一个元素指定为一个或者多个类的成员。和 ID 属性不同，CLASS 类可以被任意数量的元素分享，而一个元素也可以属于多重的类，其属性值是一个类名称的列表。该属性在<DIV>…</DIV>标签中的使用方法如下：

```
<DIV CLASS="n1">
<P>这是第一条新闻</P>
</DIV>
<DIV CLASS="n2">
<P>这是第二条新闻</P>
</DIV>
```

【案例 1-6】通过这些指定的 CLASS，可以对 DIV 分别进行格式设定。如下代码定义了两个 DIV（分别是 n1 和 n2）各自的颜色（详见随书光盘中的"素材\ch01\1.4\1.4.3\1.html"）。

```
<style>
.n1{
color:red;
}
.n2{
color:black;
}
</style>
```

Step01 打开随书光盘中的"素材\ch01\1.4\1.4.3\1.html",即可看到第一段文字的颜色为红色,第二段文字的颜色为黑色,如下图所示。

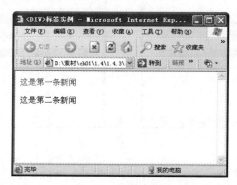

Step02 用记事本打开文档,将<style>标记中的代码做如下修改:

```
<style>
.n1{
color:navy;
}
.n2{
color:green;
}
</style>
```

即将"n1"DIV 的文字颜色修改为海军蓝,将"n2"DIV 的文字颜色修改为绿色,保存后在 IE 浏览器中打开即可看到下图所示的效果。

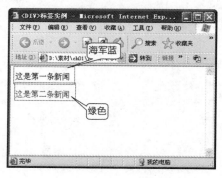

1.4.4 行内标记<SPAN>

<SPAN>...</SPAN>行内标签本身并没有结构含义,但可以通过使用 LANG、DIR、CLASS 和 ID 通用属性来提供外加的结构。

【案例 1-7】行内标记<SPAN>应用示例。

提示 这里结合 STYLE 属性来介绍<SPAN>...</SPAN>行内标签的使用方法,STYLE 属性允许为一个单独出现的元素指定样式。

Step01 用记事本打开随书光盘中的"素材\ch01\1.4\1.4.4\1.html",即可看到其中的 ←---
文字都是统一的显示格式,如下图所示。

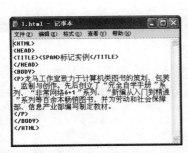 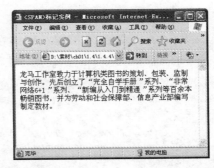

Step02 如果希望将其中的"龙马工作室"文字黑体显示,可以在记事本中添加如
下的代码对类 jiahei 进行格式设定,字体显示为黑体。

```
<style>
.jiahei {
font-family: "黑体";
}
</style>
```

Step03 在<P>标记中加入下述代码,设置黑体显示的内容为"龙马工作室"。

```
<span class="jiahei">龙马工作室</span>
```

Step04 将文档另存到"D:\结果\ch01\1.4\1.4.4",并用 IE 浏览器打开即可看到加粗
显示的文字,如下图所示。

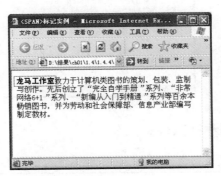

1.4.5 元数据标记<META>

元数据标记<META>的作用是定义 HTML 页面中的相关信息,例如文档关键字、描述以
及作者信息等。可以在头部标记中使用多次。元数据标记<META>的语法格式如下:

```
<META NAME="" CONTENT="">
```

<META>标记的 NAME 属性用来给出特性名称, CONTENT 属性则给出其对应的特性值。使用元数据标记还可以指定编码格式, 以保证网页中的汉字正常显示。下面是使用该标记指定编码格式的例子:

```
<META http-equiv="Content-Type" content="text/html; charset=gb2312" />
```

下面以实例介绍<META>标记的使用方法, 代码如下:

```
<HTML>
<HEAD>
<TITLE>元数据标记例子</TITLE>
<META http-equiv="Content-Type" content="text/html; charset=gb2312" />
<META NAME="keywords"CONTENT="计算机,编程
语言,网页,网站">
</HEAD>
<BODY>
由龙马工作室策划的"我的第 1 本编程书——《从入门到精通》系列"隆重面市。此系列由龙马工作室和专业的软件开发培训机构联手打造,旨在打造适合编程初学者的工具书。
</BODY>
</HTML>
```

使用上述代码编写的网页(随书光盘中的"结果\ch01\1.4\1.4.5\1.html")显示效果如下图所示。

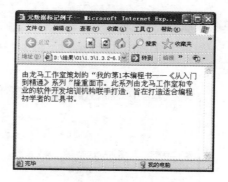

1.4.6　图像标记<IMG>

<IMG>行内标记定义了一个行内图像, 所要用到的属性如下表所示。

属　性	举　例	释　义
SRC	<img src="lotus.jpg">	图像的位置为 lotus.jpg
ALT	<img src="lotus.jpg" alt="莲花之美">	图像替换文本为"莲花之美"
WIDTH	<img src="lotus.jpg" width=400>	图像宽度为 400 像素
HEIGHT	<img src="lotus.jpg" height=300>	图像高度为 300 像素
ALIGN	<img src="lotus.jpg" align=left>	图像对齐方式为左对齐
BORDER	<img src="lotus.jpg" border=10>	图像的边框宽度为 10 像素

【案例 1-8】这里举例介绍<IMG>标记的使用方法和产生的效果。

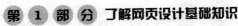

Step01 用记事本打开随书光盘中的文件"D:\素材\ch01\1.4\1.4.6\1.html"，如下图
所示。

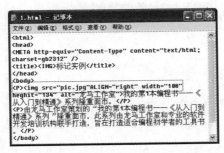

Step02 由页面中如下所示的代码可以看出，网页中图像文件为 pic.jpg，对齐方式
为左对齐，宽度和高度分别为 108 像素和 134 像素，图像的替换文本为"龙马工作室"。
在 IE 浏览器中的显示效果如下图所示。

```
<img src="pic.jpg"ALIGN="left" width="108" heghit="134" alt="龙马工作室">
```

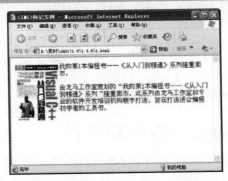

提示　　　　在图片没有加载的情况下，即可看到 ALT 属性指定的替换文本"龙马工作
室"，如下图所示。

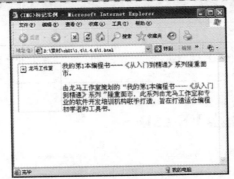

Step03 如果需要修改图像的对齐方式，可以将<img>标记中的"ALIGH="left""修
改为"ALIGH="right""，如下图所示。

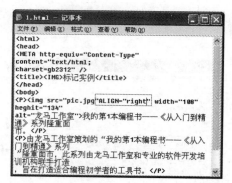

Step04 将页面另存为 "D:\结果\ch01\1.4\1.4.6\1.html"，在 IE 浏览器窗口中可以看到图片右对齐的显示效果，如下图所示。

1.4.7　框架容器标记<FRAMESET>

<FRAMESET>…</FRAMESET>是一个框架容器，框架是将窗口分成矩形的子区域，在一个框架设置文档中，<FRAMESET>…</FRAMESET>标签取代了<BODY>…</BODY>的位置，紧接<HEAD>标签之后。

> **提示**　框架结构允许在一个窗口中展现多个独立的文档，<FRAMESET>…</FRAMESET>标记所要用到的属性如下表所示。

属　性	举　例	释　义
ROWS	<frameset rows="60,*">	多重框架的高度值为 "60,*"
COLS	<frameset cols="20%,*">	多重框架的宽度值为 "20%,*"

1.4.8　子框架标记<FRAME>

<FRAME>定义了一个框架设置文档中的子区域，包含在定义了框架尺寸的<FRAMESET>…</FRAMESET>中。

其中要用到的属性如下表所示。

属 性	举 例	释 义
NAME	<frame name="top">	框架的名称为 top
SRC	<frame name="top" src="1top.html">	框架的内容为 1top.html
SCROLLING	<frame name="top" src=1top.html" scrolling="auto">	将框架的滚动设置为自动

【案例 1-9】子框架标记应用示例。

Step01 将随书光盘中的 "素材\ch01\1.4\1.4.8" 文件夹中的 HTML 文档文件全部复制到 "D:\结果\ch01\1.4\1.4.8" 文件夹中。

Step02 在记事本窗口中输入以下代码，保存为 "D:\结果\ch01\1.4\1.4.8\1.html"。

```
<html>
 <head>
   <META http-equiv="Content-Type" content="text/html; charset=gb2312" />
<title>使用框架实例</title>
 </head>
<frameset rows="60,*">
  <frame name="top" src="1top.html"
scrolling="auto">
  <frameset cols="20%,*">
    <frame name="left" src="1left.html"
scrolling="auto">
    <frame name="right" src="1right1.html"
scrolling="auto">
  </frameset>
  <noframes>
    <body>
     <p>此网页使用了框架，但您的浏览器不
支持框架。</p>
    </body>
  </noframes>
</frameset>
</html>
```

提示　　实例中的页面实际上由 6 个文件组成：1 个定义整个框架页面的框架集文件（1.html），3 个框架文件（1top.html、1left.html、1right1.html），2 个链接文件（1right2.html1right3.html）。

Step03 保存页面后即可在 IE 浏览器窗口中预览页面效果，如下图所示。

第 1 天 网页与网站基础知识

23

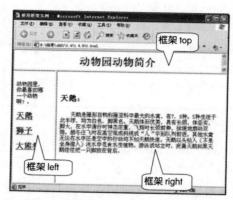

如果需要右侧框架的内容显示为"1right2.html"，只需将<frame>标记中的"<frame name="right" src="1right1.html" scrolling="auto">"修改为"<frame name="right" src="1right2.html" scrolling="auto">"，如下图所示。

修改页面后保存，即可在 IE 浏览器中看到右侧框架的显示内容已经更改为文件"1right2.html"，如下图所示。

1.4.9 表格标记<TABLE>

<TABLE>...</ TABLE>标签用来定义 HTML 中的表格，一般处于<BODY>标记中。简单的 HTML 表格由<table>标记以及一个或多个<tr>、<th>或<td>标记组成。

【案例 1-10】表格标记应用示例。

Step01 打开随书光盘中的"素材\ch01\1.4\1.4.9\table.html"文件，即可看到页面中有一个 4 行 4 列的表格，如下图所示。

Step02 用记事本打开"素材\ch01\1.4\1.4.9\table.html"文件，如下图所示。

对<tr>标记定义行数为 4

提示　　　<table>标记中的代码"<table width="100%" border="1" cellspacing="0" cellpadding="0">"分别定义了表格的宽度为 100%，边框粗细为 1 像素，单元格边距和间距都为 0。由于<tr>标记定义表格行，<th>标记定义表头，<td>标记定义表格单元，所以 4 对<tr>标记定义了表格行数为 4，16 对<td>标记定义了表格是 4 行 4 列的表格。

Step03 将文档中的代码"<table width="100%" border="1" cellspacing="0" cellpadding="0">"修改为"<table width="100%" border="3" cellspacing="2" cellpadding="2">"，即将边框粗细、单元格边距和间距分别修改为 3、2 和 2，如下图所示。

Step04 将文档另存为"D:\结果\ch01\1.4\1.4.9\table.html",在 IE 浏览器中即可看到修改表格属性后的效果,如下图所示。

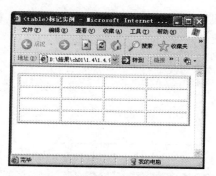

1.4.10　浮动帧标记<Iframe>

<Iframe>标记是浮动帧标记,与<FRAME>最大的不同是所用的 HTML 文件不与另外的文件相互独立显示,可以直接嵌入在一个 HTML 文件中,与其内容相互融合,成为一个整体,还可以多次在一个页面内显示同一内容,就像"画中画"电视。

其中要用到的属性如下表所示。

属性	举例	释义
SRC	<Iframe src="11.txt">	指定显示的文件 11.txt
WIDTH	<Iframe src="11.txt" width="120">	显示区域的宽为 120 像素
HEIGHT	<Iframe src="11.txt" height="100">	显示区域的高为 100 像素
SCROLLING	<Iframe src="11.txt" scrolling="auto">	定义显示区域的滚动条为自动
FRAMEBORDER	<Iframe src="11.txt" frameborder="1">	显示区域边框的宽度为 1

【案例 1-11】浮动帧标记应用示例。

Step01 用记事本打开随书光盘中的 HTML 文档"素材\ch01\1.4\1.4.10\index.html",在打开的窗口中可以查看文档的 HTML 代码,在<body>标签后加入如下代码:

```
<Iframe  src="  11.txt"  width="120"  height="100"  scrolling="auto"
frameborder="1"></iframe>
```

Step02 保存为"结果\ch01\1.4\1.4.10\index.html"后在 IE 浏览器中打开文档,即可看到"画中画"的效果,如下图所示。

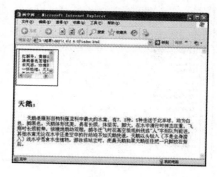

如果需要修改"画中画"显示区域的大小，可以修改<Iframe>标记中 width 和 height 属性的值。如在<body>标签后重新输入如下代码：

```
<Iframe   src="   11.txt"  width="400"  height="200"  scrolling="auto"
frameborder="1"></iframe>
```

重新输入代码后的显示效果如下图所示。

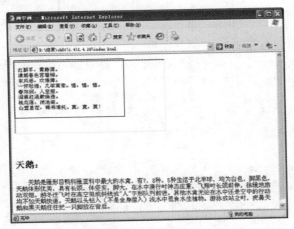

1.4.11　滚动标记<marquee>

使用<marquee>…</marquee>标记可以实现滚动的文字或图片效果。该标记是一个容器标记，所要用到的属性如下表所示。

属　　性	举　　例	释　　义
ALIGN	<marquee align="left">	内容的对齐方式为左对齐
BEHAVIOR	<marquee behavior="alternate">	内容的滚动方式为来回滚动
BGCOLOR	<marquee bgcolor="#FF0000">	活动内容的背景颜色为红色
DIRECTION	<marquee direction="up">	内容的滚动方向为从上向下
HSPACE	<marquee hspace="50">	与父容器水平边框的距离为 50
VSPACE	<marquee vspace="20">	与父容器垂直边框的距离为 20
LOOP	<marquee loop="-1">	滚动次数为-1 时表示一直滚动
SCROLLAMOUNT	<marquee scrollamount="10">	滚动的速度为 10 毫秒
SCROLLDALAY	<marquee scrolldelay="100">	两次滚动延迟时间为 100 毫秒
onMouseOut	onMouseOut="this.start()"	鼠标移出滚动区域继续滚动
onMouseOver	onMouseOver="this.stop()"	鼠标移入滚动区域停止滚动

【案例 1-12】<marquee>标记应用示例。

1. 实现滚动的文字效果

Step01 用记事本打开随书光盘中的"素材\ch01\1.4\1.4.11\text.html"文件，即可查看文档的代码，如下图所示。

Step02 在<body>标签下插入如下代码：

```
   <marquee id="affiche" align="left" behavior="scroll" bgcolor="#FF0000"
direction="up" height="300" width="200" hspace="50" vspace="20" loop="-1"
scrollamount="10"         scrolldelay="100"          onMouseOut="this.start()"
onMouseOver="this.stop()">
   滚动的字幕实例
   </marquee>
```

> **提示** 由<marquee>标记中的代码可以看出，活动内容的对齐方式为左对齐
> （align="left"），背景颜色为红色（bgcolor="#FF0000"），滚动方向为向上
> 滚动（direction="up"）。

Step03 另存为"D:\结果\ch01\1.4\1.4.11\text.html"后在 IE 浏览器中打开网页文档，即可看到所设置的滚动字幕效果，如下图（左）所示。

> **提示** 如果将属性修改为 align="right"、bgcolor="yellow"和 direction="down"，显
> 示效果如下图（右）所示。

2. 实现滚动的图片效果

Step01 用记事本打开随书光盘中的"素材\ch01\1.4\1.4.11\pic.html"文档，即可查看文档的代码。

Step02 在<body>标签下插入如下代码：

```
   <MARQUEE  width=380  height=80  onmouseover=stop()  onmouseout=start()
scrollAmount=3  loop=infinite  deplay="0"><img  src="images/1.jpg"><img
```

```
src="images/2.jpg"><img src="images/3.jpg">
  </MARQUEE>
```

Step03 另存为 "D:\结果\ch01\1.4\1.4.11\pic.html" 后在 IE 浏览器中打开网页文档，即可看到所设置的滚动图片效果，如下图所示。

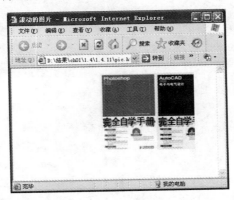

1.5 技能训练1——制作日程表

通过在记事本中输入 HTML 语句，可以制作出多种多样的页面效果。这里以制作日程表为例，介绍 HTML 的综合应用方法，最终效果如下图所示（详见随书光盘中的 "结果\ch01\1.5\index.html"）。

Step01 打开记事本，在其中输入如下代码：

```
<html>
 <head>
   <META http-equiv="Content-Type" content="text/html; charset=gb2312" />
<title>制作日程表</title>
</head>

<body>
```

```
</body>
</html>
```

Step02 在</head>标签前输入如下代码：

```
<style type="text/css">
body {
background-color: #FFD9D9;
text-align: center;
}
</style>
```

Step03 在</style>标签前输入下列代码：

```
.ziti {
font-family: "方正粗活意简体", "方正大黑简体";
font-size: 36px;
}
```

Step04 在<body>...</body>标签之间输入如下代码：

```
<span class="ziti">一周日程表</span>
```

Step05 在</body>标签前输入如下代码：

```
<table width="470" border="1" align="center" cellpadding="2"
cellspacing="3">
  <tr>
    <td width="84" style="text-align: center"> </td>
    <td width="84" style="text-align: center">工作一</td>
    <td width="86" style="text-align: center">工作二</td>
    <td width="83" style="text-align: center">工作三</td>
    <td width="83" style="text-align: center">工作四</td>
  </tr>
  <tr>
    <td style="text-align: center; font-family: '宋体';">星期一</td>
    <td style="text-align: center"> </td>
    <td style="text-align: center"> </td>
    <td style="text-align: center"> </td>
    <td style="text-align: center"> </td>
  </tr>
  <tr>
    <td style="text-align: center; font-family: '宋体';">星期二</td>
    <td style="text-align: center"> </td>
    <td style="text-align: center"> </td>
    <td style="text-align: center"> </td>
    <td style="text-align: center"> </td>
  </tr>
  <tr>
    <td style="text-align: center; font-family: '宋体';">星期三</td>
    <td style="text-align: center"> </td>
    <td style="text-align: center"> </td>
    <td style="text-align: center"> </td>
    <td style="text-align: center"> </td>
```

```
    </tr>
    <tr>
      <td style="text-align: center; font-family: '宋体';">星期四</td>
      <td style="text-align: center"> </td>
      <td style="text-align: center"> </td>
      <td style="text-align: center"> </td>
      <td style="text-align: center"> </td>
    </tr>
    <tr>
      <td style="text-align: center; font-family: '宋体';">星期五</td>
      <td style="text-align: center"> </td>
      <td style="text-align: center"> </td>
      <td style="text-align: center"> </td>
      <td style="text-align: center"> </td>
    </tr>
  </table>
```

Step06 在记事本中选择【文件】➤【保存】菜单命令，弹出【另存为】对话框，在【保存在】下拉列表框中设置保存位置为 "D:\结果\01\1.4"，文件名为 "index.html"，单击【保存】按钮，如下图所示。

Step07 此时双击保存的 index.html 文件，即可看到制作的日程表，如下图所示。

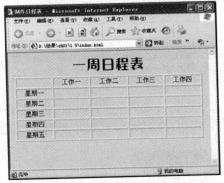

Step08 如果需要在日程表中添加工作内容，可以用记事本打开 index.html 文件，在 <td style="text-align: center"> </td> 的   前输入内容即可。比如要输入星期一完成的第一件工作内容 "完成校对"，可以在下图所示的位置输入。

Step09 保存后打开文档，即可看到添加的工作任务，如下图所示。

1.6　技能训练2——保存整站

如果用户需要下载整个网站或更多的页面，可以利用 WebZIP 网站下载软件完成。

下面通过一个实例介绍如何利用 WebZIP 下载龙马图书工作室的网站到本地计算机中。

Step01 打开 WebZIP，在地址栏中输入 http://www.51pcbook.com，打开"龙马图书工作室"主页，如下图所示。

Step02 单击地址栏右侧的【下载】按钮，弹出下拉列表，如下图所示。

Step03 从中选择【保存站点】➢【保存全站－包含所有文件】选项，如下图所示。

Step04 弹出【新建方案】对话框，如下图所示。

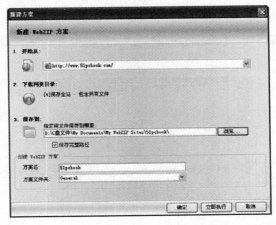

Step05 在【保存到：】区域中单击【浏览】按钮，弹出【浏览文件夹】对话框，从中选择下载网站保存的路径，如下图所示。

Step06 单击【确定】按钮，返回【新建方案】对话框，然后单击【立即执行】按钮，返回 WebZIP 主界面，如下图所示。

提示　　　在 WebZIP 主界面中，在左侧的列表框中可以看到已经保存了下载方案。

Step07 单击左侧列表框中的【下载】按钮，可以查看当前的下载速度和进度，如下图所示。

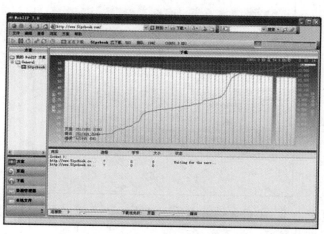

Step08 下载完成，打开所保存的网站文件夹，可以看到该文件夹下包含了整个网站的所有资料信息，如下图所示。

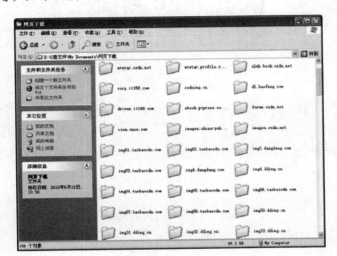

第 2 天　认识 Web 新面孔——HTML 5 新增元素与属性速览

学时探讨：

　　本学时主要探讨 HTML 5 的新增元素与属性。这些新增的元素和属性使 HTML 5 的功能变得更加强大，使网页设计效果有了更多实现的可能。通过本学时的学习，读者能够掌握这些新增元素和属性的意义及使用方法。

学时目标：

　　通过本章 HTML 5 新增元素与属性的学习，读者可以基本认识这些新增的元素和属性，并掌握其使用方法，为以后深入完成网页设计打下基础。

2.1　新增的主体结构元素

　　与 HTML 相比，在 HTML 5 中新增了几种新的与结构相关的元素：section、article、aside、nav 和 time。

2.1.1　section 元素

　　<section> 标签定义文档中的节（section，区段），如章节、页眉、页脚或文档中的其他部分。它可以与 h1、h2、h3、h4、h5、h6 等元素结合使用，标识文档结构。

　　<section>标签的代码结构如下：

```
<section>
  <h1>PRC</h1>
  <p>The People's Republic of China was born in 1949...</p>
</section>
```

2.1.2　article 元素

　　<article>标签定义外部的内容。外部内容可以是来自一个外部新闻提供者的一篇新的文章，或者来自 blog 的文本，或者来自论坛的文本，也可以是来自其他外部源内容。

　　<article>标签的代码结构如下：

```
<article>
<a href="http://www.apple.com">Safari 5 released</a><br />
```

```
7 Jun 2010. Just after the announcement of the new iPhone 4 at WWDC,
Apple announced the release of Safari 5 for Windows and Mac......
</article>
```

2.1.3　aside 元素

<aside>标签定义 article 以外的内容。aside 的内容应该与 article 的内容相关。

<aside>标签的代码结构如下：

```
<p>Me and my family visited The Epcot center this summer.</p>
<aside>
<h4>Epcot Center</h4>
The Epcot Center is a theme park in Disney World, Florida.
</aside>
```

2.1.4　nav 元素

<nav> 标签定义导航链接的部分，具体实现代码如下：

```
<nav>
<a href="index.asp">Home</a>
<a href="html5_meter.asp">Previous</a>
<a href="html5_noscript.asp">Next</a>
</nav>
```

> **提示**　如果文档中有"前后"按钮，则应该把它放到 <nav> 元素中。

2.2　新增的非主体结构元素

在 HTML 5 中还新增了一些非主体的结构元素，如 header、hgroup、footer 等。

2.2.1　header 元素

header 元素表示页面中一个内容区块或整个页面的标题。

【案例 2-1】如下代码就是一个使用 header 元素的实例（详见随书光盘中的"素材\ch02\2.1.html"）。

```
<!DOCTYPE HTML>
<html>
<body>
<header>
<h1>欢迎来到我的主页</h1>
<p>这是一个旅游网</p>
</header>
<p>新春在即，欢迎.......</p>
```

```
</body>
</html>
```

运行效果如下图所示。

2.2.2 hgroup 元素

<hgroup> 标签用于对网页或区段（section）的标题进行组合。

【案例 2-2】如下代码就是一个使用 hgroup 元素的实例（详见随书光盘中的"素材\ch02\2.1.html"）。

```
<!DOCTYPE HTML>
<html>
<body>
< hgroup >
<h1>欢迎来到我的主页</h1>
<p>这是一个旅游网</p>
</ hgroup >
<p>新春在即，欢迎…….</p>
</body>
</html>
```

运行效果如下图所示。

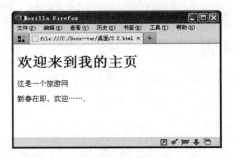

2.2.3 footer 元素

<footer> 标签定义 section 或 document 的页脚。在典型情况下，该元素会包含创作者的姓名、文档的创作日期以及/或者联系信息。

使用<footer>标签设置文档页脚的代码如下：

```
<footer>本网页的版权属于六天一</footer>
```

2.2.4　figure 元素

figure 元素表示一段独立的流内容，一般表示文档主体流内容中的一个独立单元。

<figure>标签的实现代码如下：

```
<figure>
  <h1>PRC</h1>
  <p>The People's Republic of China was born in 1949...</p>
</figure>
```

> **提示**
>
> 需要使用 figcaption 元素为元素组添加标题。

2.3　新增的其他元素

HTML 5 中还新增了一些 input 元素和其他元素，介绍如下。

2.3.1　新增 input 元素的类型

HTML 5 中新增了很多 input 元素的类型，主要有 email、url、number、range 和 date pickers 等。

● url：表示必须输入 URL 地址的文本输入框。

● number：表示必须输入数值的文本输入框。

● range：表示必须输入一定范围内数字值的文本输入框。

● email：表示必须输入 E-mail 地址的文本输入框。

● date pickers：HTML 5 拥有多个可供选取日期和时间的新型输入文本框。

　➢ date：选取日、月、年。

　➢ month：选取月和年。

　➢ week：选取周和年。

　➢ time：选取时间（小时和分钟）。

　➢ datetime：选取时间、日、月、年（UTC 时间）。

　➢ datetime-local：选取时间、日、月、年（本地时间）。

2.3.2　其他元素

除了结构元素外，在 HTML 5 中还新增了其他元素，如 video、audio、embed、mark、progress、time 等，具体介绍如下。

1. video 元素

video 元素定义视频，比如电影片段或其他视频流。HTML 5 中代码示例：

```
<video src="movie.ogg" controls="controls">video 元素</video>
```

2. audio 元素

audio 元素定义音频，比如音乐或其他音频流。HTML 5 中代码示例：

```
<audio src="someaudio.wav">audio 元素</audio>
```

3. embed 元素

embed 元素用来插入各种多媒体，格式可以是 MIDI、WAV、AIFF、AU、MP3 等。HTML 5 中代码示例：

```
<embed src=" helloworld.wav" />
```

4. mark 元素

mark 元素主要用来在视觉上向用户呈现那些需要突出显示或高亮显示的文字。一个比较典型的应用就是在搜索结果中向用户高亮显示搜索关键词。HTML 5 中代码示例：

```
p>Do not forget to buy <mark>milk</mark> today.</p>
```

5. progress 元素

progress 元素表示运行中的进程，可以使用它来显示 JavaScript 中耗费时间的函数的进程。HTML 5 中代码示例：

```
对象的下载进度：
<progress>
<span id="objprogress">85</span>%
</progress>
```

这是 HTML 5 中新增的功能，故无法用 HTML4 代码来实现。

6. time 元素

time 元素表示日期或时间，也可以同时表示两者。HTML 5 中代码示例：

```
<time></time>
```

7. ruby 元素

ruby 元素表示 ruby 注释（中文注音或字符）。HTML 5 中代码示例：

```
<ruby>
漢 <rt><rp>(</rp>ㄏㄢ˘<rp>)</rp></rt>
</ruby>
```

这是 HTML 5 中新增的功能。

8. rt 元素

rt 元素表示字符（中文注音或字符）的解释或发音。HTML 5 中代码示例：

```
<ruby>
```

```
漢 <rt> ㄏㄇ丶 </rt>
</ruby>
```

这是 HTML 5 中新增的功能。

9. rp 元素

rp 元素在 ruby 注释中使用，以定义不支持 ruby 元素的浏览器所显示的内容。HTML 5 中代码示例：

```
<ruby>
漢 <rt><rp>(</rp>ㄏㄇ丶<rp>)</rp></rt>
</ruby>
```

这是 HTML 5 中新增的功能。

10. canvas 元素

canvas 元素表示图形，比如图表和其他图像。这个元素本身没有行为，仅提供一块画布，但它把一个绘图 API 展现给客户端 JavaScript，以使脚本能够把想绘制的东西绘制到这块画布上。HTML 5 中代码示例：

```
<canvas id="myCanvas" width="300" height="200"></canvas>
```

11. command 元素

command 元素表示命令按钮，比如单选按钮、复选框或按钮。HTML 5 中代码示例：

```
<command type="command">Click Me!</command>
```

这是 HTML 5 中新增的功能。

12. details 元素

details 元素表示用户要求得到并且可以得到的细节信息。它可以与 summary 元素配合使用，summary 元素提供标题或图例。标题是可见的，用户单击标题时，会显示出细节信息。summary 元素应该是 details 元素的第一个子元素。HTML 5 中代码示例：

```
<details>
    <summary>HTML 5</summary>
    This document teaches you everything you have to learn about HTML 5.
</details>
```

这是 HTML 5 中新增的功能。

13. datalist 元素

datalist 元素表示可选数据的列表，与 input 元素配合使用，可以制作出输入值的下拉列表。HTML 5 中代码示例：

```
<datalist></datalist>
```

这是 HTML 5 中新增的功能。

14. datagrid 元素

datagrid 元素表示可选数据的列表，它以树形列表的形式来显示。HTML 5 中代码示例：

```
<datagrid></datagrid>
```

这是 HTML 5 中新增的功能。

15. keygen 元素

keygen 元素表示生成密钥。HTML 5 中代码示例：

```
<keygen>
```

这是 HTML 5 中新增的功能。

16. output 元素

output 元素表示不同类型的输出，比如脚本的输出。HTML 5 中代码示例：

```
<output></output>
```

17. source 元素

source 元素为媒介元素（比如<video>和<audio>）定义媒介资源。HTML 5 中代码示例：

```
<source>
```

18. menu 元素

menu 元素表示菜单列表，当希望列出表单控件时使用该标签。HTML 5 中代码示例：

```
<menu>
    <li><input type="checkbox" />Red</li>
    <li><input type="checkbox" />blue</li>
</menu>
```

2.4 新增的属性和废除的属性

在 HTML 5 中，在增加和废除了很多元素的同时，也增加和废除了很多属性。新增属性主要分为三大类：表单相关属性、链接相关属性和其他新增属性。

2.4.1 新增的表单属性

新增的表单属性有很多，下面分别进行介绍。

1. autocomplete

autocomplete 属性规定 form 或 input 域应该拥有自动完成功能。autocomplete 属性适用于 <form> 标签，以及以下类型的 <input> 标签：text、search、url、telephone、email、password、datepickers、range 以及 color。

列举使用 autocomplete 属性的案例，代码如下：

```
<form action="demo_form.asp" method="get" autocomplete="on">
First name: <input type="text" name="fname" /><br />
Last name: <input type="text" name="lname" /><br />
E-mail: <input type="email" name="email" autocomplete="off" /><br />
<input type="submit"/>
</form>
```

2. autofocus

autofocus 属性规定在页面加载时域自动获得焦点。autofocus 属性适用于所有<input>标签的类型。

列举使用 autofocus 属性的案例，代码如下：

```
User name: <input type="text" name="user_name" autofocus="autofocus" />
```

3. form

form 属性规定输入域所属的一个或多个表单。form 属性适用于所有<input>标签的类型，必须引用所属表单的 id。

列举使用 form 属性的案例，代码如下：

```
<form action="demo_form.asp" method="get" id="user_form">
First name:<input type="text" name="fname" />
<input type="submit" />
</form>
Last name: <input type="text" name="lname" form="user_form" />
```

4. form overrides

表单重写属性（form override attributes）允许重写 form 元素的某些属性设定。

表单重写属性有如下几种。

- formaction：重写表单的 action 属性。
- formenctype：重写表单的 enctype 属性。
- formmethod：重写表单的 method 属性。
- formnovalidate：重写表单的 novalidate 属性。
- formtarget：重写表单的 target 属性。

表单重写属性适用于以下类型的<input>标签：submit 和 image。

5. height 和 width

height 和 width 属性规定用于 image 类型的<input>标签的图像高度和宽度。height 和 width 属性只适用于 image 类型的<input>标签。

使用 width 和 height 属性的案例代码如下：

```
<input type="image" src="img_submit.gif" width="99" height="99" />
```

6. list

list 属性规定输入域的 datalist。datalist 是输入域的选项列表。list 属性适用于以下类型的

<input> 标签：text、search、url、telephone、email、date pickers、number、range 以及 color。

使用 list 属性的案例代码如下：

```
Webpage: <input type="url" list="url_list" name="link" />
<datalist id="url_list">
<option label="W3Schools" value="http://www.w3school.com.cn" />
<option label="Google" value="http://www.google.com" />
<option label="Microsoft" value="http://www.microsoft.com" />
</datalist>
```

7. min、max 和 step

min、max 和 step 属性用于为包含数字或日期的 input 类型规定限定（约束）。max 属性规定输入域所允许的最大值；min 属性规定输入域所允许的最小值；step 属性为输入域规定合法的数字间隔（如果 step="3"，则合法的数是-3、0、3、6 等）。min、max 和 step 属性适用于以下类型的 <input> 标签：date pickers、number 以及 range。

下面列举一个显示数字域的例子，具体代码如下：

```
Points: <input type="number" name="points" min="0" max="10" step="3" />
//域接受 0～10 的值，且步进为 3（即合法的值为 0、3、6 和 9）
```

8. multiple

multiple 属性规定输入域中可选择多个值。multiple 属性适用于以下类型的<input>标签：email 和 file。

使用 multiple 属性的案例代码如下：

```
Select images: <input type="file" name="img" multiple="multiple" />
```

9. pattern (regexp)

pattern 属性规定用于验证 input 域的模式（pattern）。模式（pattern）是正则表达式。pattern 属性适用于以下类型的<input>标签：text、search、url、telephone、email 以及 password。

使用 pattern 属性的案例代码如下：

```
Country code: <input type="text" name="country_code"
pattern="[A-z]{3}" title="Three letter country code" />
//显示一个只能包含 3 个字母的文本域（不含数字及特殊字符）
```

10. placeholder

placeholder 属性提供一种提示（hint），用于描述输入域所期待的值。placeholder 属性适用于以下类型的<input>标签：text、search、url、telephone、email 以及 password。

使用 placeholder 属性的案例代码如下：

```
<input type="search" name="user_search"  placeholder="Search W3School" />
```

11. required

required 属性规定必须在提交之前填写输入域（不能为空）。required 属性适用于以下类型的<input>标签：text、search、url、telephone、email、password、date pickers、number、checkbox、 radio 以及 file。

使用 required 属性的案例代码如下：

```
Name: <input type="text" name="usr_name" required="required" />
```

2.4.2 新增的链接相关属性

新增的与链接相关的属性如下。

1. media 属性

为 a 与 area 元素增加了 media 属性，该属性规定目标 URL 是为什么类型的媒介/设备进行优化的，仅在 href 属性存在时使用。

2. type 属性

为 area 元素增加了 type 属性，规定目标 URL 的 MIME 类型。仅在 href 属性存在时使用。

3. sizes

为 link 元素增加了新属性 sizes。该属性可以与 icon 元素结合使用（通过 rel 属性），指定关联图标（icon 元素）的大小。

4. target

为 base 元素增加了 target 属性，主要目的是保持与 a 元素的一致性。

2.4.3 新增的其他属性

除了以上介绍的与表单和链接相关的属性外，HTML 5 还增加了其他属性，如下表所示。

属 性	隶 属 于	意 义
reversed	ol 元素	指定列表倒序显示
charset	meta 元素	为文档的字符编码的指定提供了一种比较良好的方式
type	menu 元素	让菜单可以以上下文菜单、工具条与列表菜单 3 种形式出现
label	menu 元素	为菜单定义一个可见的标注
scoped	style 元素	用来规定样式的作用范围，如只对页面上某个树起作用
async	script 元素	定义脚本是否异步执行
manifest	html 元素	开发离线 Web 应用程序时与 API 结合使用，定义一个 URL，在这个 URL 上描述文档的缓存信息
sandbox、srcdoc 与 seamless	iframe 元素	用来提高页面安全性，防止不信任的 Web 页面执行某些操作

2.4.4 废除的属性

在 HTML 5 中废除了很多不再使用的属性，这些属性将采用其他属性或其他方案进行替代，具体内容如下表所示。

废除的属性	使用该属性的元素	在 HTML 5 中代替的方案
rev	link、a	rel
charset	link、a	在被链接的资源中使用 HTTP content-type 头元素
shape、coords	a	使用 area 元素代替 a 元素
longdesc	img、iframe	使用 a 元素链接到较长描述
target	link	多余属性，被省略
nohref	area	多余属性，被省略
profile	head	多余属性，被省略
version	html	多余属性，被省略
name	img	id
scheme	meta	只为某个表单域使用 scheme
archive、classid、codebase、codetype、declare、standby	object	使用 data 与 type 属性类调用插件。需要使用这些属性来设置参数时，使用 param 属性
valuetype、type	param	使用 name 与 value 属性，不声明值的 MIME 类型
axis、abbr	td、th	使用以明确、简洁的文字开头，后跟详述文字的形式。可以对更详细的内容使用 title 属性，以使单元格的内容变得简短
scope	td	在被链接的资源中使用 HTTP Content-type 头元素
align	caption、input、legend、div、h1、h2、h3、h4、h5、h6、p	使用 CSS 样式表进行替代
Alink、link、text、vlink、background、bgcolor	body	使用 CSS 样式表进行替代
align、bgcolor、border、cellpadding、cellspacing、frame、rules、width	table	使用 CSS 样式表进行替代
align、char、charoff、height、nowrap、valign	tbody、thead、tfoot	使用 CSS 样式表进行替代
align、bgcolor、char、charoff、height、nowrap、valign、width	td、th	使用 CSS 样式表进行替代
align、bgcolor、char、charoff、valign	Tr	使用 CSS 样式表进行替代
align、char、charoff、valign、width	col、colgroup	使用 CSS 样式表进行替代
align、border、hspace、vspace	object	使用 CSS 样式表进行替代
clear	br	使用 CSS 样式表进行替代
compact、type	ol、ul、li	使用 CSS 样式表进行替代
compact	dl	使用 CSS 样式表进行替代
compact	menu	使用 CSS 样式表进行替代
width	pre	使用 CSS 样式表进行替代
align、hspace、vspace	img	使用 CSS 样式表进行替代
align、noshade、size、width	hr	使用 CSS 样式表进行替代
align、frameborder、scrollingmarginheight、marginwidth	iframe	使用 CSS 样式表进行替代
autosubmit	menu	

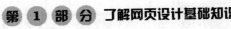

2.5　新增的全局属性

在 HTML 5 中新增了许多全局属性，下面来详细介绍这些属性内容。

2.5.1　contentEditable 属性

contentEditable 属性是 HTML 5 中新增的标准属性，其主要功能是指定是否允许用户编辑内容。该属性有两个值：true 和 false。

为内容指定 contentEditable 属性为 true 表示可以编辑，false 表示不可编辑。如果没有指定值，则会采用隐藏的 inherit（继承）状态。即如果元素的父元素是可编辑的，则该元素就是可编辑的。

【案例 2-3】下面列举一个使用 contentEditable 属性的示例（详见随书光盘中的"素材\ch02\2.3.html"）。

Step01 新建记事本，输入以下代码，并保存为 HTML 文件。

```
<!DOCTYPE html>
<head>
<title>conentEditalbe 属性示例</title>
</head>
<body>
<h3>对以下内容进行编辑内容</h3>
<ol contentEditable="true">
<li>列表一</li>
<li>列表二</li>
<li>列表三</li>
</ol>
</body>
</html>
```

Step02 使用 Firefox 浏览器查看网页内容，打开后可以在网页中输入相关内容，效果如下图所示。

> 提示　对内容进行编辑后，如果关闭网页，编辑的内容将不会被保存。如果想要保存其中的内容，只能把该元素的 innerHTML 发送到服务器端进行保存。

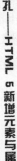

47

2.5.2 designMode 属性

designMode 属性用来指定整个页面是否可编辑。该属性包含两个值：on 和 off。属性被指定为 on 时，页面可编辑；被指定为 off 时，页面不可编辑。当页面可编辑时，页面中任何支持上文所述的 contentEditable 属性的元素都变成了可编辑状态。

designMode 属性不能直接在 HTML 5 中使用，只能在 JavaScript 脚本里被编辑修改。使用 JavaScript 脚本来指定 designMode 属性的命令如下：

```
document.designMode="on"
```

2.5.3 hidden 属性

hidden 对象代表一个 HTML 表单中的某个隐藏输入域。这种类型的输入元素实际上是隐藏的。这个不可见的表单元素的 value 属性保存了一个要提交给 Web 服务器的任意字符串。如果想要提交并非用户直接输入的数据的话，就使用这种类型的元素。

在 HTML 表单中，<input type="hidden"> 标签每出现一次，一个 hidden 对象就会被创建。

可以通过遍历表单的 elements[] 数组来访问某个隐藏输入域，或者使用 document. getElementById()。

2.5.4 spellcheck 属性

spellcheck 属性是 HTML 5 中的新属性，规定是否对元素内容进行拼写检查。可对以下文本进行拼写检查：类型为 text 的 input 元素中的值（非密码）、textarea 元素中的值、可编辑元素中的值。

【案例 2-4】下面列举一个使用 spellcheck 属性的示例（详见随书光盘中的"素材\ch02\2.4.html"）。

Step01 新建记事本，输入以下代码，并保存为 HTML 文件。

```
<!DOCTYPE html>
<html>
<head>
<title>hello, word</title>
</head>
<body>
<p contenteditable="true" spellcheck="true">使用 spellcheck 属性，是段落内容可被编辑。</p>
</body>
</html>
```

Step02 使用 Firefox 浏览器查看网页内容，打开后可以在网页中输入相关内容，效果如下图所示。

2.5.5 tabIndex 属性

tabIndex 属性可设置或返回按钮的 Tab 键控制次序。打开页面，连续按下 Tab 键，会在按钮之间切换，tabIndex 属性则可以记录显示切换的顺序。

【案例 2-5】下面列举一个使用 tabIndex 属性的示例（详见随书光盘中的"素材 \ch02\2.5.html"）。

Step01 新建记事本，输入以下代码，并保存为 HTML 文件。

```html
<html>
<head>
<script type="text/javascript">
function showTabIndex()
{
var bt1=document.getElementById('bt1').tabIndex;
var bt2=document.getElementById('bt2').tabIndex;
var bt3=document.getElementById('bt3').tabIndex;
document.write("Tab 切换按钮 1 的顺序：" + bt1);
document.write("<br />");
document.write("Tab 切换按钮 2 的顺序：" + bt2);
document.write("<br />");
document.write("Tab 切换按钮 3 的顺序：" + bt3);
}</script>
</head>
<body>
<button id="bt1" tabIndex="1">按钮 1</button><br />
<button id="bt2" tabIndex="2">按钮 2</button><br />
<button id="bt3" tabIndex="3">按钮 3</button><br />
<br />
<input type="button" onclick="showTabIndex()" value="显示切换顺序" />
</body>
</html>
```

Step02 使用 Firefox 浏览器查看网页内容，打开后多次按下 Tab 键，使控制中心在几个按钮对象间切换，如下图所示。

Step03 单击【显示切换顺序】按钮，显示出依次切换的顺序，如下图所示。

第3天　读懂样式表密码——网页设计中的 CSS 3

学时探讨：

本学时主要探讨 CSS 3 样式的基本知识。制作一个美观、大方、简约的页面以及高访问量的网站，是每个网页设计者的追求。然而仅仅通过 HTML 网页代码是很难实现的，因为 HTML 语言仅仅定义了网页结构，对于文本样式并没有过多涉及。这就需要一种技术对页面布局、字体、颜色、背景和其他图文效果的实现提供更加精确的控制，这种技术就是 CSS 3。

学时目标：

通过本章 CSS 3 样式的学习，读者可学会 CSS 3 的基本用法，了解 CSS 3 的继承性等知识。

3.1　认识 CSS 3

通过使用 CSS 3，在修改网站外观时只需要修改相应的代码，从而提高工作效率。

3.1.1　CSS 3 简介

随着 Internet 不断发展，对页面效果的诉求越来越强烈，只依赖 HTML 这种结构化标记实现样式已经不能满足网页设计者的需要。其表现在以下几个方面：

（1）维护困难。为了修改某个特殊标记格式，需要花费很多时间，尤其对整个网站而言，后期修改和维护成本较高。

（2）标记不足。HTML 本身标记十分少，很多标记都是为网页内容服务的，而关于内容样式的标记，如文字间距、段落缩进则很难在 HTML 中找到。

（3）网页过于臃肿。由于没有统一对各种风格样式进行控制，HTML 页面往往体积过大，占用了很多宝贵的宽度。

（4）定位困难。在整体布局页面时，HTML 对于各个模块的位置调整显得捉襟见肘，过多的 table 标记将会导致页面的复杂和后期维护的困难。

在这种情况下，就需要寻找一种可以将结构化标记与丰富的页面表现相结合的技术，CSS 样式技术应运而生。

CSS（Cascading Style Sheet）称为层叠样式表，也可以称为 CSS 样式表或样式表，其文件扩展名为.css。CSS 是用于增强或控制网页样式，并允许将样式信息与网页内容分离的一种

┈┈➤ 标记性语言。

引用样式表的目的是将"网页结构代码"和"网页样式风格代码"分离，从而使网页设计者可以对网页布局进行更多的控制。利用样式表，可以将整个站点上的所有网页都指向某个CSS文件，设计者只需要修改 CSS 文件中的某一行，整个网页上对应的样式都会随之发生改变。

3.1.2　CSS 3 发展历史

万维网联盟（W3C），这个非营利的标准化联盟，于 1996 年制定并发布了一个网页排版样式标准，即层叠样式表，用来对 HTML 有限的表现功能进行补充。

随着 CSS 的广泛应用，CSS 技术越来越成熟。CSS 现在有 3 个不同层次的标准，即 CSS 1、CSS 2 和 CSS 3。

CSS1（CSS Level 1）是 CSS 的第一层次标准，它正式发布于 1996 年 12 月 17 日，于 1999年 1 月 11 日进行了修改。该标准提供简单的样式表机制，使得网页的设计者可以通过附属的样式对 HTML 文档的表现进行描述。

CSS 2（CSS Level 2）1998 年 5 月 12 日被正式作为标准发布，CSS 2 基于 CSS 1，包含了 CSS 1 的所有特色和功能，并在多个领域进行完善，把表现样式文档和文档内容进行分离。CSS2 支持多媒体样式表，使得网页设计者能够根据不同的输出设备给文档制定不同的表现形式。

2001 年 5 月 23 日，W3C 完成了的工作草案，在该草案中制定了 CSS 3 的发展路线图，详细列出了所有模块，并计划在未来逐步进行规范。在以后的时间内，W3C 逐渐发布了不同模块。

3.1.3　浏览器与 CSS 3

CSS 3 制定完成之后，具有了很多新功能，即新样式，但这些新样式在浏览器中不能获得完全支持，主要在于各个浏览器对 CSS 3 很多细节处理上存在差异，例如一种标记某个属性一种浏览器支持，而另外一种浏览器不支持，或者两种浏览器都支持，但显示效果不一样。

各主流浏览器为了自身产品的利益和推广，定义了很多私有属性，以便加强页面显示样式和效果，导致现在每个浏览器都存在大量的私有属性。虽然使用私有属性可以快速构建效果，但对网页设计者而言是一个很大麻烦，设计一个页面就需要考虑在不同浏览器上显示的效果，稍不注意就会导致同一个页面在不同浏览器上的显示效果不一致，甚至有的浏览器不同版本之间也具有不同的属性。

如果所有浏览器都支持 CSS 3 样式，那么网页设计者只需要使用一种统一标记，就会在不同浏览器上显示统一的样式效果。

当 CSS 3 被所有浏览器接受和支持的时候，整个网页设计将会变得非常容易，其布局更加合理，样式更加美观，整个 Web 页面显示也会焕然一新。虽然现在 CSS 3 还没有完全普及，各个浏览器对 CSS 3 的支持还处于发展阶段，但 CSS 3 是一个新的、发展潜力很高的技术，在样式修饰方面是其他技术无可替代的。此时学习 CSS 3 技术，才能保证技术不落伍。

3.2 样式表的基本用法

下面讲述使用 CSS 3 的方法和技巧。

3.2.1 在 HTML 中插入样式表

直接把 CSS 代码添加到 HTML 的标记中,即作为 HTML 标记的属性标记存在。通过这种方法可以很简单地对某个元素单独定义样式。

使用行内样式的方法是直接在 HTML 标记中使用 style 属性,该属性的内容就是 CSS 的属性和值,例如:

```
<p style="color:red">段落样式</p>
```

【案例 3-1】如下代码就是一个使用 CSS 的实例(详见随书光盘中的"素材\ch03\3.1.html")。

```
<html>
<head>
<title> </title>
</head>
<body>
<p
style="color:blue;font-size:20px;text-decoration:underline;text-align:center">在 HTML 中插入样式表</p>
</body>
</html>
```

在 Firefox 浏览器中的执行结果如下图所示。可以看到 p 标记中使用了 style 属性,并且设置了 CSS 样式,设置蓝色字体,居中显示,带有下画线。

> **提示** 尽管行内样式的使用方法比较简单,但这种方法不常使用,因为它修改起来比较麻烦。为了实现内容和控制代码的分离,下面将会讲述链接 CSS 的方法。

3.2.2 单独的链接 CSS 文件

为了将"页面内容"和"样式风格代码"分离成两个或多个文件,实现页面框架 HTML 代码和 CSS 代码的完全分离,用户可以使用链接样式的 CSS。

同一个 CSS 文件,根据需要可以链接到网站中所有的 HTML 页面上,使得网站整体风格统一、协调,并且后期维护的工作量也大大减少。

链接样式是指在外部定义 CSS 样式表并形成以.css 为扩展名的文件，然后在页面中通过 <link>链接标记链接到页面中，而且该链接语句必须放在页面的<head>标记区，如下：

```
<link rel="stylesheet" type="text/css" href="1.css" />
```

上述代码分析如下：

（1）rel 指定链接到样式表，其值为 stylesheet。

（2）type 表示样式表类型为 CSS 样式表。

（3）href 指定了 CSS 样式表所在的位置，此处表示当前路径下名为 1.css 的文件。

这里使用的是相对路径。如果 HTML 文档与 CSS 样式表没有在同一路径下，则需要指定样式表的绝对路径或引用位置。

【案例 3-2】如下代码就是一个使用链接 CSS 文件的实例（详见随书光盘中的"素材\ch03\3.2.html 和 1.2.css"）。

```
<html>
<head>
<title>链接样式</title>
<link rel="stylesheet" type="text/css" href="1.2.css" />
</head><body>
<h1>CSS 链接文件的使用方法</h1>
<p>使用链接文件修饰样式</p>
</body></html>
```

其中 1.2.css 代码如下：

```
h1{text-align:center;color:blue;}
p{font-weight:100px;text-align:center;font-style:italic;color:red;}
```

在 Firefox 浏览器中的执行结果如下图所示。

在设计整个网站时，可以将所有页面链接到同一个 CSS 文件，使用相同的样式风格。如果整个网站需要修改样式，只修改 CSS 文件即可，并且同一个 CSS 文件能被不同的 HTML 所链接使用。

3.3　CSS 3 新增的选择器

选择器（Selector）也被称为选择符。所有 HTML 语言中的标记都是通过不同的 CSS 选择器进行控制的。在 HTML 5 中，常见的新增选择器包括属性选择器、结构伪类选择器和 UI 元素状态伪类选择器等。

3.3.1 属性选择器

不通过标记名称或自定义名称，通过直接标记属性来修饰网页，直接使用属性控制 HTML 标记样式，称为属性选择器。

属性选择器就是根据某个属性是否存在或属性值来寻找元素，因此能够实现某些非常有意思和强大的效果。在 CSS 2 中已经出现了属性选择器，但在 CSS 3 中又新加了 3 个属性选择器。也就是说，现在 CSS 3 中共有 7 个属性选择器，共同构成了 CSS 功能强大的标记属性过滤体系。

在 CSS 3 中，常见的属性选择器如表 3-1 所示。

表 3-1 CSS 3 属性选择器

属性选择器格式	说　　明
E[foo]	选择匹配 E 的元素，且该元素定义了 foo 属性。注意，E 选择符可以省略，表示选择定义了 foo 属性的任意类型元素。
E[foo="bar"]	选择匹配 E 的元素，且该元素将 foo 属性值定义为了 bar。注意，E 选择符可以省略，用法与上一个选择器类似。
E[foo~="bar"]	选择匹配 E 的元素，且该元素定义了 foo 属性，foo 属性值是一个以空格符分隔的列表，其中一个列表的值为 bar。注意，E 选择符可以省略，表示可以匹配任意类型的元素。例如，a[title~="b1"]匹配<a title="b1 b2 b3"></a>，而不匹配<a title="b2 b3 b5"></a>
E[foo|="n"]	选择匹配 E 的元素，且该元素定义了 foo 属性，foo 属性值是一个用连字符（-）分隔的列表，值开头的字符为 en。注意，E 选择符可以省略，表示可以匹配任意类型的元素。例如，[lang|="en"]匹配<body lang="en-us"></body>，而不是匹配<body lang="f-ag"></body>
E[foo^="bar"]	选择匹配 E 的元素，且该元素定义了 foo 属性，foo 属性值包含了前缀为 bar 的子字符串。注意，E 选择符可以省略，表示可以匹配任意类型的元素。例如，body[lang^="en"]匹配<body lang="en-us"></body>，而不匹配<body lang="f-ag"></body>
E[foo$="bar"]	选择匹配 E 的元素，且该元素定义了 foo 属性，foo 属性值包含后缀为 bar 的子字符串。注意，E 选择符可以省略，表示可以匹配任意类型的元素。例如，img[src$="jpg"]匹配<img src="p.jpg"/>，而不匹配<img src="p.gif"/>
E[foo*="bar"]	选择匹配 E 的元素，且该元素定义了 foo 属性，foo 属性值包含"bar"的子字符串。注意，E 选择符可以省略，表示可以匹配任意类型的元素。例如，img[src$="jpg"]匹配<img src="p.jpg"/>，而不匹配<img src="p.gif"/>

【案例 3-3】如下代码就是一个使用属性选择器的实例（详见随书光盘中的"素材\ch03\3.3.html"）。

```
<html>
<head>
<title>属性选择器</title>
<style>
[align]{color:red}
[align="left"]{font-size:20px;font-weight:bolder;}
[lang^="en"]{color:blue;text-decoration:underline;}
[src$="gif"]{border-width:5px;boder-color:#ff9900}
```

```
</style>
</head>
<body>
<p align=center>这是使用属性定义样式</p>
<p align=left>这是使用属性值定义样式</p>
<p lang="en-us">此处使用属性值前缀定义样式</p>
<p>下面使用了属性值后缀定义样式
<img src="2.gif" border="1"/>
</body>
</html>
```

在 Firefox 中浏览效果如下图所示。可以看到第一个段落使用属性 align 定义样式，其字体颜色为红色。第二个段落使用属性值 left 修饰样式，并且大小为 20 像素，加粗显示，其字体颜色为红色，是因为该段落使用了 align 这个属性。第三个段落显示红色，且带有下画线，是因为属性 lang 的值前缀为 en。最后一个图片以边框样式显示，是因为属性值后缀为 gif。

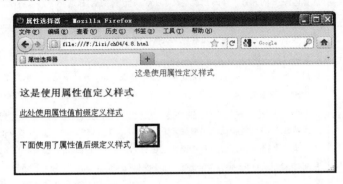

3.3.2 结构伪类选择器

结构伪类（Structural Pseudo-classes）是 CSS 3 新增的类型选择器。顾名思义，结构伪类就是利用文档结构树（DOM）实现元素过滤，也就是说，通过文档结构的相互关系来匹配特定的元素，从而减少文档内对 class 属性和 ID 属性的定义，使得文档更加简洁。

在 CSS 3 版本中，新增了结构伪类选择器，如表 3-2 所示。

表 3-2 结构伪类选择器

选 择 器	含 义
E:root	匹配文档的根元素，对于 HTML 文档，就是 HTML 元素
E:nth-child(n)	匹配其父元素的第 n 个子元素，第一个编号为 1
E:nth-last-child(n)	匹配其父元素的倒数第 n 个子元素，第一个编号为 1
E:nth-of-type(n)	与:nth-child()作用类似，但是仅匹配使用同种标签的元素
E:nth-last-of-type(n)	与:nth-last-child()作用类似，但是仅匹配使用同种标签的元素
E:last-child	匹配父元素的最后一个子元素，等同于:nth-last-child(1)
E:first-of-type	匹配父元素下使用同种标签的第一个子元素，等同于:nth-of-type(1)
E:last-of-type	匹配父元素下使用同种标签的最后一个子元素，等同于:nth-last-of-type(1)

续表

选 择 器	含 义
E:only-child	匹配父元素下仅有的一个子元素，等同于:first-child:last-child 或 :nth-child(1):nth-last-child(1)
E:only-of-type	匹配父元素下使用同种标签的唯一一个子元素，等同于 :first-of-type:last-of-type 或 :nth-of-type(1):nth-last-of-type(1)
E:empty	匹配一个不包含任何子元素的元素，注意，文本节点也被看作子元素

【案例 3-4】如下代码就是一个使用结构伪类选择器的实例（详见随书光盘中的"素材\ch03\3.4.html"）。

```html
<html>
<head><title>结构伪类</title>
<style>
tr:nth-child(even){
background-color:#f5fafe
}
tr:last-child{font-size:20px;}
</style>
</head>
<body>
<table border=1 width=80%>
<th>编号 </th><th>名称</th><th>价格</th>
<tr><td>001</td><td>芹菜</td><td>1.2 元/kg </td></tr>
<tr><td>002</td><td>白菜</td><td>0.65 元/kg </td></tr>
<tr><td>003</td><td>西红柿</td><td>1.8 元/kg </td></tr>
<tr><td>004</td><td>萝卜</td><td>0.78 元/kg </td></tr>
</table>
</body>
</html>
```

在 Firefox 中浏览效果如下图所示，可以看到表格中奇数行显示指定颜色，并且最后一行字体以 20 像素显示，其原因就是采用了结构伪类选择器。

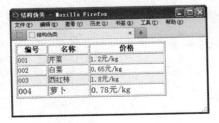

3.3.3　UI 元素状态伪类选择器

UI 元素状态伪类（The UI Element States Pseudo-classes）也是 CSS 3 新增的选择器，其中 UI 即 User Interface（用户界面）的简称。UI 设计则是指对软件的人机交互、操作逻辑、界面美观的整体设计。好的 UI 设计不仅要让软件变得有个性、有品位，还要让软件的操作变得舒适、简单、自由，充分体现软件的定位和特点。

UI 元素的状态一般包括可用、不可用、选中、未选中、获取焦点、失去焦点、锁定、待机等。CSS 3 定义了 3 种常用的状态伪类选择器，详细说明如表 3-3 所示。

图 3-3　UI 元素状态伪类表

选择器	说明
E:enabled	选择匹配 E 的所有可用 UI 元素。注意，在网页中，UI 元素一般是指包含在 form 元素内的表单元素。例如 input:enabled 匹配<form><input type=text/><input type=button disabled=disabled/></form>代码中的文本框，而不匹配代码中的按钮
E:disabled	选择匹配 E 的所有不可用元素，注意，在网页中，UI 元素一般是指包含在 form 元素内的表单元素。例如 input:disabled 匹配<form><input type=text/><input type=button disabled=disabled/></form>代码中的按钮，而不匹配代码中的文本框
E:checked	选择匹配 E 的所有可用 UI 元素。注意，在网页中，UI 元素一般是指包含在 form 元素内的表单元素。例如 input:checked 匹配<form><input type=checkbox/><input type=radio checked=checked/></./form>代码中的单选按钮，但不匹配该代码中的复选框

【案例 3-5】如下代码就是一个使用 UI 元素状态伪类选择器的实例（详见随书光盘中的"素材\ch03\3.5.html"）。

```
<html>
<head>
<title>UI 元素状态伪类选择器</title>
<style>
input:enabled {    border:1px dotted #666;    background:#ff9900;    }
input:disabled {    border:1px dotted #999;    background:#F2F2F2;    }
</style>
</head>
<body>
<center>
<h3 align=center>用户登录</h3>
<form method="post" action="">
用户名: <input type=text name=name><br>
密  码: <input type=password name=pass disabled="disabled"><br>
<input type=submit value=提交>
<input type=reset value=重置>
</form>
<center>
</body>
</html>
```

在 Firefox 中浏览效果如下图所示，可以看到表格中可用的表单元素都显示浅黄色，而不可用元素显示灰色。

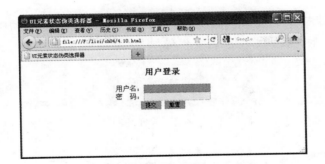

3.4 技能训练——制作彩色标题

使用 CSS 可以给网页标题设置不同的字体样式。即建立一个 CSS 规则，将样式应用到页面中出现的所有<h1>标记（或者是整个站点、当使用一个外部样式表的时候）。随后，如果网站设计者想改变整个站点上所有出现<h1>标记的颜色、尺寸、字体，只需修改一些 CSS 规则。

具体操作步骤如下。

Step01 构建 HTML 页面。创建 HTML 页面，完成基本框架并创建标题，其代码如下：

```html
<html>
<head>
<title> </title>
</head>
<body>
<body>
<h1>
<span class=c1>五</span>
<span class=c2>彩</span>
<span class=c3>缤</span>
<span class=c4>纷</span>
<span class=c5>的</span>
<span class=c6>世</span>
<span class=c7>界</span></h1>
</body>
</html>
```

在 Firefox 中浏览效果如下图所示，可以看到标题 h1 在网页显示，没有任何修饰。

Step02 使用内嵌样式。如果要对 h1 标题进行修饰，则需要添加 CSS，此处使用内嵌样式，在<head>标记中添加 CSS，其代码如下：

```
<style>
h1 {}
</style>
```

在 Firefox 中浏览效果如下图所示，可以看到此时没有任何变化，只是在代码中引入了<style>标记。

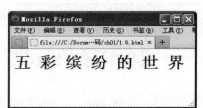

Step03 改变颜色、字体和尺寸。添加 CSS 代码，改变标题样式，其样式在颜色、字体和尺寸上面设置。其代码如下：

```
h1 {
font-family: Arial, sans-serif;
font-size: 24px;
color: #369;
}
```

在 Firefox 中浏览效果如下图所示，可以看字体大小为 24 像素，颜色为浅蓝色，字形为 Arial。

Step04 加入灰色边框。为 h1 标题加入边框，其代码如下：

```
padding-bottom: 6px;
border-bottom: 4px solid #ccc;
```

在 Firefox 中浏览效果如下图所示，可以看到文字下面添加了一个边框，边框和文字的距离是 6 像素。

Step05 增加背景图。使用 CSS 样式为标记<h1>添加背景图片，其代码如下：

```
background: url(01.jpg) repeat-x bottom;
```

在 Firefox 中浏览效果如下图所示，可以看到文字下面添加了一张背景图片，图片在水平（*X* 轴）方向进行平铺。

Step06 定义背景图宽度。使用 CSS 属性将背景图变小，使其正好符合 7 个字体的宽度。其代码如下：

```
width:200px;
```

在 Firefox 中浏览效果如下图所示，可以看到文字下面的背景图缩短，正好和文字宽度相同。

Step07 定义字的颜色。在 CSS 样式中为每个字定义颜色，其代码如下：

```
.c1{
    color:    #B3EE3A;
}
.c2{
    color:#71C671;
}
.c3{
    color:    #00F5FF;
}
.c4{
    color:#00EE00;
}
.c5{
    color:# FF0000;
}
.c6{
    color:#800080;
}
.c7{
    color: #0000FF;
}
```

第 3 天 读懂样式表密码——网页设计中的 CSS 3

在 Firefox 中浏览效果如下图所示，可以看到每个字体显示不同颜色，加上背景色共有 8 种颜色。

第2部分

使用 HTML 5 的高级应用

　　了解了 HTML 5 的基本知识后，下面进一步学习 HTML 5 的高级知识，包括网页表单技术的应用、网页多媒体应用、获取地理位置的方法、Web 通信新技术、本地存储技术、线程处理、构建离线应用程序等。

7天学习目标

- ☐ 网页将变得更加活泼——网页表单技术应用
- ☐ 让页面从此告别单调——网页多媒体应用
- ☐ 网页中的北斗星——获取地理位置
- ☐ 通信不再是件难事儿——Web通信新技术
- ☐ 把数据放至客户端——本地存储技术
- ☐ 让通信更顺畅——线程处理
- ☐ 浏览页面更快捷——构建离线应用程序

1 第 4 天

网页将变得更加活泼——网页表单技术应用

4.1 新增HTML 5表单

4.2 新增表单属性

4.3 技能训练——创建用户注册页面

2 第 5 天

让页面从此告别单调——网页多媒体应用

5.1 音/视频容器与视频编/解码器

5.2 属性与方法

5.3 事件触发机制

5.4 技能训练——为网页添加背景音乐

3 第 6 天

网页中的北斗星——获取地理位置

6.1 Geolocation API获取地理位置

6.2 技能训练——在网页中调用百度地图

4 第 7 天

通信不再是件难事儿——Web通信新技术

7.1 跨文档消息传输

7.2 Web Sockets API

7.3 技能训练——编写简单的Web Socket服务器

5 第 8 天

把数据放至客户端——本地存储技术

8.1 认识Web Storage

8.2 使用HTML 5 Web Storage API

8.3 在本地建立数据库

8.4 技能训练——制作简单的Web留言本

6 **第 9 天**

让通信更顺畅——线程处理

9.1 Web Worker 概述

9.2 线程中常用的变量、函数与类

9.3 与线程进行数据交互

9.4 线程嵌套

7 **第 10 天**

浏览页面更快捷——构建离线应用程序

10.1 HTML 5离线应用程序

10.2 了解manifest（清单）文件

10.3 了解applicationCache API

10.4 技能训练——离线定位跟踪

65

⏰ 第**4**天　网页将变得更加活泼——
网页表单技术应用

学时探讨:

　　本学时主要探讨网页表单的相关知识。网页表单是网页设计中一个非常重要的元素,在网页设计中可以实现的表单种类很多,本章将学习各种常规表单和 HTML 5 的新增表单。通过今日的学习,读者能够掌握这些表单的使用方法及技巧。

学时目标:

　　通过本章网页表单知识的学习,读者可以认识网页中可用的各种表单样式,并且掌握这些表单的使用方法和技巧,为完成多样化的网页表单页面打下基础,如下图所示。

4.1　新增 HTML 5 表单

　　表单在 HTML 页面中起着重要作用,它是与用户交互信息的主要手段。一个表单至少应该包括说明性文字、用户填写的表格、提交和重填按钮等内容,如下图所示。

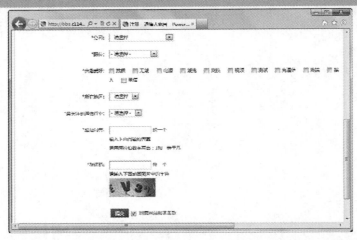

　　表单主要用于收集网页上浏览者的相关信息,用户填写了所需的资料之后,单击"提交"或"提交资料"按钮,所填资料就会通过专门的 CGI 接口传到 Web 服务器上。网页的设计者随后就能在 Web 服务器上看到用户填写的资料,从而完成从用户到作者之间的反馈和交流。对于免费个人网站,往往服务器不提供 CGI 功能,也可以通过电子邮件来接收用户的反馈信息。

表单的标签为<form></form>，其基本语法格式如下：

```
<form action="url" method="get|post" enctype="mime">
</form >
```

其中，action="url"指定处理提交表单的格式，它可以是一个 URL 地址或一个电子邮件地址，method="get|post"指明提交表单的 HTTP 方法；enctype=mime 指明用来把表单提交给服务器时的互联网媒体形式。

表单是一个能够包含表单元素的区域。通过添加不同的表单元素，将显示不同的效果。

【案例 4-1】如下代码为表单展示案例（详见随书光盘中的"素材\ch04\4.1.html"）。

```
<!doctype html>
<html>
<body>
<form>
<h3>请输入用户注册信息</h3>
注册账户<br>
<input type="text" name="user">
<br>
昵称<br>
<input type="text" name="user">
<br>
登录密码<br>
<input type="password" name="password">
<br>
确认密码<br>
<input type="password" name="password">
<br>
<input type="submit" value="注册">
</form>
</body>
</html>
```

在 Firefox 中浏览效果如下图所示，可以看到用户注册信息页面。

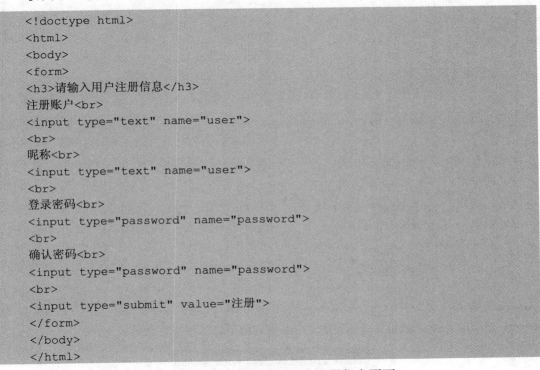

第 4 天 网页将变得更加活泼——网页表单技术应用

4.1.1 基本表单元素

表单元素是能够让用户在表单中输入信息的元素，常见的有文本框、密码框、下拉菜单、单选按钮、复选框等。本节主要讲述表单基本元素的使用方法和技巧。

1. 单行文本输入框（text）

文本框是一种让访问者自己输入内容的表单对象，通常被用来填写单个字或者简短的回答，如用户姓名和地址等。代码格式如下：

```
<input type="text" name="..." size="..." maxlength="..." value="...">
```

其中，type="text"定义单行文本输入框；name 属性定义文本框的名称，要保证数据的准确采集，必须定义一个独一无二的名称；size 属性定义文本框的宽度，单位是单个字符宽度；maxlength 属性定义最多输入的字符数；value 属性定义文本框的初始值。

【案例 4-2】如下代码就是 text 表单的实现案例（详见随书光盘中的"素材\ch04\4.2.html"）。

```
<!DOCTYPE html>
<html>
<head><title>输入身份信息</title></head>
<body>
<form>
请输入用户账户：
<input type="text" name="yourname" size="20" maxlength="15">
<br><br>
请输入用户昵称：
<input type="text" name="youradr" size="20" maxlength="15">
</form>
</body>
</html>
```

在 Firefox 中浏览效果如下图所示，可以看到两个单行文本输入框。

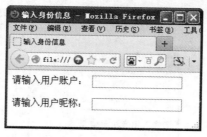

2. 多行文本输入框（textarea）

多行文本输入框（textarea）主要用于输入较长的文本信息。代码格式如下：

```
<textarea name="..." cols="..." rows="..." wrap="..."></textarea >
```

其中，name 属性定义多行文本框的名称，要保证数据的准确采集，必须定义一个独一无二的名称；cols 属性定义多行文本框的宽度，单位是单个字符宽度；rows 属性定义多行文本框的高度，单位是单个字符宽度；wrap 属性定义输入内容大于文本域时显示的方式。

【案例 4-3】如下代码就是 textarea 表单的实现案例（详见随书光盘中的"素材\ch04\4.3.html"）。

```
<!DOCTYPE html>
<html>
<head><title>多行文本输入</title></head>
<body>
<form>
请输入您今天的心情: <br>
<textarea name="yourworks" cols ="50" rows = "5"></textarea>
<br>
<input type="submit" value="提交">
</form>
</body>
</html>
```

在 Firefox 中浏览效果如下图所示，可以看到多行文本输入框。

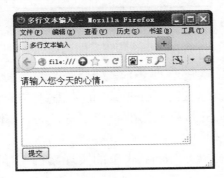

3. 密码域（password）

密码输入框是一种特殊的文本域，主要用于输入一些保密信息。当网页浏览者输入文本时，显示的是黑点或者其他符号，这样就增加了输入文本的安全性。代码格式如下：

```
<input type="password" name="..." size="..." maxlength="...">
```

其中，type="password"定义密码框；name 属性定义密码框的名称，要保证唯一性；size 属性定义密码框的宽度，单位是单个字符宽度；maxlength 属性定义最多输入的字符数。

【案例 4-4】如下代码就是 password 表单的实现案例（详见随书光盘中的"素材\ch04\4.4.html"）。

```
<!doctype html>
<html>
<head><title>登录用户账号</title></head>
<body>
<h3>请登录您的账号: </h3>
<form >
请输入用户名:
<input type="text" name="yourname">
```

```
<br><br>
请输入登录密码:
<input type="password" name="yourpw"><br>
</form>
</body>
</html>
```

在 Firefox 中浏览效果如下图所示,输入用户名和密码时可以看到密码以黑点的形式显示。

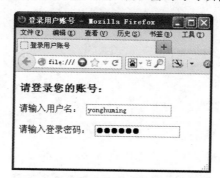

4. 单选按钮（radio）

单选按钮主要是让网页浏览者在一组选项里只能选择一个。代码格式如下:

```
<input type="radio" name=" " value = " ">
```

其中,type="radio"定义单选按钮;name 属性定义单选按钮的名称,单选按钮都是以组为单位使用的,在同一组中的单选按钮必须用同一个名称;value 属性定义单选按钮的值,在同一组中,它们的域值必须是不同的。

【案例 4-5】如下代码就是 radio 表单的实现案例（详见随书光盘中的"素材\ch04\4.5.html"）。

```
<!doctype html>
<html>
<head><title>选择感兴趣的专业</title></script></head>
<body>
<form >
请选择您选择的选修课:
<br>
<input type="radio" name="professional" value = "professional1">影视鉴赏<br>
<input type="radio" name="professional" value = "professional2">数码摄影<br>
<input type="radio" name="professional" value = "professional3">广告设计<br>
<input type="radio" name="professional" value = "professional4">心理学<br>
<input type="radio" name="professional" value = "professional5">乐器进修<br>
</form>
</body>
</html>
```

在 Firefox 中浏览效果如下图所示,即可看到 5 个单选按钮,用户只能同时选择其中一个单选按钮。

5. 复选框（checkbox）

复选框主要是让网页浏览者在一组选项里可以同时选择多个选项。每个复选框都是一个独立的元素，都必须有一个唯一的名称。代码格式如下：

```
<input type="checkbox" name=" " value ="">
```

其中，type="checkbox"定义复选框；name 属性定义复选框的名称，在同一组中的复选框都必须用同一个名称；value 属性定义复选框的值。

【案例 4-6】如下代码就是 checkbox 表单的实现案例（详见随书光盘中的"素材\ch04\4.6.html"）。

```
<!doctype html>
<html>
<head><title>请选择您选择的选修课</title></script></head>
<body>
<form >
请选择您选择的选修课：
<br>
<input type="checkbox" name="professional" value = "professional1">影视鉴
赏<br>
   <input type="checkbox" name="professional" value = "professional2">数码摄
影<br>
   <input type="checkbox" name="professional" value = "professional3">广告设
计<br>
   <input type="checkbox" name="professional" value = "professional4">心理学
<br>
   <input type="checkbox" name="professional" value = "professional5">乐器进
修<br>
</form>
</body>
</html>
```

技巧：checked 属性主要用于设置默认选中项。

在 Firefox 中浏览效果如下图所示，即可看到 5 个复选框，其中【数码摄影】和【心理学】复选框被选中。

6. 下拉选择框（select）

下拉选择框主要用于在有限的空间里设置多个选项。下拉选择框既可以用做单选，也可以用做复选。代码格式如下：

```
<select name="..." size="..." multiple>
<option value="..." selected>
...
</option>
 ...
</select>
```

其中，name 属性定义下拉选择框的名称；size 属性定义下拉选择框的行数；multiple 属性表示可以多选，如果不设置本属性，那么只能单选；value 属性定义选择项的值；selected 属性表示默认已经选择本选项。

【案例 4-7】如下代码就是 select 表单的实现案例（详见随书光盘中的"素材\ch04\4.7.html"）。

```
<!doctype html>
<html>
<head><title>选择感兴趣的课程</title></head>
<body>
<form>
请选择您选择的选修课：<br>
<select name="fruit" size = "3" multiple>
<option value="professional1">影视鉴赏
<option value="professional2">数码摄影
<option value="professional3">心理学
<option value="professional4">广告设计
<option value="professional5">乐器进修
</select>
</form>
</body>
</html>
```

在 Firefox 中浏览效果如下图所示，即可看到下拉选择框，其中显示为 3 行选项，用户可以按住 Ctrl 键选择多个选项。

7. 普通按钮 button

普通按钮用来控制其他定义了处理脚本的处理工作。代码格式如下：

```
<input type="button" name="..." value="..." onClick="...">
```

其中，type="button"定义普通按钮；name 属性定义普通按钮的名称；value 属性定义按钮的显示文字；onClick 属性表示单击行为，也可以是其他的事件通过指定脚本函数来定义按钮的行为。

【案例 4-8】如下代码就是 button 表单的实现案例（详见随书光盘中的"素材\ch04\4.8.html"）。

```
<!doctype html>
<html>
<body>
<form>
通过单击按钮，将文本 1 的内容拷贝到文本 2 中
<br/>
文本 1: <input type="text" id="field1" value="实现文本的拷贝">
<br/>
文本 2: <input type="text" id="field2">
<br/>
<input type="button" name="..." value="拷贝"
onclick="document.getelementbyid('field2').value=document.getelementbyid('field1').value">
</form>
</body>
</html>
```

在 Firefox 中浏览效果如下图所示，单击【拷贝】按钮，即可实现将文本 1 中的内容复制到文本 2 中。

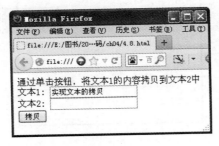

8. 提交按钮（submit）

提交按钮用来将输入的信息提交到服务器。代码格式如下：

```
<input type="submit" name="..." value="...">
```

其中，type="submit"定义提交按钮；name 属性定义提交按钮的名称；value 属性定义按钮的显示文字。通过提交按钮可以将表单里的信息提交给表单里 action 所指向的文件。

【案例 4-9】如下代码就是 submit 表单的实现案例（详见随书光盘中的"素材\ch04\4.9.html"）。

```
<!doctype html>
<html>
<head><title>输入用户名信息</title></head>
<body>
<h3>请输入用户信息</h3>
<form  >
用户姓名：
<input type="text" name="yourname">
<br><br>
联系住址：
<input type="text" name="youradr">
<br><br>
工作单位：
<input type="text" name="yourcom">
<br><br>
联系方式：
<input type="text" name="yourcom">
<br><br>
<input type="submit" value="提交">
</form>
</body>
</html>
```

在 Firefox 中浏览效果如下图所示，输入内容后单击【提交】按钮，即可实现将表单中的数据发送到指定的文件。

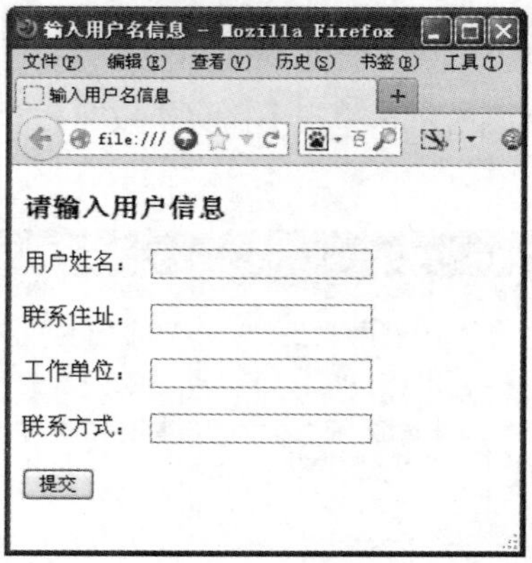

74

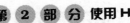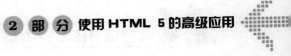

9. 重置按钮（reset）

重置按钮用来重置表单中输入的信息。代码格式如下：

```
<input type="reset" name="..." value="...">
```

其中，type="reset"定义重置按钮；name 属性定义重置按钮的名称；value 属性定义按钮的显示文字。

【案例 4-10】如下代码就是 reset 表单的实现案例（详见随书光盘中的"素材\ch04\4.10.html"）。

```
<!doctype html>
<html>
<head><title>内容重置按钮</title></head>
<body>
<form>
用户名/昵称：
<input type='text'>
<br/><br/>
登录密码：
<input type='password'>
<br>
<input type="submit" value="登录">
<input type="reset" value="重置">
</form>
</body>
</html>
```

在 Firefox 中浏览效果如下图所示，输入内容后单击【重置】按钮，即可实现将表单中的数据清空的目的。

4.1.2　高级表单元素

除了上述基本元素外，HTML 5 中还有一些高级元素，包括 url、eamil、time、range、search 等。对于这些高级属性，IE 9.0 浏览器暂不支持。

第 4 天　网页将变得更加活泼——网页表单技术应用

75

1. url 属性

url 属性用于说明网站网址，显示为一个文本字段输入 URL 地址。在提交表单时，会自动验证 url 的值。代码格式如下：

```
<input type="url" name="userurl"/>
```

另外，用户可以使用普通属性设置 url 输入框，例如可以使用 max 属性设置其最大值、min 属性设置其最小值、step 属性设置合法的数字间隔、value 属性规定其默认值。其他高级属性中同样的设置不再重复讲述。

【案例 4-11】如下代码就是 url 表单的实现案例（详见随书光盘中的"素材\ch04\4.11.html"）。

```
<!DOCTYPE html>
<html>
<head><title>url 类型元素</title></head>
<body>
<form>
<br/>
请输入 URL 网址：
<input type="url" name="userurl"/>
</form>
</body>
</html>
```

在 Firefox 中浏览效果如下图（左）所示，用户即可输入相应的网址。

如果输入的不是完整的 URL 网址格式，表单将会显示粉红色边框，如下图（右）所示。需要注意的是，完整的 URL 格式必须要有"http://"头。

2. eamil 属性

与 url 属性类似，email 属性用于让浏览者输入 E-mail 地址。在提交表单时，会自动验证 email 域的值。代码格式如下：

```
<input type="email" name="user_email"/>
```

【案例 4-12】如下代码就是 email 表单的实现案例（详见随书光盘中的"素材\ch04\4.12.html"）。

```
<!DOCTYPE html>
<html>
<head><title>e-mail 类型元素</title></head>
```

```
<body>
<form>
<br/>
请输入您的注册邮箱:
<input type="email" name="user_email"/>
<br>
<input type="submit" value="提交">
</form>
</body>
</html>
```

在 Firefox 中浏览效果如下图所示,用户即可输入相应的邮箱地址。如果用户输入的邮箱地址不合法,单击【提交】按钮后会弹出下图所示的提示信息。

3. date 属性

在 HTML 5 中新增了日期输入类型 date,其含义为选择日、月、年。

date 属性的代码格式如下:

```
<input type="date" name="user_date" />
```

【案例 4-13】如下代码就是 date 表单的实现案例(详见随书光盘中的"素材\ch04\4.13.html")。

```
<!DOCTYPE html>
<html>
<head><title>date 类型元素</title></head>
<body>
<form>
<br/>
请选择您的生日:
<br>
<input type="date" name="user_date" />
</form>
</body>
</html>
```

在 Chrome 中浏览效果如下图所示,用户单击输入框中的向下按钮,即可在弹出的窗口中选择需要的日期。

4. time 类型元素

在 HTML 5 中新增了时间输入类型 time，其含义为选取时间（小时和分钟）。

time 属性的代码格式如下：

```
<input type="time" name="user_date" />
```

【案例 4-14】如下代码就是 time 表单的实现案例（详见随书光盘中的"素材\ch04\4.14.html"）。

```
<!DOCTYPE HTML>
<html>
<head><title>time 类型元素</title></head>
<body>
<form>
请输入消息提醒时间：<input type="time" name="user_date" />
<input type="submit" />
</form>
</body>
</html>
```

在 Chrome 中浏览效果如下图所示，用户可以在表单中输入标准的 time 格式，然后单击【提交】按钮。

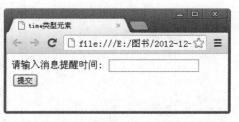

5. datetime 类型元素

在 HTML 5 中新增了时间输入类型 datetime，其含义为选取时间、日、月、年（UTC 时间）。UTC 是协调世界时，又称世界统一时间、世界标准时间、国际协调时间。由于中国采用的是第八时区的时间，所以中国及其他亚洲国家大都会采用 UTC+8 的时间。

datetime 属性的代码格式如下：

```
<input type="datetime" name="user_date" />
```

【案例 4-15】如下代码就是 datetime 表单的实现案例（详见随书光盘中的"素材\ch04\4.15.html"）。

```
<!DOCTYPE HTML>
<html>
<head><title>datetime 类型元素</title></head>
<body>
<form>
请输入日期和时间: <input type="datetime" name="user_date" />
<input type="submit" />
</form>
</body>
</html>
```

在 Chrome 中浏览效果如下图所示，用户可以在表单中输入标准的 datetime 格式，然后单击【提交】按钮。

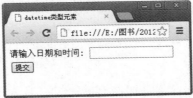

6. datetime-local 类型元素

在 HTML 5 中新增了时间输入类型 datetime-local，其含义为选取时间、日、月、年（本地时间）。例如中国使用的 datetime-local 就是第八时区的时间。

datetime-local 属性的代码格式如下：

```
<input type="datetime-local" name="user_date" />
```

【案例 4-16】如下代码就是 datetime-local 表单的实现案例（详见随书光盘中的"素材\ch04\4.16.html"）。

```
<!DOCTYPE HTML>
<html>
<head><title>datetime-local 类型元素</title></head>
<body>
<form >
请输入 datetime-local 时间: <input type="datetime-local" name="user_date" />
<input type="submit" />
</form>
</body>
</html>
```

在 Chrome 中浏览效果如下图所示，用户可以在表单中输入标准的 datetime-local 格式，

然后单击【提交】按钮。

7. month 类型元素

在 HTML 5 中新增了日期输入类型 month，其含义为选取月、年。

month 属性的代码格式如下：

```
<input type="month" name="user_date" />
```

【案例 4-17】如下代码就是 month 表单的实现案例（详见随书光盘中的"素材\ch04\4.17.html"）。

```
<!DOCTYPE HTML>
<html>
<head><title>month 类型元素</title></head>
<body>
<form>
请输入 month: <input type="month" name="user_date" />
<input type="submit" />
</form>
</body>
</html>
```

在 Chrome 中浏览效果如下图所示，用户可以在表单中输入标准的 month 格式，然后单击【提交】按钮。

8. week 类型元素

在 HTML 5 中新增了日期输入类型 week，其含义为选取周和年。

week 属性的代码格式如下：

```
<input type="week" name="user_date" />
```

【案例 4-18】如下代码就是 week 表单的实现案例（详见随书光盘中的"素材\ch04\4.18.html"）。

```
<!DOCTYPE HTML>
<html>
```

```
<head><title>week 类型元素</title></head>
<body>
<form>
请输入 week: <input type="week" name="user_date" />
<input type="submit" />
</form>
</body>
</html>
```

在 Chrome 中浏览效果如下图所示，用户可以在表单中输入标准的 week 格式，然后单击【提交】按钮。

9. number 类型元素

number 属性提供了一个输入数字的输入类型，用户可以直接输入数字，或者通过单击微调框中的向上或者向下按钮来选择数字。代码格式如下：

```
<input type="number" name="shuzi" />
```

【案例 4-19】如下代码就是 number 表单的实现案例（详见随书光盘中的"素材\ch04\4.19.html"）。

```
<!DOCTYPE html>
<html>
<head><title>number 类型元素</title></head>
<body>
<form>
<br/>
您最近浏览该网页的次数为:
<input type="number" name="shuzi "/>次!
</form>
</body>
</html>
```

在 Chrome 中浏览效果如下图所示，用户可以直接输入数字，也可以单击微调按钮选择合适的数字。

> **提示** 强烈建议用户使用 min 和 max 属性规定输入的最小值和最大值。

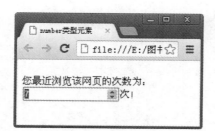

10. range 类型元素

range 属性是显示一个滚动的控件。和 number 属性一样，用户可以使用 max、min 和 step 属性控制控件的范围。代码格式如下：

```
<input type="range" name="" min="" max="" />
```

其中，min 和 max 属性分别控制滚动控件的最小值和最大值。

【案例 4-20】如下代码就是 range 类型元素表单的实现案例（详见随书光盘中的 "素材\ch04\4.20.html"）。

```
<!DOCTYPE html>
<html>
<head><title>range 类型元素</title></head>
<body>
<form>
<br/>
当前系统安全等级为：
<input type="range" name="ran" min="1" max="10" />
</form>
</body>
</html>
```

在 Chrome 中浏览效果如下图所示，用户可以拖动滑块选择合适的数字。

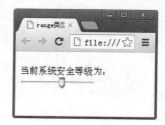

提示　在默认情况下，滑块位于滚珠的中间位置。如果用户指定的最大值小于最小值，则允许使用反向滚动轴，目前浏览器对这一属性还不能很好的支持。

11. search 类型元素

search 类型的 input 元素是一种专门用来输入搜索关键词文本的文本框,其代码格式如下:

```
<input type="search" name="search1" />
```

【案例 4-21】如下代码就是 search 类型元素表单的实现案例（详见随书光盘中的"素材\ch04\4.21.html"）。

```
<!DOCTYPE HTML>
<html>
<head><title>search 类型元素</title></head>
<body>
<form >
<input type="search" name="user_search" />
<input type="submit" />
</form>
</body>
</html>
```

在 Chrome 中浏览效果如下图所示。

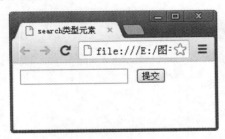

12. tel 类型元素

tel 类型的 input 元素被设计为输入电话号码的专用文本框。它没有特殊的校验规则,不强制输入数字（因为许多电话号码通常带有其他文字）,如 56542355。但是开发者可以通过 pattern 属性来制定对于输入的电话号码格式的验证。其代码格式如下:

```
<input type="tel" name="tel1" />
```

【案例 4-22】如下代码就是 tel 类型元素表单的实现案例（详见随书光盘中的"素材\ch04\4.22.html"）。

```
<!DOCTYPE HTML>
<html>
<head><title>tel 类型元素</title></head>
<body>
<form >
<input type="tel" name="tel1" pattern="56542355" />
<input type="submit" />
</form>
</body>
</html>
```

在 Chrome 中浏览效果如下图所示，在文本框中输入不满足 pattern 属性强制规则的号码格式，单击【提交】按钮后会弹出错误提示。

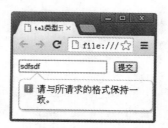

13. color 类型元素

color 类型的 input 元素用来选取颜色，它提供了一个颜色选取器。目前该元素只在 Opear 与 BlackBerry 浏览器中被支持。其代码格式如下：

```
<input type="color" name="tel1" />
```

【案例 4-23】如下代码就是 color 类型元素表单的实现案例（详见随书光盘中的"素材\ch04\4.23.html"）。

```
<!DOCTYPE HTML>
<html>
<head><title>color 类型元素</title></head>
<body>
<h3>请选择文字的颜色：</h3>
<form >
<input type="color" name="tel1" />
<input type="submit" />
</form>
</body>
</html>
```

在 Opera 中浏览效果如下图所示，单击下拉箭头，弹出颜色选择框。

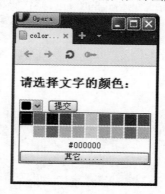

4.1.3 新增表单元素

在 HTML 5 中新增了两个表单元素：datalist 和 keygen。下面来详细介绍这两个元素的应用。

1. datalist 元素

datalist 元素规定输入域的选项列表。列表是通过 datalist 内的 option 元素创建的。如需把 datalist 绑定到输入域中，需要使用输入域的 list 属性引用 datalist 的 id 名称。

【案例 4-24】如下代码就是 datalist 元素表单的实现案例（详见随书光盘中的"素材\ch04\4.24.html"）。

```
网站搜索: <input type="url" list="url_list" name="link" />
<datalist id="url_list">
<option label="新浪" value="http://www.sina.com.cn" />
<option label="谷歌" value="http://www.google.com" />
<option label="百度" value="http://www.baidu.com" />
</datalist>
```

使用 Chrome 浏览器打开页面，单击表单，自动弹出 list 列表，可以直接选择完成表单的输入，效果如下图所示。

> **提示**
>
> option 元素永远都要设置 value 属性。

2. keygen 元素

keygen 元素的作用是提供一种验证用户的可靠方法。keygen 元素是密钥对生成器（key-pair generator）。当提交表单时，会生成两个键，一个是私钥，一个公钥。私钥（Private Key）存储于客户端，公钥（Public Key）则被发送到服务器。公钥可用于之后验证用户的客户端证书（Client Certificate）。

使用 keygen 元素还可以指定密钥长度，一般有两个选择：2 048 和 1 024。

【案例 4-25】如下代码就是 keygen 元素表单的实现案例（详见随书光盘中的"素材\ch04\4.25.html"）。

```
<!DOCTYPE HTML>
<html>
<body>

<form action="/example/html5/demo_form.asp" method="get">
用户名: <input type="text" name="usr_name" />
```

```
加密强度: <keygen name="security" />
<input type="submit" />
</form>

</body>
</html>
```

使用 Chrome 浏览器打开页面，在右侧表单中显示了可选的密钥长度，效果如下图所示。

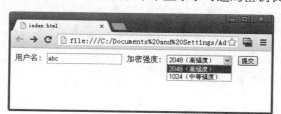

> **提示**
>
> 目前，浏览器对此元素的支持度不足以使其成为一种有用的安全标准。

4.2 新增表单属性

在 HTML 5 中新增了许多表单属性，如<form>元素的 autocomplete 和 novalidate 属性，<input> 元素的 autocomplete、autofocus、form、list、multiple、pattern (regexp)、 placeholder 和 required 属性。下面来分别介绍这些新增的表单属性。

4.2.1 autocomplete 属性

autocomplete 属性规定 form 或 input 域应该拥有自动完成功能。autocomplete 适用于 <form> 标签，以及以下类型的 <input> 标签：text、search、url、telephone、email、password、datepickers、range 和 color。

当用户在表单中开始输入时，浏览器会在该表单中显示之前使用过的选项，可以使用户快速填充已使用的历史输入内容。

需要注意的是，在某些浏览器中，可以指定表单是否开启该功能。使用 autocomplete 的 on 和 off 值指定。

【案例 4-26】如下代码就是 autocomplete 属性的实现案例（详见随书光盘中的"素材\ch04\4.26.html"）。

```
<!DOCTYPE HTML>
<html>
<body>
<form  action="/example/html5/demo_form.asp"  method="get"  autocomplete
="on">
```

```
用户名:<input type="text" name="fname" /><br />
昵  称: <input type="text" name="lname" /><br />
E-mail: <input type="email" name="email" autocomplete="off" /><br />
<input type="submit" />
</form>
</body>
</html>
```

提示 表单的自动完成功能是打开的，而 email 域是关闭的。

使用 Chrome 浏览器打开页面，在表单中分别输入相关内容，效果如下图（左）所示。

提交后，重新打开页面，用户名和昵称表单中的内容自动填充历史输入内容，且光标定位后会显示所有历史输入记录，而 E-mail 表单中为空，如下图（右）所示。

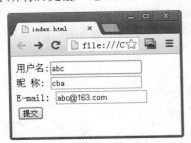 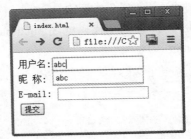

4.2.2　min、max 和 step 属性

min、max 和 step 属性用于为包含数字或日期的 input 类型规定限定（约束）。max 属性规定输入域所允许的最大值；min 属性规定输入域所允许的最小值；step 属性为输入域规定合法的数字间隔。

min、max 和 step 属性适用于以下类型的 <input> 标签：date pickers、number 和 range。

下面的例子显示一个数字域，该域接受 0 ~ 10 之间的值，且步进为 3（即合法的值为 0、3、6 和 9）。

【案例 4-27】如下代码就是 min、max 和 step 属性的实现案例（详见随书光盘中的"素材\ch04\4.27.html"）。

```
<!DOCTYPE HTML>
<html>
<body>
<p>数值要求为 0-10 之间，3 的倍数</p>
<form action="/example/html5/demo_form.asp" method="get">
输入数值: <input type="number" name="points" min="0" max="10" step="3"/>
<input type="submit" />
</form>
```

```
</body>
</html>
```

使用 Chrome 浏览器打开页面，在表单中输入数值 7，单击【提交】按钮，弹出"值无效"的提示信息，效果如下图所示。

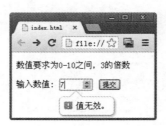

4.2.3 multiple 属性

multiple 属性规定输入域中可选择多个值。例如在选择文件时，可以同时选择多个文件。multiple 属性适用于以下类型的 <input> 标签：email 和 file。

【案例 4-28】如下代码就是 multiple 属性的实现案例（详见随书光盘中的"素材\ch04\4.28.html"）。

```
<!DOCTYPE HTML>
<html>
<body>
<p>当您浏览文件时，请试着选择多个文件。</p>
<form action="/example/html5/demo_form.asp" method="get">
选择文件: <input type="file" name="img" multiple="multiple" />
<input type="submit" />
</form>
</body>
</html>
```

使用 Firefox 浏览器打开页面，单击【浏览】按钮，在弹出的"选择文件"对话框中可以同时选择多个文件载入，载入后文件之间使用"，"分隔，效果如下图所示。

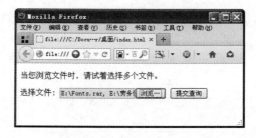

4.2.4 placeholder 属性

placeholder 属性提供一种提示（hint），描述输入域所期待的值。如在美食网中，搜索条中一般都会输入美食名称，就可以将这个值定义为"请输入喜欢的美食"。

placeholder 属性适用于以下类型的 <input> 标签：text、search、url、telephone、email 和 password。

【案例 4-29】如下代码就是 placeholder 属性的实现案例（详见随书光盘中的"素材\ch04\4.29.html"）。

```
<!DOCTYPE HTML>
<html>
<body>
<form action="/example/html5/demo_form.asp" method="get">
<input type="search" name="user_search" placeholder="请输入喜欢的美食"
<input type="submit" />
</form>
</body>
</html>
```

使用 Chrome 浏览器打开页面，效果如下图所示。

提示

（hint）会在输入域为空时显式出现，在输入域获得焦点时消失。

4.2.5 required 属性

required 属性规定必须在提交之前填写输入域（不能为空）。如果为空，则在提交表单信息时会提示错误信息。

required 属性适用于以下类型的 <input> 标签：text、search、url、telephone、email、password、date pickers、number、checkbox、radio 和 file。

【案例 4-30】如下代码就是 required 属性的实现案例（详见随书光盘中的"素材\ch04\4.30.html"）。

```
<!DOCTYPE HTML>
<html>
<body>
<form action="/example/html5/demo_form.asp" method="get">
用户名: <input type="text" name="usr_name" required="required" />
<input type="submit" />
</form>
</body>
</html>
```

使用 Chrome 浏览器打开页面，单击【提交】按钮，弹出提示信息，效果如下图所示。

4.3 技能训练——创建用户注册页面

本实例将使用表单中的各种元素来开发一个简单网站的用户意见反馈页面。

具体操作步骤如下。

Step01 分析需求。

反馈表单非常简单，通常包含 3 个部分：需要在页面上方给出标题；标题下方是正文部分，即表单元素；最下方是表单元素提交按钮。在设计这个页面时，需要把"用户注册表单"标题设置成 H1 大小，正文使用 p 来限制表单元素。

Step02 构建 HTML 页面。

实现表单内容，样式代码如下：

```
<!doctype html>
<html>
<head>
<title>用户注册页面</title>
</head>
<body>
<h1 align=center>用户注册表单</h1>
<form method="post" >
<p>用 户 名:
<input type="text" class=txt size="12" maxlength="20" name="username" />
</p>
<p>昵    称:
<input type="text" class=txt size="12" maxlength="20" name="username" />
</p>
<p>登录密码:
<input type="password" class=txt size="12" minlength="8" name="password" />
</p>
<p>性    别:
<input type="radio" value="male" />男
<input type="radio" value="female" />女
</p>
<p>联系电话:
<input type="text" class=txt name="tel" />
</p><p>电子邮件:
```

```
<input type="text" class=txt name="email" />
</p><p>联系地址:
<input type="text"  class=txt name="address" />
</p>
<input type="submit" name="submit" value="注册"/>
<input type="reset" name="reset" value="清除" />
</p>
</form>
</body>
</html>
```

在 Chrome 中浏览效果如下图所示,可以看到创建了一个用户注册表单,包含"用户名"、"昵称"、"登录密码"、"性别"、"联系电话"、"电子邮件"、"联系地址"等输入框和"注册"、"清除"按钮等。

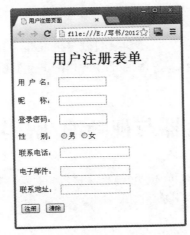

在制作表单时,由于表单类型不同,每个表单的属性都要一一对应。尤其在设置新增属性时,为了使表单效果更实用,需要细致地确定其属性内容,例如密码的长度限制和用户名的自动记忆等。

第5天　让页面从此告别单调——网页多媒体应用

学时探讨：

本学时主要探讨网页多媒体应用的知识。网页多媒体应用在网页编辑中是非常普遍的，在 HTML 5 中产生了两个用于网页多媒体插入和编辑的新元素：audio 和 video。下面将详细介绍这两个新元素的使用方法及技巧。

学时目标：

通过本章网页多媒体应用的学习，读者可以掌握 audio 和 video 元素的使用方法，以及其事件触发的处理应用，从而为编辑绚丽的多媒体网页打下基础。

5.1　音/视频容器与视频编/解码器

在 HTML 5 中主要使用 audio 和 video 两个标签来实现音频和视频效果，audio 负责音频，而 video 负责视频。下面来简单介绍一下这两个标签。

5.1.1　视频容器

在使用 audio 和 video 标记之前，首先要了解 audio 和 video 容器及解码器的知识。

所谓的视频容器就是专门用来存储视频信息的容器。这样说不太容易理解，那么就先来认识一下视频容器格式。像常见的 AVI 和 MP4 格式都属于视频容器格式。

视频容器格式只是定义了怎么存储数据，而不论存储什么类型的数据，好比 ZIP 文件，里面可以包含各种文件。不过视频容器格式比这个更复杂一些，因为不是所有的视频流格式兼容所有的视频容器格式。

一个视频文件一般包含多个 track，而每个视频 track（没有音频）又可对应一到多个音频 track。这些 track 又总是相互关联的。每个音频 track 内部包含标记用于和视频同步。每个 track 可包括元数据，比如视频 track 的纵横比（视频长和宽），或者音频 track 的语言。容器也可以有元数据，比如视频自身的题目、视频的封面、片段号码（用于在电视上展示）等。

容纳以上数据的容器就是视频容器。那么常见的视频容器都有哪些，又分别对应什么视频容器格式呢？下面将进行详细介绍。

- MPEG4：一般扩展名为.mp4 或者.m4v。MPEG4 容器基于 Apple 旧的 QuickTime 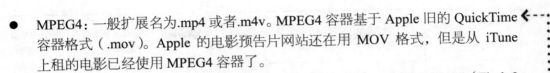 容器格式（.mov）。Apple 的电影预告片网站还在用 MOV 格式，但是从 iTune 上租的电影已经使用 MPEG4 容器了。

- Flash Video：一般使用.flv 扩展名，用于 Adobe Flash。在 Flash 9.0.60.184（Flash 9 update 3）以前，是 Flash 支持的唯一格式，更新的 Flash 版本已经可以支持 MP4 容器格式。

- Ogg：一般使用.ogv 扩展名。Ogg 是开放标准的、开源友好的，并且不受任何已知专利的阻挡。Firefox 3.5 支持 Ogg 容器格式，本地支持，无须插件。主要的 Linux 分发版本开箱即支持 Ogg 格式。在 Windows 和 OS X 下，可通过分别安装 QuickTime 组件或者 DirectShow 过滤器支持。

- Audio Video Interleave：一般使用.avi 扩展名，是由 Microsoft 很早前提出来的，那个时代电脑能播放视频是件很令人兴奋的事情。因此该格式有许多不足，没有官方的包含很多特性，这些特性是之后出现的容器格式支持的。例如，没有官方支持任何类型的视频元数据，没有官方支持当今常用的视频音频编码。期间，很多公司试图扩展这种格式，通过互补兼容的方式支持某些特性。不过，AVI 仍然是流行的编码器 mencoder 的默认容器格式。

5.1.2　音频和视频编/解码器

1．音频解码器

音频解码器定义了音频数据流编码和解码的算法。其中，编码器主要是对数据流进行编码操作，用于存储和传输；音频播放器主要是对音频文件进行解码，然后进行播放操作。目前，使用较多的音频解码器是 Vorbis 和 ACC。

2．视频解码器

视频解码器定义了视频数据流编码和解码的算法。其中，编码器主要是对数据流进行编码操作，用于存储和传输；视频播放器主要是对视频文件进行解码，然后进行播放操作。

目前，在 HTML 5 中使用比较多的视频解码文件是 Theora、H.264 和 VP8。

5.1.3　audio 和 video 元素的浏览器支持情况

audio 和 video 元素是 HTML 5 中新增加的标签，所以其在各种浏览器中的支持情况有所不同，特别是对音频格式和视频格式的支持。

1．audio 标签的浏览器支持情况

目前，不同的浏览器对 audio 标签的支持也不同。下表列出了应用最为广泛的浏览器对 audio 标签的支持情况。

天精通 HTML 5＋CSS 3 网页设计

浏览器 音频格式	Firefox 3.5 及更高版本	IE 9.0 及更高版本	Opera 10.5 及更高版本	Chrome 3.0 及更高版本	Safari 3.0 及更高版本
Ogg Vorbis	支持		支持	支持	
MP3		支持		支持	支持
WAV	支持		支持		支持

2．video 标签的浏览器支持情况

目前，不同的浏览器对 video 标签的支持也不同。下表列出了应用最为广泛的浏览器对 video 标签的支持情况。

浏览器 视频格式	Firefox 4.0 及更高版本	IE 9.0 及更高版本	Opera 10.6 及更高版本	Chrome 6.0 及更高版本	Safari 3.0 及更高版本
Ogg	支持		支持	支持	
MPEG 4		支持		支持	支持
WebM	支持		支持	支持	

由以上内容可以看出，各个浏览器对 audio 元素和 video 元素的格式支持差距很大，这对 audio 标签和 video 标签的使用造成了一定的影响，是值得开发者关注的问题。

5.1.4　在 HTML 4 和 HTML 5 中播放多媒体的异同

在 HTML 4 中如果要插入多媒体音频和视频文件，需要借助对应的脚本程序，HTML 4 本身不支持音频和视频相关的标签。这使得 HTML 4 播放音频和视频受到了外部的限制，也使不同浏览器的兼容及应用者对音频和视频播放模块的控制受到了限制。

而在 HTML 5 中可通过独立的 audio 和 video 标记实现音频和视频的插入。目前虽然各浏览器对音频和视频文件的格式支持还有很大限制，但是使用者完全自主控制播放模块的样式，这使得 HTML 网页媒体插入变得多样化、个性化。

5.2　属性与方法

下面详细介绍在 HTML 5 中使用 audio 和 video 标记的方法及属性设置内容。

5.2.1　理解媒体元素

audio 标签和 video 标签可以实现在网页中插入多媒体的功能，下面来认识一下媒体元素。常见的媒体元素包括文本、图形、动画、声音及视像等。在网页功能效果实现中，这些

第 2 部分 使用 HTML 5 的高级应用

94

媒体元素扮演着重要的角色。

而 audio 标签和 video 标签所使用的媒体元素主要是音频和视频。可用的音频和视频媒体元素格式很多,在 audio 标签和 video 标签中调用媒体元素时一定要选择对应支持的格式。

5.2.2 使用 audio 元素

audio 标签主要用于定义播放声音文件或者音频流的标准。它支持 3 种音频格式,分别为 Ogg、MP3 和 WAV。

如果需要在 HTML 5 网页中播放音频,输入的基本格式如下:

```
<audio src="song.mp3" controls="controls">
</audio>
```

其中, src 属性是规定要播放的音频的地址, controls 属性是属性供添加播放、暂停和音量控件。

【案例 5-1】下面来列举一个网页中插入音频的案例(详见随书光盘中的"素材 \ch05\5.1.html")。

Step01 新建记事本,输入以下代码,并将文件保存为 5.1.html。

```
<!DOCTYPE html>
<html>
<head>
<title>插入音频</title>
</head>
<body >
<audio src="1.mp3" controls="controls">
您的浏览器不支持 audio 标签
</audio>
</body>
</html>
```

Step02 在 5.1.html 文件同级目录中放入音频文件 1.mp3,然后使用 Chrome 浏览器打开 5.1.html 文件,效果如下图所示,单击播放按钮音频即可自动播放。

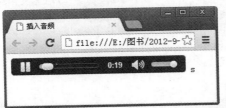

提示　这里使用的是 Chrome 浏览器而不是 Firefox 浏览器,因为 Firefox 浏览器不支持 audio 标签的 MP3 音频格式。

在现实生活中，网页访问者会使用各种浏览器。为了使所有人在访问网页时都可以正常地听到音频，需要在代码中做一些设计，即在 audio 标签中同时套用 audio 支持的 3 种音频格式文件。这就需要使用 source 标签，source 标签可以嵌套在 audio 标签内。

【案例 5-2】多浏览器支持音频（详见随书光盘中的"素材\ch05\5.2.html"）。

```
<!DOCTYPE html>
<html>
<head>
<title>多浏览器支持音频</title>
</head>
<body >
<audio controls="controls" >
<source src="1.mp3" type="audio/mpeg">
<source src="1.ogg" type="audio/ogg">
<source src="1.wav" type="audio/wave">
您的浏览器不支持 audio 标签
</audio>
</body>
</html>
```

其中 3 个音频文件是同一段音频，只是使用了 3 种音频格式，type 属性用于定义对应文件的格式类型。当文件被不同的浏览器打开时，会选择自身识别的第一个文件打开。如 Firefox 浏览器支持 Ogg 和 WAV 格式的文件，所以会打开 1.ogg 文件播放。

5.2.3 使用 video 元素

video 标签主要用于定义播放视频文件或者视频流的标准。它支持 3 种视频格式，分别为 Ogg、WebM 和 MPEG 4。

如果需要在 HTML 5 网页中播放视频，输入的基本格式如下：

```
<video src="1.mp4" controls="controls">
</ video >
```

> **提示**　在< video > 与 </ video > 之间插入的内容是供不支持 video 元素的浏览器显示的。

【案例 5-3】下面来列举一个网页中插入视频的案例（详见随书光盘中的"素材\ch05\5.3.html"）。

Step01 新建记事本，输入以下代码，并将文件保存为 5.3.html。

```
<!DOCTYPE html>
<html>
<head>
<title>插入视频</title>
</head>
<body >
```

```
<video src="1.mp4" controls="controls">
您的浏览器不支持 video 标签
</video>
</body>
</html>
```

Step02 在 5.3.html 文件同级目录中放入视频文件 1.mp4，然后使用 Chrome 浏览器打开 5.3.html 文件，效果如下图所示，单击播放按钮视频即可自动播放。

考虑到浏览器对视频格式的支持，同样可以嵌套使用 source 标签，代码格式如下：

```
<video controls="controls">
<source src="1.ogg" type="video/ogg">
<source src="1.mp4" type="video/mp4">
</ video >
```

5.3 事件触发机制

在利用 video 元素或 audio 元素读取或播放媒体数据的时候，会触发一系列的事件，下面对这些事件的触发机制做详细介绍。

5.3.1 事件概述

在利用 video 元素或 audio 元素读取或播放媒体数据并触发事件后，如果用 JavaScript 脚本来捕捉这些事件，就可以对这些事件进行处理了。对于这些事件的捕捉及其处理，可以按以下两种方式进行。

1. 监听的方式

使用 video 元素或 audio 元素的 addEventListener 方法来对事件的发生进行监听，该方法的定义如下：

```
videoElement.addEventListener(type,listener,useCapture);
```

videoElement 表示页面上的 video 元素或 audio 元素；type 为事件名称；listener 表示绑定的函数；useCapture 是一个布尔值，表示该事件的响应顺序。该值如果为 true，则浏览器采用 capture 响应方式；如果为 false，则浏览器采用 bubbing 响应方式。一般采用 false，默认情况下也为 false。

2. 获取事件句柄

可以使用 JavaScript 脚本来获取事件的句柄，如下例中的 onplay 属性就是用来指定 JavaScript 脚本的，脚本名称为 begin_playing()。

```
<video id="video1" width="320" height="240" src="sample.move" onplay=
"begin_playing();">
</video>
function begin_playing(){};
```

在 HTML 5 的 audio 和 video 中可发生的事件如下表所示。

事　件	描　述
abort	当音频/视频的加载已放弃时
canplay	当浏览器可以播放音频/视频时
canplaythrough	当浏览器可在不因缓冲而停顿的情况下进行播放时
durationchange	当音频/视频的时长已更改时
emptied	当目前的播放列表为空时
ended	当目前的播放列表已结束时
error	当在音频/视频加载期间发生错误时
loadeddata	当浏览器已加载音频/视频的当前帧时
loadedmetadata	当浏览器已加载音频/视频的元数据时
loadstart	当浏览器开始查找音频/视频时
pause	当音频/视频已暂停时
play	当音频/视频已开始或不再暂停时
playing	当音频/视频在已因缓冲而暂停或停止后已就绪时
progress	当浏览器正在下载音频/视频时
ratechange	当音频/视频的播放速度已更改时
seeked	当用户已移动/跳跃到音频/视频中的新位置时
seeking	当用户开始移动/跳跃到音频/视频中的新位置时
stalled	当浏览器尝试获取媒体数据，但数据不可用时
suspend	当浏览器刻意不获取媒体数据时
timeupdate	当目前的播放位置已更改时
volumechange	当音量已更改时
waiting	当视频由于需要缓冲下一帧而停止时

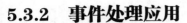

5.3.2 事件处理应用

一般当音频/视频处于加载过程中时，会依次发生以下事件：loadstart、durationchange、loadedmetadata、loadeddata、progress、canplay 和 canplaythrough。

下面着重介绍这几个 audio 和 video 事件的处理应用。

1. HTML 5 Audio/Video DOM loadstart 事件

当浏览器开始寻找指定的音频/视频时，会发生 loadstart 事件，即当加载过程开始时发生该事件。可以通过 JavaScript 脚本获取该事件句柄，然后执行相应的行为，如设置提示框提示视频已经开始加载。

【案例 5-4】如下代码就是调用 loadstart 事件的案例（详见随书光盘中的"素材\ch05\5.4.html"）。

```html
<!DOCTYPE html>
<html>
<body>
<video id="video1" controls="controls">
  <source src="1.mp4" type="video/mp4">
  <source src="1.ogg" type="video/ogg">
  Your browser does not support HTML 5 video.
</video>
<script>
myVid=document.getElementById("video1");
myVid.onloadstart=alert("影音元数据已加载");
</script>
</body>
</html>
```

使用 Chrome 浏览器打开页面，视频开始加载，弹出提示框，效果如下图所示。

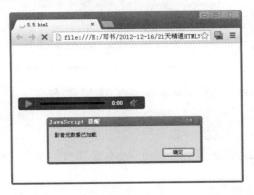

> **提示**　所有主流浏览器都支持 loadstart 事件，除 Internet Explorer 8 或更早的浏览器外。

2. HTML 5 Audio/Video DOM durationchange 事件

当视频时长发生变化时，会发生 durationchange 事件。调用该事件可以执行相应的操作，如提示视频的时长已改变。

【案例 5-5】如下代码就是调用 durationchange 事件的案例（详见随书光盘中的"素材\ch05\5.5.html"）。

```
<!DOCTYPE html>
<html>
<body>
<video id="video1" controls="controls">
  <source src="1.mp4" type="video/mp4">
  <source src="1.ogg" type="video/ogg">
  Your browser does not support HTML 5 video.
</video>
<script>
myVid=document.getElementById("video1");
myVid.ondurationchange=alert("这个视频的时间已更新");
</script>
</body>
</html>
```

使用 Chrome 浏览器打开页面，视频时长发生变化，弹出提示框，效果如下图所示。

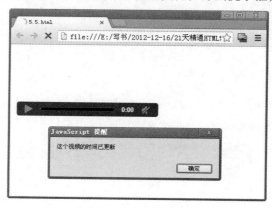

3. HTML 5 Audio/Video DOM loadedmetadata 事件

当指定的音频/视频的元数据已加载时，会发生 loadedmetadata 事件。其中音频/视频的元数据包括：时长、尺寸（仅视频）以及文本轨道。

【案例 5-6】如下代码就是调用 loadedmetadata 事件的案例（详见随书光盘中的"素材\ch05\5.6.html"）。

```
<!DOCTYPE html>
<html>
<body>
<video id="video1" controls="controls">
  <source src="1.mp4" type="video/mp4">
  <source src="1.ogg" type="video/ogg">
```

```
  Your browser does not support HTML 5 video.
</video>
<script>
myVid=document.getElementById("video1");
myVid.onloadedmetadata=alert("影视数据已加载");
</script>
</body>
</html>
```

使用 Chrome 浏览器打开页面，视频元数据已经加载，弹出提示框，效果如下图所示。

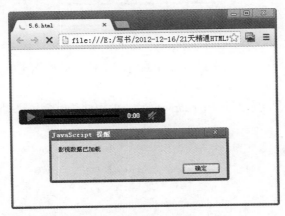

4. HTML 5 Audio/Video DOM loadeddata 事件

当当前帧的数据已加载，但没有足够的数据来播放指定音频/视频的下一帧时，会发生 loadeddata 事件。

【案例 5-7】如下代码就是调用 loadeddata 事件的案例（详见随书光盘中的"素材\ch05\5.7.html"）。

```
<!DOCTYPE html>
<html>
<body>
<video id="video1" controls="controls">
  <source src="1.mp4" type="video/mp4">
  <source src="1.ogg" type="video/ogg">
  Your browser does not support HTML 5 video.
</video>
<script>
myVid=document.getElementById("video1");
myVid.onloadeddata=alert("影音当前帧可用");
</script>
</body>
</html>
```

使用 Chrome 浏览器打开页面，视频当前数据帧已经成功加载，弹出提示框，效果如下图所示。

第 5 天 让页面从此告别单调——网页多媒体应用

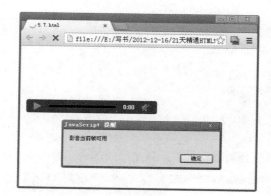

5. HTML 5 Audio/Video DOM canplaythrough 事件

当浏览器预计能够在不停下来进行缓冲的情况下持续播放指定的音频/视频时，会发生 canplaythrough 事件。

【案例 5-8】如下代码就是调用 canplaythrough 事件的案例（详见随书光盘中的"素材\ch05\5.8.html"）。

```
<!DOCTYPE html>
<html>
<body>
<video id="video1" controls="controls">
  <source src="1.mp4" type="video/mp4">
  <source src="1.ogg" type="video/ogg">
  Your browser does not support HTML 5 video.
</video>
<script>
myVid=document.getElementById("video1");
myVid.oncanplaythrough=alert("Can play through video without stopping");
</script>
</body>
</html>
```

使用 Chrome 浏览器打开页面，视频已经加载，且可不间断播放，弹出提示框，效果如下图所示。

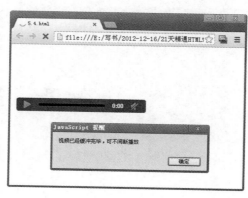

5.4 技能训练——为网页添加背景音乐

可以使用 audio 标记为已经完成的网页增加背景音乐，方法比较简单，操作方法如下。

Step01 打开网页，可以在其头部右侧空白处增加一个音频模块，效果如下图所示。

其代码内容如下：

```
<div align=left>
<img border=0 src="images/ppc.gif" width=17 height=17>
商城客服电话: <strong>0371-88888888</strong>
<img src="images/2.gif" width=15 height=11>
    电子邮件: zjb-4109@163.com
</div>
```

Step02 可以在该 div 模块中电子邮件后方插入 audio 标记，置入背景音乐，代码编辑后如下：

```
<div align=left>
<img border=0 src="images/ppc.gif" width=17 height=17>
商城客服电话: <strong>0371-88888888</strong>
    <img src="images/2.gif" width=15 height=11>
    电子邮件: zjb-4109@163.com
    <audio controls="controls" autoplay loop >
<source src="music/1.mp3" type="audio/mpeg">
<source src="music/1.ogg" type="audio/ogg">
<source src="music/1.wav" type="audio/wave">
您的浏览器不支持 audio 标签
</audio>
</div>
```

提示

为 audio 插入了 autoplay 和 loop 属性，可以让音乐自动循环播放。

插入后效果如下图所示。

在上述案例中，插入的音频模块采用的是浏览器支持的默认样式，其本身和网页不一定搭配。为了使效果更好，可以修改 audio 播放控制条的样式。该内容本章不做过多介绍。

第 **6** 天 网页中的北斗星——获取地理位置

学时探讨：

本学时主要探讨在网页中获取地理位置的知识。在网页设计时经常需要调用用户的地理位置，如百度地图和导航等，下面将详细介绍在 HTML 5 中实现地理位置获取的方法。通过今日的学习，读者能够掌握地理位置获取的原理及定位方法。

学时目标：

通过本章获取地理位置的学习，读者可以在设计网页时方便地完成地理定位及位置信息获取等操作。

6.1 Geolocation API 获取地理位置

在 HTML 5 网页代码中，通过 Geolocation API 可以查找访问者当前的位置。下面将详细讲述地理位置获取的方法。

6.1.1 地理定位的原理

之所以可以实现地理位置的定位，和用户选择的联网方式有直接关系，目前可用的联网方式有宽带接入、无线 Wi-Fi 和 GPS 等。

无论用户通过以上哪种方式访问浏览网站，都可以提供用户的准确地理位置。下面就来介绍一下通过这些方式如何获取用户的地理位置。

（1）如果网站浏览者使用电脑上网，浏览器就可以获得用户当前访问互联网的可用 IP 地址。由于全球可用互联网 IP 地址都是独立、唯一的，而且这些 IP 地址都可以通过宽带运营商获得其使用位置，所以一旦浏览器获得了用户的上网 IP，基本上就可以确定其地理位置了。

这种方式基本可以将用户的位置精确到几十米范围内。如果用户直接连接宽带上网的话精确度会很高；如果使用公司或小区内网联网的话，精确范围大致会在 100 米以内。

（2）如果网站浏览者通过手机运营商（如中国移动、中国电信等）普通信号上网，则可以通过获取浏览者手机信号附近的接收塔（手机基站），从而确定其具体位置。

这种方式的精确度较低，误差根据信号塔的位置在十几至几百米范围内。

（3）如果网站浏览者的设备上具有 GPS 硬件（GPS 是美国的全球定位系统），通过获取 GPS 发出的载波信号,可以获取其具体位置。

使用这种方式的误差较小,一般在几十米以内。

(4)如果网站浏览者通过无线 Wi-Fi 上网,则可以通过无线网络连接获取无线连接的路由器设备的互联网 IP 地址,从而确定其具体位置。

根据无线设备的位置,误差一般在几米至几十米之间。

> **提示** API 是应用程序的编程接口,是一些预先定义的函数,目的是提供应用程序与开发人员基于某软件或硬件的访问一组例程的能力,而又无须访问源码,或理解内部工作机制的细节。

6.1.2 地理定位的方法

通过地理定位,可以确定用户的当前位置,并能获取用户地理位置的变化情况。其中,最常用的就是 API 中的 getCurrentPositon 方法。

getCurrentPositon 方法的语法格式如下:

```
void getCurrentPosition(successCallback,errorCallback,options);
```

其中,successCallback 参数是指在位置成功获取时用户想要调用的函数名称,errorCallback 参数是指在位置获取失败时用户想要调用的函数名称,options 参数指出地理定位时的属性设置。

> **提示** 访问用户位置是耗时的操作,同时出于隐私问题,还要取得用户的同意。

如果地理定位成功,新的 Position 对象将调用 displayOnMap 函数,显示设备的当前位置。

那么 Positon 对象的含义是什么呢?作为地理定位的 API,Positon 对象包含位置确定时的时间戳(timestamp)和包含位置的坐标(coords),具体语法格式如下:

```
Interface position
{
readonly attribute Coordinates coords;
readonly attribute DOMTimeStamp timestamp;
};
```

6.1.3 指定纬度和经度坐标

对于地理定位成功后,将调用 displayOnMap 函数,具体语法格式如下:

```
function displayOnMap(position)
{
var latitude=positon.coords.latitude;
var longitude=postion.coords.longitude;
}
```

其中，第一行从 Position 对象获取 coordinates 对象，主要由 API 传递给程序调用；第三行和第四行中定义了两个变量，latitude 和 longitude 属性存储在定义的两个变量中。

为了在地图上显示用户的具体位置，可以利用地图网站的 API。下面以使用百度地图为例进行讲解，需要使用 Baidu Maps JavaScript API。在使用此 API 前，需要在 HTML 5 页面中添加一个引用，具体代码如下：

```
<--baidu maps API>
<script type="text/javascript" scr="http://api.map.baidu.com/api?key=*
&v=1.0&services=true">
</script>
```

其中*号代表注册到 key。注册 key 的方法为：在 http://openapi.baidu.com/map/index.html 网页中注册百度地图 API，然后输入需要内置百度地图页面的 URL 地址，生成 API 密钥，然后将 key 文件复制保存。

虽然已经包含了 Baidu Maps JavaScript，但是页面中还不能显示内置的百度地图，还需要添加 HTML 语句，然后地图从程序转化为对象。还需要加入以下源代码：

```
<script type="text/javascript" scr="http://api.map.baidu.com/api?key=
*&v=1.0&services=true">
</script>
<div style="width:600px;height:220px;border:1px solid gary;margin-top:
15px;" id="container">
</div>
<script type="text/javascript">
var map = new BMap.Map("container");
map.centerAndZoom(new BMap.Point(***,***),17);
map.addControl(new BMap.NavigationControl());
map.addControl(new BMap.ScaleControl());
map.addControl(new BMap.OverviewMapControl());
var local = new BMap.LocalSearch(map,
{
enderOptions:{map: map}
}
);
local.search("输入搜索地址");
</script>
```

上述代码分析如下。

（1）其中前 2 行主要是把 Baidu Map API 程序植入源码中。

（2）第 3 行在页面中设置一个标签，包括宽度和长度，用户可以自己调整。border=1px 是定义外框的宽度为 1 像素，solid 为实线，gray 为边框显示颜色，margin-top 为该标签与上部的距离。

（3）第 7 行为地图中自己位置的坐标。

（4）第 8~10 行为植入地图缩放控制工具。

（5）第 11~16 行为地图中自己的位置，只需在 local.search 后输入自己的位置名称即可。

【案例 6-1】如下代码为使用纬度和经度定位坐标的案例（详见随书光盘中的"素材\ch06\6.1.html"）。

```html
<!DOCTYPE html>
<html>
<head>
<title>纬度和经度坐标</title>
<style>
body {background-color:#fff;}
</style>
</head>
<body>
<p id="geo_loc"><p>
<script>
function getElem(id) {
    return typeof id === 'string' ? document.getElementById(id) : id;
}

function show_it(lat, lon) {
    var str = '您当前的位置，纬度：' + lat + ',经度：' + lon;
    getElem('geo_loc').innerHTML = str;
}
if (navigator.geolocation) {
    navigator.geolocation.getCurrentPosition(function(position) {
        show_it(position.coords.latitude, position.coords.longitude);
    },
function(err) {
        getElem('geo_loc').innerHTML = err.code + "|" + err.message;
    });
} else {
    getElem('geo_loc').innerHTML= "您当前使用的浏览器不支持 Geolocation 服务";
}
</script>
</body>
</html>
```

Step01 使用 Opera 浏览器打开网页文件。由于使用 HTML 定位功能首先要由用户允许位置共享才可获取地理位置信息，所以弹出下图所示的提示框，选择"总是允许"，单击【确定】按钮。

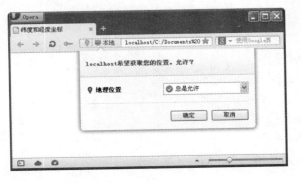

第 **6** 天 网页中的北斗星——获取地理位置

Step02 弹出地理位置共享条款对话框，勾选接受条款，并单击【接受】按钮，如下图所示。

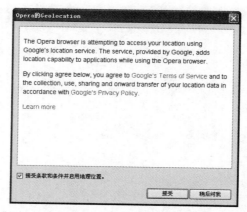

Step03 在页面中显示了当前页面打开时所处的地理位置，其位置为使用者的 IP 或 GPS 定位地址，如下图所示。

> 提示　每次使用浏览器打开网页时都会提醒是否允许地理位置共享，为了安全，用户应当妥善使用地址共享功能。

6.1.4　如何获取位置信息

在上面的例子中，只使用了 success_callback 中的纬度（latitude）和经度（longitude），成功后回调获取用户位置数据 position。而在用户位置数据 position 中包含两个属性：coords 和 timestamp。其中 coords 属性有 7 个值，除了包含上面用到的纬度、经度外，还包括以下用户位置信息。

- accuracy：准确角。
- altitude：海拔高度。
- altitudeAcuracy：海拔高度的精确度。
- heading：行进方向。
- speed：地面的速度。

这些信息在返回输出值中定义后，就可以显示对应的信息。

timestamp 属性一般使用较少，所以不再介绍。

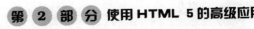
6.2　技能训练——在网页中调用百度地图

除了可以定位相应的地理位置信息外，还可以直接调用百度或 Google 地图定位位置。这种定位方式由于有可视地图的缘故，被很多开发者使用。

下面就来详细介绍一下如何在网页中调用百度地图定位。

Step01 首先编写网页代码，创建百度地图显示区域，其代码内容如下：

```html
<!DOCTYPE html>
<html>
<head>
        <title>在网页中调用百度地图</title>
</head>
<body>
<div id="map" style="width:600px; height:400px">
        </div>
        </body>
</html>
```

创建了一个 600 像素×400 像素的地图显示区域，运行效果如下图所示。

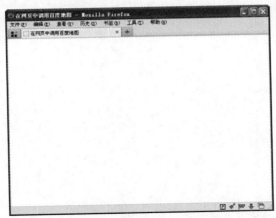

Step02 需要插入百度地图的 API，所以要在 head 标记中插入如下代码：

```html
<script src="http://api.map.baidu.com/api?v=1.3" type="text/javascript">
</script>
```

> **提示**　其中 http://api.map.baidu.com/api?v=1.3 为百度官方提供的 API 地址，v=1.3 为当前的版本。

Step03 需要将百度地图中的信息展示到当前页面中，使用了跨域访问数据的技术，所以需要插入相应的 JavaScript 脚本文件。代码如下：

```html
<script type="text/javascript" src="convertor.js">
</script>
```

第 6 天　网页中的北斗星——获取地理位置

109

插入的 JavaScript 脚本文件为 convertor.js，其代码如下：

```javascript
(function() { // 闭包
    function load_script(xyUrl, callback) {
        var head = document.getElementsByTagName('head')[0];
        var script = document.createElement('script');
        script.type = 'text/javascript';
        script.src = xyUrl;              // 借鉴了 jQuery 的 script 跨域方法
        script.onload = script.onreadystatechange = function() {
            if ((!this.readyState || this.readyState === "loaded" ||
this.readyState === "complete")) {
                callback && callback();      // Handle memory leak in IE
                script.onload = script.onreadystatechange = null;
                if (head && script.parentNode) {
                    head.removeChild(script);
                }
            }
        };
        head.insertBefore(script, head.firstChild);
    }
    function translate(point, type, callback) {
        // 随机函数名
        var callbackName = 'cbk_' + Math.round(Math.random() * 10000);
        var xyUrl = "http://api.map.baidu.com/ag/coord/convert?from=" + type +
"&to=4&x=" + point.lng + "&y=" + point.lat + "&callback=BMap.Convertor." +
callbackName;         // 动态创建 script 标签
        load_script(xyUrl);
        BMap.Convertor[callbackName] = function(xyResult) {
            delete BMap.Convertor[callbackName]; // 调用完需要删除该函数
            var point = new BMap.Point(xyResult.x, xyResult.y);
            callback && callback(point);
        }
    }
    window.BMap = window.BMap || {};
    BMap.Convertor = {};
    BMap.Convertor.translate = translate;
})();
```

Step04 在百度地图中需要定位用户当前的地理位置，所以在网页中还需要插入定位脚本，代码如下：

```html
<script type="text/javascript">
    if (window.navigator.geolocation) {
    var options = {
    enableHighAccuracy: true,
    };
    window.navigator.geolocation.getCurrentPosition(handleSuccess,
handleError, options);
    } else {
```

```
    alert("浏览器不支持 htm15 来获取地理位置信息");
    }
    function handleSuccess(position){          // 获取到当前位置经纬度
    var lng = position.coords.longitude;
    var lat = position.coords.latitude;            // 调用百度地图 API 显示
    var map = new BMap.Map("map");
    // 将百度地图中的经纬度转化为百度地图的经纬度
    var ggPoint = new BMap.Point(lng, lat);
    BMap.Convertor.translate(ggPoint, 2, function(point){
    var marker = new BMap.Marker(point);
    map.addOverlay(marker);
    map.centerAndZoom(point, 15);
    });            }
    function handleError(error){
    }
</script>
```

使用 Firefox 浏览器打开网页，弹出共享方位信息的提示，单击【共享方位信息】按钮，如下图所示。

网页自动加载百度地图，并且将当前用户的地址标注出来，如下图所示。

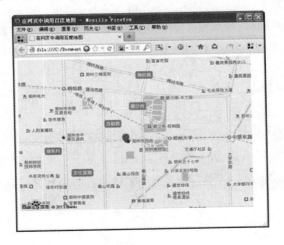

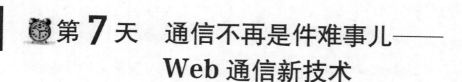

第 7 天　通信不再是件难事儿——Web 通信新技术

学时探讨：

本学时主要探讨 Web 通信新技术，其中包括跨文档消息传输的实现和 Web Sockets 实时通信技术。通过今日的学习，读者可以更好地完成跨域数据的通信，以及 Web 即时通信应用的实现，如 Web QQ 等。

学时目标：

通过本章 Web 通信新技术的学习，读者可以掌握跨文档消息传输的实现方法和 Web Sockets 技术的使用，为实现多元化的 Web 跨域通信打下基础。

7.1　跨文档消息传输

利用跨文档消息传输功能，可以在不同域、端口或网页文档之间进行消息的传递。本节将详细介绍跨文档消息传输的原理及实现方法。

7.1.1　跨文档消息传输的基本知识

利用跨文档消息传输可以实现跨域的数据推动，使服务器端不再被动地等待客户端的请求，只要客户端与服务器端建立了一次连接之后，服务器端就可以在需要的时候主动地将数据推送到客户端，直到客户端显示关闭这个连接。

HTML 5 提供了在网页文档之间互相接收与发送消息的功能。使用这个功能，只要获取到网页所在页面对象的实例，不仅同域的 Web 网页之间可以互相通信，甚至可以实现跨域通信。

想要接收从其他文档那里发过来的消息，就必须对文档对象的 message 事件进行监视，实现代码如下：

```
window.addEventListener("message",function(){…},false);
```

想要发送消息，可以使用 window 对象的 postMessage 方法来实现，该方法的实现代码如下：

```
otherWindow.postMessage(message,targetOrigin);
```

提示 postMessage 是 HTML 5 为了解决跨文档通信特别引入的一个新的 API，目前支持这个 API 的浏览器有 IE（8.0 以上）、Firefox、Opera、Safari 和 Chrome。

postMessage 允许页面中多个 iframe/window 的通信，postMessage 也可以实现 Ajax 直接跨域，不通过服务器端代理。

7.1.2　跨文档通信应用测试

下面来介绍一个跨文档通信的应用案例，其中主要使用 postMessage 方法来实现该案例。具体操作方法如下。

需要创建两个文档来实现跨文档的访问，名称分别为 7.1.html 和 7.2.html。

【案例 7-1】7.1.html 文档用于实现信息的发送，具体代码如下：

```
<!DOCTYPE HTML>
<html>
<head>
  <title>跨域文档通信1</title>
  <meta charset="utf-8"/>
</head>
<script type="text/javascript">
  window.onload = function() {
    document.getElementById('title').innerHTML = '页面在 ' + document.
location.host + '域中，且每过 1 秒向 7.2.html 文档发送一个消息！';
    //定时向另外一个不确定域的文件发送消息
    setInterval(function(){
      var message = '消息发送测试！   ' + (new Date().getTime());
      window.parent.frames[0].postMessage(message, '*');
    },1000);
  };
</script>
<body>
<div id="title"></div>
</body>
</html>
```

7.1.html 文档浏览效果如下图所示。

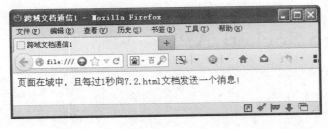

【案例 7-2】7.2.html 文档用于实现信息的监听，具体代码如下：

```
<!DOCTYPE HTML>
<html>
<head>
  <title>跨域文档通信 2</title>
  <meta charset="utf-8"/>
</head>
<script type="text/javascript">
  window.onload = function() {
    var onmessage = function(e) {
      var data = e.data,p = document.createElement('p');
      p.innerHTML = data;
      document.getElementById('display').appendChild(p);
    };
    //监听 postMessage 消息事件
    if (typeof window.addEventListener != 'undefined') {
      window.addEventListener('message', onmessage, false);
    } else if (typeof window.attachEvent != 'undefined') {
      window.attachEvent('onmessage', onmessage);
    }
  };
</script>
<body>
<div id="display"></div>
</body>
</html>
```

由于在实际通信时应当实现双向的通信，所以在编写代码时，每一个文档中都应该具有发送信息和监听接收信息的模块。

> 提示　7.1.html 文件中的"window.parent.frames[0].postMessage(message, '*');"语句中的"*"号表示不对访问的域进行判断。如果要加入特定域的限制，可以将代码改为"window.parent.frames[0].postMessage(message, 'url');"，其中的 url 必须为完整的网站域名格式。而在信息监听接收方的 onmessage 中需要追加一个判断语句"if(event.origin !== 'url') return;"。

7.2　Web Sockets API

HTML 5 中有一个很实用的新特性：Web Sockets。使用 Web Sockets 可以在没有 Ajax 请求的情况下与服务器端对话。下面就来详细介绍一下 Web Sockets 的相关内容。

7.2.1 Web Sockets 通信基础

下面来介绍一下 Web Sockets 通信的基础。

1. 产生 Web Sockets 的背景

在了解 Web Sockets 通信基础之前，先来介绍一下产生 Web Sockets 的背景。

随着即时通信系统的普及，基于 Web 的实时通信也变得普及，如新浪微博的评论、私信的通知、腾讯的 Web QQ 等。下图所示为 Web QQ 页面。

在 Web Sockets 出现之前，一般通过两种方式来实现 Web 实时应用：轮询机制和流技术，而其中的轮询机制又可分为普通轮询和长轮询（Coment），分别介绍如下。

- 轮询：这是最早的一种实现实时 Web 应用的方案。客户端以一定的时间间隔向服务器端发出请求，以频繁请求的方式来保持客户端和服务器端的同步。这种同步方案的缺点是，当客户端以固定频率向服务器端发起请求的时候，服务器端的数据可能并没有更新，这样会带来很多无谓的网络传输，所以这是一种非常低效的实时方案。

- 长轮询：是对定时轮询的改进和提高，目的是为了降低无效的网络传输。当服务器端没有数据更新的时候，连接会保持一段时间周期，直到数据或状态改变或者时间过期，通过这种机制来减少无效的客户端和服务器端之间的交互。当然，如果服务器端的数据变更非常频繁，这种机制和定时轮询比较起来没有本质上的性能的提高。

- 流：就是在客户端的页面使用一个隐藏的窗口向服务器端发出一个长连接的请求。服务器端接到这个请求后做出回应并不断更新连接状态以保证客户端和服务器端的连接不过期。通过这种机制可以将服务器端的信息源源不断地推向客户端。这种机制在用户体验上有一点问题，需要针对不同的浏览器设计不同的

方案来改进用户体验。同时这种机制在并发比较大的情况下，对服务器端的资源是一个极大的考验。

但是上述 3 种方式实际看来都不是真实的实时通信技术，只是相对地模拟出来实时的效果，这种效果的实现对于编程人员来说无疑增加了复杂性，对于客户端和服务器端的实现都需要复杂的 HTTP 链接设计来模拟双向的实时通信。这种复杂的实现方法制约了应用系统的扩展性。

基于上述弊端，在 HTML 5 中增加了实现 Web 实时应用的技术：Web Sockets。Web Sockets 通过浏览器提供的 API 真正实现了具备像 C/S 架构下的桌面系统的实时通信能力。其原理是使用 JavaScript 调用浏览器的 API 发出一个 Web Sockets 请求至服务器，经过一次握手，和服务器建立了 TCP 通信。因为它本质上是一个 TCP 连接，所以数据传输的稳定性强、数据传输量比较小。

由于 HTML 5 中 Web Sockets 的实用，使其具备了 Web TCP 的称号。

2. Web Sockets 技术的工作原理

下面来介绍一下 Web Sockets 技术的实现方法。

Web Sockets 技术本质上是一个基于 TCP 的协议技术，其建立通信链接的操作步骤如下。

Step01 为了建立一个 Web Sockets 连接，客户端的浏览器首先要向服务器发起一个 HTTP 请求。这个请求和通常的 HTTP 请求有所差异，除了包含一般的头信息外，还有一个附加的信息 Upgrade: WebSocket，表明这是一个申请协议升级的 HTTP 请求。

Step02 服务器端解析这些附加的头信息，经过验证后，产生应答信息返回给客户端。

Step03 客户端接收返回的应答信息，建立与服务器端的 Web Sockets 连接，之后双方就可以通过这个连接通道自由地传递信息，并且这个连接会持续存在直到客户端或者服务器端的某一方主动关闭连接。

Web Sockets 技术目前还是属于比较新的技术，其版本更新较快，目前的最新版本基本上可以被 Chrome、FireFox、Opera 和 IE（9.0 以上）等浏览器支持。

在建立实时通信时，客户端发到服务器端的内容如下：

```
GET /chat HTTP/1.1
Host: server.example.com
Upgrade: websocket
Connection: Upgrade
Sec-WebSocket-Key: dGhlIHNhbXBsZSBub25jZQ==
Origin: http://example.com
Sec-WebSocket-Protocol: chat, superchat8.Sec-WebSocket-Version: 13
```

从服务器端返回到客户端的内容如下：

```
HTTP/1.1 101 Switching Protocols
Upgrade: websocket
Connection: Upgrade
Sec-WebSocket-Accept: s3pPLMBiTxaQ9kYGzzhZRbK+xOo=
Sec-WebSocket-Protocol: chat
```

7.2.2　服务器端使用 Web Sockets API

在实现 Web Sockets 实时通信时，需要使客户端和服务器端建立连接，需要配置相应的内容。一般构建连接握手时，客户端的内容浏览器都可以完成，主要实现的是服务器端的内容。下面来看一下 Web Sockets API 的具体使用方法。

服务器端需要编程人员自己来实现，目前市场上可直接使用的开源方法比较多，主要有以下 5 种。

● Kaazing WebSocket Gateway：是一个 Java 实现的 WebSocket Server。
● mod_pywebsocket：是一个 Python 实现的 WebSocket Server。
● Netty：是一个 Java 实现的网络框架，其中包括了对 WebSocket 的支持。
● node.js：是一个 Server 端的 JavaScript 框架，提供了对 WebSocket 的支持。
● WebSocket4Net：是一个.net 的服务器端实现。

除了使用以上开源的方法外，自己编写一个简单的服务器端也是可以的，它需要实现握手、接收和发送 3 个内容。

下面就来详细介绍一下操作方法。

1．握手

首先来介绍一下实现握手的方法。

在实现握手时需要通过 Sec-WebSocket 信息来实现验证。使用 Sec-WebSocket-Key 和一个随机值构成一个新的 key 串，然后将新的 key 串 SHA1 编码，生成一个由多组两位十六进制数构成的加密串，最后把加密串进行 Base64 编码生成最终的 key，这个 key 就是 Sec-WebSocket- Accept。

实现 Sec-WebSocket-Key 运算的实例代码如下：

```
/// <summary>
/// 生成 Sec-WebSocket-Accept
/// </summary>
/// <param name="handShakeText">客户端握手信息</param>
/// <returns>Sec-WebSocket-Accept</returns>
private static string GetSecKeyAccetp(byte[] handShakeBytes,int
bytesLength)
{
    string handShakeText = Encoding.UTF8.GetString(handShakeBytes, 0,
bytesLength);
    string key = string.Empty;
    Regex r = new Regex(@"Sec\-WebSocket\-Key:(.*?)\r\n");
    Match m = r.Match(handShakeText);
```

```
    if (m.Groups.Count != 0)
    {
    key = Regex.Replace(m.Value, @"Sec\-WebSocket\-Key:(.*?)\r\n", "$1").
Trim();
    }
    byte[] encryptionString = SHA1.Create().ComputeHash(Encoding.ASCII.
GetBytes(key + "258EAFA5-E914-47DA-95CA-C5AB0DC85B11"));
    return Convert.ToBase64String(encryptionString);
}
```

2. 接收

如果握手成功，将会触发客户端的 onopen 事件，进而解析接收的客户端信息。在进行数据信息解析时，会将数据以字节和比特的方式拆分，并按照以下规则进行解析。

（1）第 1byte。

- 1bit: frame-fin，x0 表示该 message 后续还有 frame；x1 表示是 message 的最后一个 frame。
- 3bit: 分别是 frame-rsv1、frame-rsv2 和 frame-rsv3，通常都是 x0。
- 4bit: frame-opcode，x0 表示是延续 frame；x1 表示文本 frame；x2 表示二进制 frame；x3-7 保留给非控制 frame；x8 表示关闭连接；x9 表示 ping；xA 表示 pong；xB-F 保留给控制 frame。

（2）第 2byte。

- 1bit: Mask，1 表示该 frame 包含掩码；0 表示无掩码。
- 7bit、7bit+2byte、7bit+8byte: 7bit 取整数值，若在 0～125 之间，则是负载数据长度；若是 126 表示后两个 byte 取无符号 16 位整数值，是负载长度；127 表示后 8 个 byte 取 64 位无符号整数值，是负载长度

（3）第 3～6byte: 这里假定负载长度在 0～125 之间，并且 Mask 为 1，则这 4 个 byte 是掩码。

（4）第 7～end byte: 长度是上面取出的负载长度，包括扩展数据和应用数据两部分，通常没有扩展数据；若 Mask 为 1，则此数据需要解码，解码规则为 1-4byte 掩码循环和数据 byte 做异或操作。

实现数据解析的代码如下：

```
/// <summary>
/// 解析客户端数据包
/// </summary>
/// <param name="recBytes">服务器接收的数据包</param>
/// <param name="recByteLength">有效数据长度</param>
/// <returns></returns>
private static string AnalyticData(byte[] recBytes, int recByteLength)
{
    if (recByteLength < 2) { return string.Empty; }
    bool fin = (recBytes[0] & 0x80) == 0x80; // 1bit，1 表示最后一帧
    if (!fin){
```

```
return string.Empty;                                // 超过一帧暂不处理
}
bool mask_flag = (recBytes[1] & 0x80) == 0x80;  // 是否包含掩码
if (!mask_flag){
return string.Empty;                                // 不包含掩码的暂不处理
}
int payload_len = recBytes[1] & 0x7F;    // 数据长度
byte[] masks = new byte[4];
byte[] payload_data;
if (payload_len == 126){
Array.Copy(recBytes, 4, masks, 0, 4);
payload_len = (UInt16)(recBytes[2] << 8 | recBytes[3]);
payload_data = new byte[payload_len];
Array.Copy(recBytes, 8, payload_data, 0, payload_len);
}else if (payload_len == 127){
Array.Copy(recBytes, 10, masks, 0, 4);
byte[] uInt64Bytes = new byte[8];
for (int i = 0; i < 8; i++){
    uInt64Bytes[i] = recBytes[9 - i];
}
UInt64 len = BitConverter.ToUInt64(uInt64Bytes, 0);
payload_data = new byte[len];
for (UInt64 i = 0; i < len; i++){
    payload_data[i] = recBytes[i + 14];
}
    }else{
Array.Copy(recBytes, 2, masks, 0, 4);
payload_data = new byte[payload_len];
Array.Copy(recBytes, 6, payload_data, 0, payload_len);
    }
    for (var i = 0; i < payload_len; i++){
payload_data[i] = (byte)(payload_data[i] ^ masks[i % 4]);
    }
    return Encoding.UTF8.GetString(payload_data);56.}
```

3. 发送数据

服务器端接收并解析了客户端发来的信息后，要返回回应信息。服务器端发送的数据以 0x81 开头，紧接发送内容的长度，最后是内容的 byte 数组。

实现数据发送的代码如下：

```
/// <summary>
/// 打包服务器数据
/// </summary>
/// <param name="message">数据</param>
/// <returns>数据包</returns>
private static byte[] PackData(string message)
{
    byte[] contentBytes = null;
```

```
byte[] temp = Encoding.UTF8.GetBytes(message);
if (temp.Length < 126){
contentBytes = new byte[temp.Length + 2];
contentBytes[0] = 0x81;
contentBytes[1] = (byte)temp.Length;
Array.Copy(temp, 0, contentBytes, 2, temp.Length);
}else if (temp.Length < 0xFFFF){
contentBytes = new byte[temp.Length + 4];
contentBytes[0] = 0x81;
contentBytes[1] = 126;
contentBytes[2] = (byte)(temp.Length & 0xFF);
contentBytes[3] = (byte)(temp.Length >> 8 & 0xFF);
Array.Copy(temp, 0, contentBytes, 4, temp.Length);
}else{
// 暂不处理超长内容
}
return contentBytes;
}
```

7.2.3 客户端使用 Web Sockets API

一般浏览器提供的 API 就可以直接用来实现客户端的握手操作了，在应用时直接使用 JavaScript 来调用即可。

客户端调用浏览器 API，实现握手操作的 JavaScript 代码如下：

```
var wsServer = 'ws://localhost:8888/Demo';    //服务器地址
var websocket = new WebSocket(wsServer);       //创建 WebSocket 对象
websocket.send("hello");                       //向服务器发送消息
alert(websocket.readyState);                   //查看 websocket 当前状态
websocket.onopen = function (evt) {            //已经建立连接
};
websocket.onclose = function (evt) {           //已经关闭连接
};
websocket.onmessage = function (evt) {         //收到服务器消息，使用 evt.data 提取
};
websocket.onerror = function (evt) {           //产生异常
};
```

7.3 技能训练——编写简单的 Web Socket 服务器

在 7.2 节中介绍了 Web Socket API 的原理及基本使用方法，其实在实现通信时关键要配置的是 Web Socket 服务器，下面就来介绍一个简单的 Web Socket 服务器编写方法。

为了实现操作，这里配合编写一个客户端文件，以测试服务器的实现效果。

Step01 首先编写客户端文件，其文件代码如下：

```
<html>
<head>
    <meta charset="UTF-8">
    <title>Web sockets test</title>
    <script src="jquery-min.js" type="text/javascript"></script>
    <script type="text/javascript">
        var ws;
        function ToggleConnectionClicked() {
            try {
            ws = new WebSocket("ws://192.168.1.101:1818/chat");//连接服务器
                ws.onopen = function(event){alert("已经与服务器建立了连接\r\n当前
连接状态: "+this.readyState);};
                ws.onmessage = function(event){alert("接收到服务器发送的数据:
\r\n"+event.data);};
                ws.onclose = function(event){alert("已经与服务器断开连接\r\n当前连
接状态: "+this.readyState);};
                ws.onerror = function(event){alert("WebSocket异常！");};
                } catch (ex) {
                alert(ex.message);
                }
        };
        function SendData() {
        try{
        ws.send("jane");
        }catch(ex){
        alert(ex.message);
        }
        };
        function seestate(){
        alert(ws.readyState);
        }
    </script>
</head>
<body>
    <button id='ToggleConnection' type="button" onclick='Toggle
ConnectionClicked();'>与服务器建立连接</button><br /><br />
        <button id='ToggleConnection' type="button" onclick='SendData();'>发
送信息: 我的名字是jane</button><br /><br />
        <button id='ToggleConnection' type="button" onclick='seestate();'>查
看当前状态</button><br /><br />
</body>
</html>
```

运行效果如下图所示。

121

> **提示**
>
> 其中 ws.onopen、ws.onmessage、ws.onclose 和 ws.onerror 对应了 4 种状态的提示信息。在连接服务器时，需要在代码中指定服务器的链接地址，测试时将 IP 地址改为本机 IP 即可。

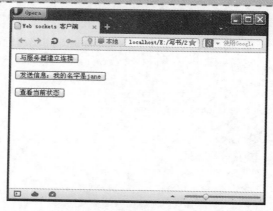

Step02 服务器程序可以使用 .net 等实现编译，编译后服务器端的主程序代码如下：

```
using System;
using System.Net;
using System.Net.Sockets;
using System.Security.Cryptography;
using System.Text;
using System.Text.RegularExpressions;
namespace WebSocket
{
    class Program
    {
        static void Main(string[] args)
        {
            int port = 2828;
            byte[] buffer = new byte[1024];
            IPEndPoint localEP = new IPEndPoint(IPAddress.Any, port);
            Socket listener = new Socket(localEP.Address.AddressFamily,
SocketType.Stream, ProtocolType.Tcp);
            try{
                listener.Bind(localEP);
                listener.Listen(10);
                Console.WriteLine("等待客户端连接....");
                Socket sc = listener.Accept();//接受一个连接
                Console.WriteLine("接受到了客户端："+sc.RemoteEndPoint.
ToString()+"连接....");
                //握手
                int length = sc.Receive(buffer);//接受客户端握手信息
              sc.Send(PackHandShakeData(GetSecKeyAccetp(buffer,length)));
                Console.WriteLine("已经发送握手协议了....");
```

```
            //接受客户端数据
        Console.WriteLine("等待客户端数据...");
        length = sc.Receive(buffer);//接受客户端信息
        string clientMsg=AnalyticData(buffer, length);
        Console.WriteLine("接受到客户端数据: " + clientMsg);
            //发送数据
        string sendMsg = "您好, " + clientMsg;
        Console.WriteLine("发送数据: ""+sendMsg+"" 至客户端...");
        sc.Send(PackData(sendMsg));
        Console.WriteLine("演示 Over!");
    }
    catch (Exception e)
    {
        Console.WriteLine(e.ToString());
    }
}
 ...
 ...
 ...
 /// <summary>
 /// 打包服务器数据
 /// </summary>
 /// <param name="message">数据</param>
 /// <returns>数据包</returns>
 private static byte[] PackData(string message)
 {
    byte[] contentBytes = null;
    byte[] temp = Encoding.UTF8.GetBytes(message);
    if (temp.Length < 126){
        contentBytes = new byte[temp.Length + 2];
        contentBytes[0] = 0x81;
        contentBytes[1] = (byte)temp.Length;
      Array.Copy(temp, 0, contentBytes, 2, temp.Length);
    }else if (temp.Length < 0xFFFF){
        contentBytes = new byte[temp.Length + 4];
        contentBytes[0] = 0x81;
        contentBytes[1] = 126;
        contentBytes[2] = (byte)(temp.Length & 0xFF);
        contentBytes[3] = (byte)(temp.Length >> 8 & 0xFF);
      Array.Copy(temp, 0, contentBytes, 4, temp.Length);
    }else{
        // 暂不处理超长内容
    }
    return contentBytes;
  }
 }
}
```

内容较多, 中间部分内容省略, 编译后保存服务器文件目录。

Step03 测试服务器和客户端的连接通信。首先打开服务器，运行随书光盘"素材\ch07\WebSocket-Server\WebSocket\obj\x86\Debug\WebSocket.exe"文件，提示等待客户端连接，如下图所示。

Step04 运行客户端文件（素材\ch07\WebSocket-Client\index.html），如下图所示。

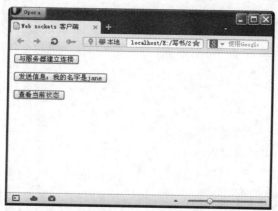

Step05 单击【与服务器建立连接】按钮，服务器端显示已经建立连接，客户端提示连接建立，且状态为1，如下图所示。

Step06 单击【发送消息】按钮，自服务器端返回信息，提示"您好，jane"，如下
图所示。

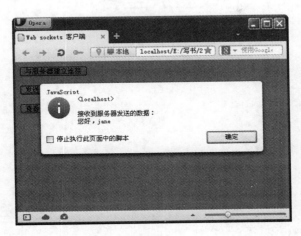

第 **8** 天　把数据放至客户端——
本地存储技术

学时探讨：

本学时主要探讨网页本地存储技术。利用本地存储技术可以很好地实现网页访问信息的缓冲，为网页的再次访问提供便利。通过今日的学习，读者能够掌握 Web Storage 技术的应用和本地数据库的相关操作。

学时目标：

通过本章网页本地存储技术的学习，读者可以认识 Web Storage 技术，并且可以利用该技术实现不同的网页本地存储。同时还会通过本地数据库 WebSQL 的学习，实现较大网页的访问缓存。

8.1　认识 Web Storage

在 HTML 5 标准之前，Web 存储信息需要 cookie 来完成，但是一般的 cookie 也就 4KB，且 IE 早期版本（如 IE 4.0）只支持每个域名几十个 cookies，不能适应互联网的快速发展。因为它们由每个对服务器的请求来传递，这使得 cookie 速度很慢且效率不高。因此，在 HTML 5 中，Web Storage API 为用户如何在计算机或设备上存储用户信息做了数据标准的定义。

Web Storage 实际上由两部分组成：sessionStorage 与 localStorage。

● sessionStorage 对象：是针对一个会话（session）的数据存储。sessionStorage 用于本地存储一个会话（session）中的数据，这些数据只有在同一个会话中的页面才能访问，并且当会话结束后数据也随之销毁。因此 sessionStorage 不是一种持久化的本地存储，仅仅是会话级别的存储。

● localStorage 对象：是没有时间限制的数据存储。localStorage 用于持久化的本地存储，除非主动删除数据，否则数据是永远不会过期的。

8.2　使用 HTML 5 Web Storage API

使用 HTML 5 Web Storage API 技术，可以实现很好的本地存储，下面进行详细介绍。

8.2.1 sessionStorage 对象应用

sessionStorage 对象是针对一个会话（session）的数据存储。sessionStorage 用于本地存储一个会话（session）中的数据，这些数据只有在同一个会话中的页面才能访问，并且当会话结束后数据也随之销毁。因此 sessionStorage 不是一种持久化的本地存储，仅仅是会话级别的存储。

创建一个 sessionStorage 方法的基本语法格式如下：

```
<script type="text/javascript">
sessionStorage.abc=" ";
</script>
```

1. 创建对象

【案例 8-1】使用 sessionStorage 方法创建对象。

`Step01` 新建记事本，输入以下代码，并保存为 8.1.html 文件。

```
<!DOCTYPE HTML>
<html>
<body>
<script type="text/javascript">
sessionStorage.name="贝贝の时尚创意";
document.write(sessionStorage.name);
</script>
</body>
</html>
```

`Step02` 在 Firefox 中浏览效果如下图所示，即可看到 sessionStorage 方法创建的对象内容显示在网页中。

2. 制作网站访问记录计数器

【案例 8-2】使用 sessionStorage 方法制作记录用户访问网站次数的计数器。

`Step01` 新建记事本，输入以下代码，并保存为 8.2.html 文件。

```
<!DOCTYPE HTML>
<html>
<body>
<script type="text/javascript">
if (sessionStorage. count)
```

```
{
sessionStorage.count=Number(sessionStorage.count) +1;
}
else
{
sessionStorage. count=1;
}
document.write("您访问该网站的次数为: " + sessionStorage.count);
</script>
</body>
</html>
```

Step02 在 Firefox 中浏览效果如下图所示。如果用户刷新一次页面，计数器的数值将加 1。

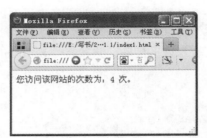

> **提示**
>
> 如果用户关闭浏览器窗口，再次打开该网页，计数器将重置为 1。

8.2.2 localStorage 对象应用

localStorage 对象是没有时间限制的数据存储。localStorage 用于持久化的本地存储，除非主动删除数据，否则数据是永远不会过期的。

创建一个 localStorage 方法的基本语法格式如下:

```
<script type="text/javascript">
localStorage.abc=" ";
</script>
```

1. 创建对象

【案例 8-3】使用 localStorage 方法创建对象。

Step01 新建记事本，输入以下代码，并保存为 8.3.html 文件。

```
<!DOCTYPE HTML>
<html>
<body>
<script type="text/javascript">
localStorage.name="学习 HTML 5 最新的技术: Web 存储";
document.write(localStorage.name);
</script>
```

```
</body>
</html>
```

Step02 在 Firefox 中浏览效果如下图所示，即可看到 localStorage 方法创建的对象内容显示在网页中。

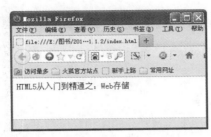

2. 使用 localStorage 方法制作计数器

【案例 8-4】使用 localStorage 方法来制作记录用户访问网站次数的计数器。用户可以清楚地看到 localStorage 方法和 sessionStorage 方法的区别。

Step01 新建记事本，输入以下代码，并保存为 8.4.html 文件。

```
<!DOCTYPE HTML>
<html>
<body>
<script type="text/javascript">
if (localStorage.count)
{
localStorage.count=Number(localStorage.count) +1;
}
else
{
localStorage.count=1;
 }
document.write("您访问该网站的次数为： " + localStorage.count" +" 次。");
</script>
</body>
</html>
```

Step02 在 Firefox 中浏览效果如下图所示。如果用户刷新一次页面，计数器的数值将加 1；如果用户关闭浏览器窗口，再次打开该网页，计数器会继续上一次计数，而不会重置为 1。

第 8 天 把数据放至客户端——本地存储技术

129

在 HTML 5 中，数据不是由每个服务器请求传递的，而是只有在请求时使用数据。它使在不影响网站性能的情况下存储大量数据成为可能。对于不同的网站，数据存储于不同的区域，并且一个网站只能访问其自身的数据。

8.2.3　Web Storage API 的其他操作

Web Storage API 的 localStorage 和 sessionStorage 对象除了以上基本应用外，还有以下两个方面的应用。

1. 清空 localStorage 数据

localStorage 的 clear()函数用于清空同源的本地存储数据，比如 localStorage.clear()，它将删除所有本地存储的 localStorage 数据。

而 Web Storage 的另外一部分 sessionStorage 中的 clear()函数只清空当前会话存储的数据。

2. 遍历 localStorage 数据

遍历 localStorage 数据可以查看 localStrage 对象保存的全部数据信息。在遍历过程中，需要访问 localStorage 对象的另外两个属性 length 与 key。length 表示 localStorage 对象中保存数据的总量；key 表示保存数据时的键名项，该属性常与索引号（index）配合使用，表示第几条键名对应的数据记录。其中，索引号（index）以 0 值开始，如果取第 3 条键名对应的数据，index 值应该为 2。

取出数据并显示数据内容的代码命令如下：

```
functino showInfo(){
   var array=new Array();
   for(var i=0;i
   //调用 key 方法获取 localStorage 中数据对应的键名
   //如这里键名是从 test1 开始递增到 testN 的，那么 localStorage.key(0)对应 test1
   var getKey=localStorage.key(i);
   //通过键名获取值，这里的值包括内容和日期
   var getVal=localStorage.getItem(getKey);
   //array[0]是内容，array[1]是日期
   array=getVal.split(",");
   }
}
```

获取并保存数据的代码命令如下：

```
var storage = window.localStorage; f
or (var i=0, len = storage.length; i  <  len; i++){
var key = storage.key(i);
var value = storage.getItem(key);
console.log(key + "=" + value); }
```

> **提示** 由于 localStorage 不仅仅存储了这里所添加的信息，可能还存在其他信息，但是那些信息的键名也是以递增数字形式表示的。如果这里也用纯数字，就可能覆盖另外一部分的信息，所以建议键名都用独特的字符区分开，这里在每个 ID 前加上 test 以示区别。

3. 使用 JSON 对象存取数据

在 HTML 5 中可以使用 JSON 对象来存取一组相关的对象。使用 JSON 对象可以收集一组用户输入信息，然后创建一个 Object 来囊括这些信息，之后用一个 JSON 字符串来表示这个 Object，最后把 JSON 字符串存放在 localStorage 中。当用户检索指定名称时，会自动用该名称去 localStorage 取得对应的 JSON 字符串，将字符串解析到 Object 对象，然后依次提取对应的信息，并构造 HTML 文本输入显示。

【案例 8-5】使用 JSON 对象存取数据。

Step01 新建 8.5.html 文件，具体代码如下：

```html
<!DOCTYPE html>
<html>
<head>
<meta charset="UTF-8">
<title>使用 JSON 对象存取数据</title>
<script type="text/javascript" src="objectStorage.js"></script>
</head>
<body>
<h3>使用 JSON 对象存取数据</h3>
<h4>填写待存取信息到表格中</h4>
<table>
<tr><td>用户名:</td><td><input type="text" id="name"></td></tr>
<tr><td>E-mail:</td><td><input type="text" id="email"></td></tr>
<tr><td>联系电话:</td><td><input type="text" id="phone"></td></tr>
<tr><td></td><td><input type="button" value="保存"
onclick="saveStorage();"></td></tr>
</table>
<hr>
<h4> 检索已经存入 localStorage 的 json 对象，并且展示原始信息</h4>
<p>
<input type="text" id="find">
<input type="button" value="检索" onclick="findStorage('msg');">
</p>
<!-- 下面这块用于显示被检索到的信息文本 -->
<p id ="msg"></p>
</body>
</html>
```

Step02 使用 Firefox 浏览保存的 HTML 文件，页面显示效果如下图所示。

使用JSON对象存取数据 — Mozilla Firefox

文件(F) 编辑(E) 查看(V) 历史(S) 书签(B) 工具(T) 帮助(H)

使用JSON对象存取数据

使用JSON对象存取数据

填写待存取信息到表格中

用户名：
E-mail：
联系电话：

保存

检索已经存入localStorage的json对象，并且展示原始信息

检索

Step03 案例中用到了 JavaScript 脚本，其中包含两个函数，一个是存数据，另一个是取数据。具体的 JavaScript 脚本代码如下：

```
function saveStorage(){              //创建一个js对象，用于存放当前从表单获得的数据
var data = new Object;               //将对象的属性值名依次和用户输入的属性值关联起来
data.user=document.getElementById("user").value;
data.mail=document.getElementById("mail").value;
data.tel=document.getElementById("tel").value;
//创建一个json对象，使其对应HTML文件中创建的对象的字符串数据形式
var str = JSON.stringify(data);
//将json对象存放到localStorage上，key为用户输入的NAME，value为这个json字符串
localStorage.setItem(data.user,str);
console.log("数据已经保存！被保存的用户名为: "+data.user);
}
//从localStorage中检索用户输入的名称对应的json字符串，然后把json字符串解析为一
组信息，并且打印到指定位置
function findStorage(id){                   //获得用户的输入，是用户希望检索的名字
var requiredPersonName = document.getElementById("find").value;
//以这个检索的名字来查找localStorage，得到了json字符串
var str=localStorage.getItem(requiredPersonName);
//解析这个json字符串得到Object对象
var data= JSON.parse(str);
//从Object对象中分离出相关属性值，然后构造要输出的HTML内容
var result="用户名:"+data.user+'<br>';
result+="E-mail:"+data.mail+'<br>';
result+="联系电话:"+data.tel+'<br>';              //取得页面上要输出的容器
var target = document.getElementById(id);//用刚才创建的HTML内容来填充这个容器
target.innerHTML = result;
}
```

Step04 将 JS 文件和 HTML 文件放在同一目录下，再次打开网页，在表单中依次输入相关内容，单击【保存】按钮，如下图（左）所示。

Step05 在【检索】文本框中输入已经保存的信息的用户名，单击【检索】按钮，则在页面下方自动显示保存的用户信息，如下图（右）所示。

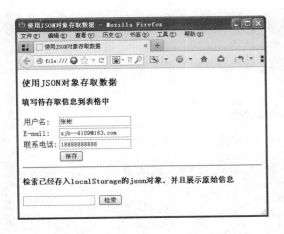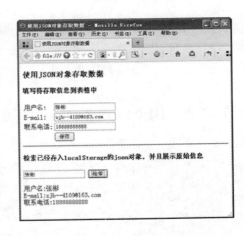

8.3　在本地建立数据库

> 对简单的关键值对或简单对象进行存储，使用本地和会话存储能够很好地完成，但是在对琐碎的关系数据进行处理时它们就力所不及了，这时就需要 WebSQL 数据库。下面将详细介绍 WebSQL 数据库的应用。

8.3.1　本地数据库概述

可以使用 openDatabase 方法打开一个已经存在的数据库。如果数据库不存在，使用此方法将会创建一个新数据库。打开或创建一个数据库的代码命令如下：

```
var db = openDatabase('mydb', '1.1', ' A list of to do items.', 200000);
```

上述代码的括号中设置了 4 个参数，其意义分别为：数据库名称、版本号、文字说明、数据库的大小和创建回滚。

> **提示**　　如果数据库已经创建了，第五个参数将会调用此回滚操作。如果省略此参数，则仍将创建正确的数据库。

以上代码的意义：创建了一个数据库对象 db，名称是 mydb，版本编号为 1.1，db 还带有描述信息和大概的大小值。用户代理（User Agent）可使用这个描述与用户进行交流，说明数据库是用来做什么的。利用代码中提供的大小值，用户代理可以为内容留出足够的存储。如果需要，这个大小是可以改变的，所以没有必要预先假设允许用户使用多少空间。

为了检测之前创建的连接是否成功，可以检查那个数据库对象是否为 null。

```
if(!db)
    alert("Failed to connect to database.");
```

绝不可以假设该连接已经成功建立,即使过去对于某个用户它是成功的。一个连接会失败,存在多种原因,也许用户代理出于安全原因拒绝你的访问,也许设备存储有限。面对活跃而快速进化的潜在用户代理,对用户的机器、软件及其能力做出假设是非常不明智的行为。

8.3.2 用 executeSql 来插入数据

要为表插入一些新数据,可以在上面的例子中添加一些语句,具体代码如下:

```
var db = openDatabase('mydb', '1.1', ' A list of to do items.', 200000);
db.transaction(function (tx) {
  tx.executeSql('CREATE TABLE IF NOT EXISTS LOGS (id unique, log)');
  tx.executeSql('INSERT INTO LOGS (id, log) VALUES (1, "foobar")');
  tx.executeSql('INSERT INTO LOGS (id, log) VALUES (2, "logmsg")');
});
```

这里可以通过动态值创建数据,具体代码如下:

```
var db = openDatabase('mydb', '1.1', ' A list of to do items.', 200000);
db.transaction(function (tx) {
 tx.executeSql('CREATE TABLE IF NOT EXISTS LOGS (id unique, log)');
 tx.executeSql('INSERT INTO LOGS
    (id,log) VALUES (?, ?'), [le_id, le_log];
});
```

这里 le_id 和 le_log 是外部变量,executeSql 映射数组的每个项来替换 "?"。

8.3.3 使用 transaction 方法处理事件

这里主要以查询事务为例进行介绍。要执行一个查询,可使用 database.transaction()函数。此函数需要一个参数,该参数也是一个函数。实际执行的查询服务如下:

```
var db = openDatabase('mydb', '1.1', ' A list of to do items.', 200000);
db.transaction(function (tx) {
 tx.executeSql('CREATE TABLE IF NOT EXISTS LOGS (id unique, log)');
});
```

上述 SQL 查询将在 mydb 数据库中创建一个名为 LOGS 的表。

8.4 技能训练——制作简单的 Web 留言本

使用 Web Storage 的功能可以制作 Web 留言本,具体制作方法如下。

Step01 构建页面框架,代码如下:

```
<!DOCTYPE html>
<html>
```

```
<head>
<title>本地存储技术之 Web 留言本</title>
</head>
<body onload="init()">
</body>
</html>
```

Step02 添加页面文件，主要由表单构成，包括单行文字表单和多行文本表单，代码如下：

```
<h1>Web 留言本</h1>
<table>
    <tr>
        <td>用户名</td>
        <td><input type="text" name="name" id="name" /></td>
    </tr>
    <tr>
        <td>留言</td>
        <td><textarea    name="memo"    id="memo"    cols ="50"    rows =
"5"></textarea></td>
    </tr>
    <tr>
        <td></td>
        <td>
            <input type="submit" value="提交" onclick="saveData()" />
        </td>
    </tr>
</table>
<ht>
<table id="datatable" border="1"></table>
<p id="msg"></p>
```

Step03 为了执行本地数据库的保存及调用功能，需要插入数据库的脚本代码，具体内容如下：

```
<script>
var datatable = null;
var db = openDatabase("MyData","1.0","My Database",2*1024*1024);
function init()
{
    datatable = document.getElementById("datatable");
    showAllData();
}
function removeAllData(){
    for(var i = datatable.childNodes.length-1;i>=0;i--){
        datatable.removeChild(datatable.childNodes[i]);
    }
    var tr = document.createElement('tr');
    var th1 = document.createElement('th');
    var th2 = document.createElement('th');
    var th3 = document.createElement('th');
```

```
        th1.innerHTML = "用户名";
        th2.innerHTML = "留言";
        th3.innerHTML = "时间";
        tr.appendChild(th1);
        tr.appendChild(th2);
        tr.appendChild(th3);
        datatable.appendChild(tr);
    }
    function showAllData()
    {
        db.transaction(function(tx){
            tx.executeSql('create table if not exists MsgData(name TEXT,message
TEXT,time INTEGER)',[]);
            tx.executeSql('select * from MsgData',[],function(tx,rs){
                removeAllData();
                for(var i=0;i<rs.rows.length;i++){
                    showData(rs.rows.item(i));
                }
            });
        });
    }
    function showData(row){
        var tr=document.createElement('tr');
        var td1 = document.createElement('td');
        td1.innerHTML = row.name;
        var td2 = document.createElement('td');
        td2.innerHTML = row.message;
        var td3 = document.createElement('td');
        var t = new Date();
        t.setTime(row.time);
        ttd3.innerHTML = t.toLocaleDateString() + " " + t.toLocaleTimeString();
        tr.appendChild(td1);
        tr.appendChild(td2);
        tr.appendChild(td3);
        datatable.appendChild(tr);
    }
    function addData(name,message,time) {
        db.transaction(function(tx){
            tx.executeSql('insert into MsgData values(?,?,?)',[name,message,
time],functionx,rs){
                alert("提交成功。");
            },function(tx,error){
                alert(error.source+"::"+error.message);
            });
        });
    } // End of addData
    function saveData() {
        var name = document.getElementById('name').value;
        var memo = document.getElementById('memo').value;
```

```
        var time = new Date().getTime();
        addData(name,memo,time);
        showAllData();
    } // End of saveData
</script>
</head>
<body onload="init()">
    <h1>Web留言本</h1>
    <table>
        <tr>
            <td>用户名</td>
            <td><input type="text" name="name" id="name" /></td>
        </tr>
        <tr>
            <td>留言</td>
            <td><textarea  name="memo"  id="memo"  cols  ="50"  rows =
"5"></textarea></td>
        </tr>
        <tr>
            <td></td>
            <td>
                <input type="submit" value="提交" onclick="saveData()" />
            </td>
        </tr>
    </table>
    <ht>
    <table id="datatable" border="1"></table>
    <p id="msg"></p>
</body>
</html>
```

Step04 文件保存后，使用 Firefox 浏览页面，效果如下图所示。

第 8 天 把数据放至客户端——本地存储技术

⏰ 第 9 天　让通信更顺畅——线程处理

学时探讨

　　本学时主要探讨 HTML 5 中的 Web Worker 技术——线程处理。利用 Web Worker 技术，可以实现网页脚本程序的多线程后台执行，并且不会影响其他脚本的执行，为大型网站的顺畅运行提供了更好的实现方法。

学时目标

　　通过本章 Web Worker 技术的学习，读者可以掌握 Web Worker 技术的概念及单线程、多线程嵌套的使用方法，为实现大量脚本的顺畅执行提供基础。

9.1　Web Worker 概述

　　在 HTML 5 中为了提供更好的后台程序执行，设计了 Web Worker 技术。Web Worker 的产生主要是考虑到在 HTML 4 中执行的 JavaScript Web 程序都是以单线程的方式执行的，一旦前面的脚本花费时间过长，后面的程序就会因长期得不到响应而使用户页面操作出现异常。

　　Web Worker 实现的是线程技术，可以使运行在后台的 JavaScript 独立于其他脚本，而不会影响页面的性能。

　　Web Worker 创建后台线程的方法非常简单，只需将需要在后台线程中执行的脚本文件以 URL 地址的方式创建在 worker 类的构造器中就可以了，其代码格式如下：

```
var worker=new worker("worker.js");
```

　　目前，除了 IE 浏览器，其他大部分主流浏览器（如 Opera、Safari 和 Chrome）都支持 Web Worker 技术。

　　创建 Web Worker 之前，用户可以检测浏览器是否支持它。可以使用以下方法检测浏览器对 Web Worker 的支持情况：

```
if(typeof(Worker)!=="undefined")
  {
  // Yes! Web worker support!
  // Some code.....
  }
else
  {
```

```
// Sorry! No Web Worker support..
}
```

例如使用 IE 浏览器运行的效果如下图所示。

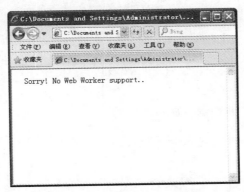

9.2　线程中常用的变量、函数与类

在进行 Web Worker 线程创建时会涉及一些变量、函数与类内容，其中在线程中执行的 JavaScript 脚本文件中可以用到的变量、函数与类介绍如下。

● Self：Self 关键词用来表示本线程范围内的作用域。

● Imports：导入的脚本文件必须与使用该线程文件的页面在同一个域中，并在同一个端口中。

● ImportScripts(urls)：导入其他 JavaScript 脚本文件。参数为该脚本文件的 URL 地址，可以导入多个脚本文件。

● Onmessage：获取接收消息的事件句柄。

● Navigator 对象：与 window.navigator 对象类似，具有 appName、platform、userAgent、appVersion 等属性。

● setTimeout()/setInterval()：可以在线程中实现定时处理。

● XMLHttpRequest：可以在线程中处理 Ajax 请求。

● Web Workers：可以在线程中嵌套线程。

● SessionStorage/localStorage：可以在线程中使用 Web Storage

● Close：可以结束本线程。

● Eval()、isNaN()、escape()等：可以使用所有 JavaScript 核心函数。

● Object：可以创建和使用本地对象。

● WebSockets：可以使用 Web Sockets API 来向服务器发送和接收信息。

● postMessage(message)：向创建线程的源窗口发送消息。

9.3　与线程进行数据交互

在后台执行的线程是不可以访问页面和窗口对象的，但这并不妨碍前台和后台线程进行数据交互，下面就来介绍一个前台和后台线程交互的案例。

在案例中，后台执行的 JavaScript 脚本线程是从 0～200 的所有整数中随机挑选一些整数，然后在这些选出的整数中选择可以被 5 整除的整数，最后将这些选出的整数交给前台显示，以实现前台与后台线程的数据交互。

【案例 9-1】与线程进行数据交互。

Step01　完成前台的网页代码，其代码内容如下（详见随书光盘中的 "素材 \ch09\9.1.html"）：

```
<!DOCTYPE html>
<head>
<meta charset="UTF-8">
<title>前台与后台线程的数据交互</title>
<script type="text/javascript">
var intArray=new Array(200);      //随机数组
var intStr="";                    //将随机数组用字符串进行连接
//生成 200 个随机数
for(var i=0;i<200;i++)
{
    intArray[i]=parseInt(Math.random()*200);
    if(i!=0)
        intStr+=";";              //用分号做随机数组的分隔符
    intStr+=intArray[i];
}
//向后台线程提交随机数组
var worker = new Worker("9.1.js");
worker.postMessage(intStr);
//从线程中取得计算结果
worker.onmessage = function(event) {
    if(event.data!="")
    {
        var h;                //行号
        var l;                //列号
        var tr;
        var td;
        var intArray=event.data.split(";");
        var table=document.getElementById("table");
        for(var i=0;i<intArray.length;i++)
        {
            h=parseInt(i/15,0);
            l=i%15;
            //该行不存在
            if(l==0)
```

```
        {
            //添加新行的判断
            tr=document.createElement("tr");
            tr.id="tr"+h;
            table.appendChild(tr);
        }
        //该行已存在
        else
        {
            //获取该行
            tr=document.getElementById("tr"+h);
        }
        //添加列
        td=document.createElement("td");
        tr.appendChild(td);
        //设置该列数字内容
        td.innerHTML=intArray[h*15+l];
        //设置该列对象的背景色
        td.style.backgroundColor="#f56848";
        //设置该列对象数字的颜色
        td.style.color="#000000";
        //设置对象数字的宽度
        td.width="30";
        }
    }
};
</script>
</head>
<body>
<h2 style="text-shadow:0.1em 3px 6px blue">从随机生成的数字中抽取 5 的倍数并显
示示例</h2>
<table id="table">
</table>
</body>
```

Step02 为了实现后台线程，需要编写后台执行的 JavaScript 脚本文件，其代码格式
如下（详见随书光盘中的 "素材\ch09\9.1.js"）：

```
onmessage = function(event) {
    var data = event.data;
    var returnStr;  //将 5 的倍数组成字符串并返回
    var intArray=data.split(";");              //设置返回字符串中数字分隔符为 ";" 号
    returnStr="";
    for(var i=0;i<intArray.length;i++)
    {
        if(parseInt(intArray[i])%5==0)      //判断能否被 5 整除
        {
            if(returnStr!="")
                returnStr+=";";
```

```
              returnStr+=intArray[i];
        }
    }
    postMessage(returnStr);  //返回 5 的倍数组成的字符串
}
```

Step03 使用 Firefox 浏览器打开编辑好的网页文件，显示效果如下图所示。

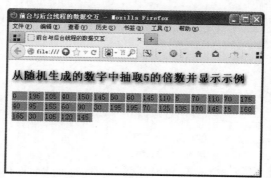

提示

由于数字是随机产生的，所以每次生成的数据序列都是不同的。

9.4 线程嵌套

线程中可以嵌套子线程，这样就可以将后台中较大的线程切割成多个子线程，每个子线程独立完成一份工作，可以提高程序的效率。有关线程嵌套的内容介绍如下。

9.4.1 技能训练 1——单线程嵌套

最简单的线程嵌套是单层的嵌套，下面来介绍一个单线程的嵌套案例，该案例所实现的效果和 9.3 节中案例的效果相似。

其具体操作方法如下。

Step01 完成网页前台页面的代码内容，具体代码如下（详见随书光盘中的"素材\ch09\9.2.html"）：

```
<!DOCTYPE html>
<head>
<meta charset="UTF-8">
<script type="text/javascript">
var worker = new Worker("9.2.js");
worker.postMessage("");
//从线程中取得计算结果
```

```
worker.onmessage = function(event) {
    if(event.data!="")
    {
        var j;    //行号
        var k;    //列号
        var tr;
        var td;
        var intArray=event.data.split(";");
        var table=document.getElementById("table");
        for(var i=0;i<intArray.length;i++)
        {
            j=parseInt(i/10,0);
            k=i%10;
            if(k==0)    //该行不存在
            {
                //添加行
                tr=document.createElement("tr");
                tr.id="tr"+j;
                table.appendChild(tr);
            }
            else  //该行已存在
            {
                //获取该行
                tr=document.getElementById("tr"+j);
            }
            //添加列
            td=document.createElement("td");
            tr.appendChild(td);
            //设置该列内容
            td.innerHTML=intArray[j*10+k];
            //设置该列背景色
            td.style.backgroundColor="blue";
            //设置该列字体颜色
            td.style.color="white";
            //设置列宽
            td.width="30";
        }
    }
};
</script>
</head>
<body>
<h2 style="text-shadow:0.1em 3px 6px blue">从随机生成的数字中抽取 5 的倍数并显
示示例</h2>
<table id="table">
</table>
</body>
```

Step02 下面需要编写程序后台执行的主线程的代码内容，该线程用于执行数据挑选，会在 0～200 之间随机产生 200 个随机整数（数字可重复），并将其交与子线程，让子线程挑选可以被 5 整除的数字（详见随书光盘中的"素材\ch09\9.2.js"）。

```javascript
onmessage=function(event){
    var intArray=new Array(200);      //产生随机的数组
    //生成 200 个随机数
    for(var i=0;i<200;i++)                //数字范围为 0～200
        intArray[i]=parseInt(Math.random()*200);
    var worker;
    //调用子线程
    worker=new Worker("9.2-2.js");
    //将随机数组提交给子线程
    worker.postMessage(JSON.stringify(intArray));
    worker.onmessage = function(event) {
        //将挑选结果返回主页面
        postMessage(event.data);
    }
}
```

Step03 经过上一步主线程的数字挑选后，可以通过以下子线程将这些数字拼接成字符串，并返回主线程，其操作代码如下（详见随书光盘中的"素材\ch09\9.2-2.js"）：

```javascript
onmessage = function(event) {
    var intArray= JSON.parse(event.data);
    var returnStr;
    returnStr="";
    for(var i=0;i<intArray.length;i++)
    {
        //判断数字能否被 5 整除
        if(parseInt(intArray[i])%5==0)
        {
            if(returnStr!="")
                returnStr+=";";
            //将所有可以被 5 整除的数字拼接成字符串
            returnStr+=intArray[i];
        }
    }
    //返回拼接后的字符串至主线程
    postMessage(returnStr);
    //关闭子线程
    close();
}
```

Step04 使用 Firefox 浏览器查看网页前台页面，随机产生了一些可以被 5 整除的数字，如下图所示。

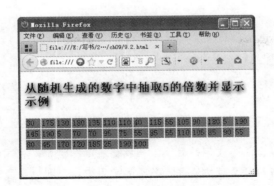

9.4.2 技能训练2——多个子线程中的数据交互

在实现上述案例时，也可以将子线程再次拆分，生成多个子线程，由多个子线程同时完成工作，这样可以提高处理速度，对较大的 JavaScript 脚本程序来说很实用。

下面将上述案例的程序改为多个子线程嵌套的数据交互案例。

Step01 网页前台文件不需要修改，主线程的脚本文件应当做如下修改（详见随书光盘中的"素材\ch09\9.3.js"）：

```javascript
onmessage=function(event){
    var worker;
    //调用发送数据的子线程
    worker=new Worker("9.3-2.js");
    worker.postMessage("");
    worker.onmessage = function(event) {
        //接收子线程中的数据，本示例中为创建好的随机数组
        var data=event.data;
        //创建接收数据子线程
        worker=new Worker("9.2-2.js");
        //把从发送数据子线程中发回的消息传递给接收数据的子线程
        worker.postMessage(data);
worker.onmessage = function(event) {
            //获取接收数据子线程中传回的数据，本示例中为挑选结果
    var data=event.data;
        //把挑选结果发送回主页面
        postMessage(data);
}
    }
}
```

上述代码的主线程脚本中提到了两个子线程脚本，其中一个 9.3-2.js 负责创建随机数组，并发送给主线程；另一个 9.2-2.js 负责从主线程接收选好的数组，并进行处理。9.2-2.js 脚本延用 9.4.1 节脚本文件。

Step02 9.3-2.js 脚本文件的详细代码如下（详见随书光盘中的"素材\ch09\9.3-2.js"）：

```javascript
onmessage = function(event) {
```

```
var intArray=new Array(200);
for(var i=0;i<200;i++)
    intArray[i]=parseInt(Math.random()*200);
postMessage(JSON.stringify(intArray));
close();
}
```

Step03 执行后的效果和 9.4.1 节案例的显示效果相同，这里就不再操作了。

提示
通过以上几个案例的展示，其最终显示结构都是相同的，只是代码的编辑与线程的嵌套有所差异。在实际应用中，合理地嵌套子线程虽然代码结构会变得复杂，但是却能很大程度地提高程序的处理效率。

第 10 天　浏览页面更快捷——
构建离线应用程序

学时探讨：

　　本学时主要探讨构建网页离线应用程序的知识。网页离线应用程序是实现离线 Web 应用的重要技术。目前已有的离线 Web 应用程序很多，都需要今日的知识做基础。通过今日的学习，读者能够掌握 HTML 5 离线应用程序的基础知识，了解离线应用程序的实现方法。

学时目标：

　　通过本章离线应用程序的学习，读者可以完成简单离线 Web 程序的创建，为实现更深层次的离线 Web 程序的学习打下基础。

10.1　HTML 5 离线应用程序

　　为了能在离线的情况下访问网站，可以采用 HTML 5 的离线 Web 功能。下面来学习 Web 应用程序如何缓存。

10.1.1　本地缓存

　　在 HTML 5 中新增了本地缓存，也就是 HTML 离线 Web 应用，主要通过应用程序缓存整个离线网站的 HTML、CSS、JavaScript、网站图像和资源。当服务器没有和 Internet 建立连接的时候，也可以利用本地缓存中的资源文件来正常运行 Web 应用程序。

　　另外，如果网站发生了变化，应用程序缓存将重新加载变化的数据文件。

10.1.2　浏览器网页缓存与本地缓存的区别

　　浏览器网页缓存与本地缓存的主要区别如下。

　　（1）浏览器网页缓存主要是为了加快网页加载的速度，所以会对每一个打开的网页都进行缓存操作；而本地缓存是为整个 Web 应用程序服务的，只缓存那些指定缓存的网页。

　　（2）在网络连接的情况下，浏览器网页缓存一个页面的所有文件，但是一旦离线，用户单击链接时，将会得到一个错误消息；而本地缓存在离线时，仍然可以正常访问。

（3）对于网页浏览者而言，浏览器网页缓存了哪些内容和资源，这些内容是否安全、可靠等都不知道；而本地缓存的页面是编程人员指定的内容，所以在安全方面相对可靠了许多。

10.1.3　目前浏览器对 Web 离线应用的支持情况

不用的浏览器版本对 Web 离线应用技术的支持情况是不同的，表 10-1 是常见浏览器对 Web 离线应用的支持情况。

表 10-1　常见浏览器对 Web 离线应用的支持

浏览器名称	支持 Web 存储技术的版本情况
Internet Explorer	IE 9.0 及更低版本尚不支持
Firefox	Firefox 3.5 及更高版本
Opera	Opera 10.6 及更高版本
Safari	Safari 4 及更高版本
Chrome	Chrome 5 及更高版本
Android	Android 2.0 及更高版本

10.1.4　支持离线行为

要支持离线行为，首先要能够判断网络连接状态。在 HTML 5 中引入了一些判断应用程序网络连接是否正常的新的事件。对应应用程序的在线状态和离线状态会有不同的行为模式。

用于实现在线状态监测的是 window.navigator 对象的属性。其中的 navigator.online 属性是一个标明浏览器是否处于在线状态的布尔属性，当 online 值为 true 时，并不能保证 Web 应用程序在用户的机器上一定能访问到相应的服务器；而当其值为 false 时，不管浏览器是否真正连网，应用程序都不会尝试进行网络连接。

监测页面状态是在线还是离线的具体代码如下：

```
//页面加载的时候，设置状态为 online 或 offline
Function loaddemo(){
  If (navigator.online) {
    Log("online");
} else {
  Log("offline");
}
}
//添加事件监听器，在线状态发生变化时，触发相应动作
Window.addeventlistener("online",function€{
}, true);
Window.addeventlistener("offline",function(e) {
  Log("offline");
},true);
```

10.2 了解 manifest（清单）文件

那么客户端的浏览器是如何知道应该缓存哪些文件的呢?这就需要依靠 manifest 文件来管理。manifest 文件是一个简单文本文件，在该文件中以清单的形式列举了需要被缓存或不需要被缓存的资源文件的文件名称，以及这些资源文件的访问路径。

manifest 文件把指定的资源文件类型分为 3 类，分别是 CACHE、NETWORK 和 FALLBACK，其含义分别如下。

- CACHE 类别：该类别指定需要被缓存在本地的资源文件。这里需要特别注意的是，如果为某个页面指定需要本地缓存的资源文件时，不需要把这个页面本身指定在 CACHE 类型中。因为如果一个页面具有 manifest 文件，浏览器会自动对这个页面进行本地缓存。
- NETWORK 类别：该类别为不进行本地缓存的资源文件，这些资源文件只有当客户端与服务器端建立连接的时候才能访问。
- FALLBACK 类别：该类别中指定两个资源文件，其中一个资源文件为能够在线访问时使用的资源文件，另一个资源文件为不能在线访问时使用的备用资源文件。

以下是一个简单的 manifest 文件的内容。

```
CACHE MANIFEST
#文件的开头必须是 CACHE MANIFEST
CACHE:
123.html
myphoto.jpg
12.php
NETWORK:
http://www.baidu.com/xxx
feifei.php
FALLBACK:
online.js locale.js
```

上述代码的含义分析如下。

（1）指定资源文件，文件路径可以是相对路径，也可以是绝对路径。指定时每个资源文件为独立的一行。

（2）第一行必须是 CACHE MANIFEST，此行的作用是告诉浏览器需要对本地缓存中的资源文件进行具体设置。

（3）每一个类型都必须出现，而且同一个类别可以重复出现。如果文件开头没有指定类别而直接书写资源文件，浏览器会把这些资源文件视为 CACHE 类别。

第 **10** 天 浏览页面更快捷——构建离线应用程序

（4）在 manifest 文件中，注释行以"#"开始，主要用于进行一些必要的说明或解释。

为单个网页添加 manifest 文件时，需要在 Web 应用程序页面上的 html 元素的 manifest 属性中指定 manifest 文件的 URL 地址，具体的代码如下：

```
<html manifest="123.manifest">
</html>
```

添加上述代码后，浏览器就能够正常地阅读该文本文件。

> **提示**
> 用户可以为每一个页面单独指定一个 mainifest 文件，也可以对整个 Web 应用程序指定一个总的 manifest 文件。

上述操作完成后，即可实现资源文件缓存到本地。当要对本地缓存区的内容进行修改时，只需修改 manifest 文件。文件被修改后，浏览器可以自动检查 manifest 文件，并自动更新本地缓存区中的内容。

10.3 了解 applicationCache API

传统的 Web 程序中浏览器也会对资源文件进行 cache，但并不是很可靠，有时起不到预期的效果。而 HTML 5 中的 applicationCache 支持离线资源的访问，为离线 Web 应用的开发提供了可能。

使用 applicationCache API 的好处有以下几点。

● 用户可以在离线时继续使用。

● 缓存到本地，节省带宽，加速用户体验的反馈。

● 减轻服务器的负载。

> **提示**
> 目前 IE 浏览器还不支持 applicationCache API。

applicationCache API 是一个操作应用缓存的接口，是 Windows 对象的直接子对象 window.applicationcache。window.applicationcache 对象可触发一系列与缓存状态相关的事件，具体事件如表 10-2 所示。

表 10-2　事件列表

事件	接口	触发条件	后续事件
checking	Event	用户代理检查更新或者在第一次尝试下载 manifest 文件的时候，本事件往往是事件队列中第一个被触发的	noupdate、downloading、obsolete、error
noupdate	Event	检测出 manifest 文件没有更新	无

续表

事件	接口	触发条件	后续事件
Downloading	Event	用户代理发现更新并且正在获取资源，或者第一次下载 manifest 文件列表中列举的资源	progress, error, cached, updateready
progress	ProgressEvent	用户代理正在下载资源 manifest 文件中需要缓存的资源	progress, error, cached, updateready
cached	Event	manifest 中列举的资源已经下载完成，并且已经缓存	无
updateready	Event	manifest 中列举的文件已经重新下载并更新成功，接下来 JavaScript 可以使用 swapCache()方法更新到应用程序中	无
obsolete	Event	manifest 的请求出现 404 或者 410 错误，应用程序缓存被取消	无

此外，没有可用更新或者发生错误时，还有一些表示更新状态的事件如下：

```
Onerror
Onnoupdate
onprogress
```

该对象有一个数值型属性 window.applicationcache.status，代表了缓存的状态。缓存状态共有 6 种，如表 10-3 所示。

表 10-3　缓存状态

数值型属性	缓存状态	含义
0	UNCACHED	未缓存
1	IDLE	空闲
2	CHECKING	检查中
3	DOWNLOADING	下载中
4	UPDATEREADY	更新就绪
5	OBSOLETE	过期

window.applicationcache 有 3 个方法，如表 10-4 所示。

表 10-4　window.applicationcache 的方法

方法名	描述
update()	发起应用程序缓存下载进程
abort()	取消正在进行的缓存下载
swapcache()	切换成本地最新的缓存环境

提示　调用 update()方法会请求浏览器更新缓存，包括检查新版本的 manifest 文件并下载必要的新资源。如果没有缓存或者缓存已过期，则会抛出错误。

第 10 天 浏览页面更快捷——构建离线应用程序

10.4 技能训练——离线定位跟踪

下面结合上述内容的学习来构建一个离线 Web 应用程序，具体内容如下。

1. 创建记录资源的 manifest 文件

首先要创建一个缓冲清单文件 123.manifest，文件中列出了应用程序需要缓存的资源。具体实现代码如下：

```
CACHE MANIFEST
# javascript
./offline.js
#./123.js
./log.js
#stylesheets
./CSS.css
#images
```

2. 创建构成界面的 HTML 和 CSS

下面来实现网页结构，其中需要指明程序中用到的 JavaScript 文件和 CSS 文件，并且还要调用 manifest 文件。具体实现代码如下：

```
<!DOCTYPE html >
<html lang="en" manifest="123.manifest">
<head>
<title>创建构成界面的 HTML 和 CSS</title>
<script src="log.js"></script>
<script src="offline.js"></script>
<script src="123.js"></script>
<link rel="stylesheet" href="CSS.css" />
</head>
<body>
<header>
    <h1>Web 离线应用</h1>
    </header>
    <section>
    <article>
       <button id="installbutton">check for updates</button>
       <h3>log</h3>
       <div id="info">
       </div>
       </article>
    </section>
</body>
</html>
```

上述代码中有两点需要注意：其一，因为使用了 manifest 特性，所以 HTML 元素不能省
略（为了使代码简洁，HTML 5 中允许省略不必要的 HTML 元素）；其二，代码中引入了按
钮，其功能是允许用户手动安装 Web 应用程序，以支持离线情况。

3. 创建离线的 JavaScript

在网页设计中经常会用到 JavaScript 文件，该文件通过<script>标签引入网页。在执行离
线 Web 应用时，这些 JavaScript 文件也会一并存储到缓存中。

```
<offline.js>
/*
 *记录 window.applicationcache 触发的每一个事件
 */
window.applicationcache.onchecking =
function(e) {
 log("checking for application update");
    }
window.applicationcache.onupdateready =
function(e) {
 log("application update ready");
    }
window.applicationcache.onobsolete =
function(e) {
 log("application obsolete");
    }
window.applicationcache.onnoupdate =
function(e) {
 log("no application update found");
    }
window.applicationcache.oncached =
function(e) {
 log("application cached");
    }
window.applicationcache.ondownloading =
function(e) {
 log("downloading application update");
    }
window.applicationcache.onerror =
function(e) {
 log("online");
    }, true);
 /*
  *将 applicationcache 状态代码转换成消息
  */
  showcachestatus = function(n) {
     statusmessages = ["uncached","idle","checking","downloading","update
ready","obsolete"];
     return statusmessages[n];
  }
```

```
install = function(){
 log("checking for updates");
    try {
    window.applicationcache.update();
    } catch (e) {
    applicationcache.onerror();
    }
  }
onload = function(e) {
 //检测所需功能的浏览器支持情况
    if(!window.applicationcache) {
    log("html5 offline applications are not supported in your browser.");
      return;
    }
    if(!window.localstorage) {
    log("html5 local storage not supported in your browser.");
      return;
    }
    if(!navigator.geolocation) {
    log("html5 geolocation is not supported in your browser.");
      return;
    }
    log("initial           cache           status:              "        +
showcachestatus(window.applicationcache.status));
      document.getelementbyid("installbutton").onclick = checkfor;
}
<log.js>
log = function() {
 var p = document.createelement("p");
 var message = array.prototype.join.call(arguments," ");
    p.innerhtml = message
    document.getelementbyid("info").appendchild(p);
}
```

4. 检查 applicationCache 的支持情况

applicationCache 对象并非所有浏览器都可以支持，所以在编辑时需要加入浏览器支持性检测功能，并提醒浏览者页面无法访问是浏览器兼容问题。具体实现代码如下：

```
onload = function(e) {
 //检测所需功能的浏览器支持情况
  if (!window.applicationcache) {
    log("您的浏览器不支持 HTML 5 Offline Applications ");
    return;
  }
  if (!window.localStorage) {
    log("您的浏览器不支持 HTML 5 Local Storage ");
    return;
  }
 if (!window.WebSocket) {
```

```
    log("您的浏览器不支持 HTML 5 WebSocket ");
    return;
  }
if (!navigator.geolocation) {
    log("您的浏览器不支持 HTML 5 Geolocation ");
    return;
  }
    log("lnitial                 cache                 status:"                    +
showCachestatus(window.applicationcache.status));
    document.getelementbyld("installbutton").onclick = install;
  }
```

5. 为 update 按钮添加处理函数

下面来设置 update 按钮的行为函数，该函数功能为执行更新应用缓存，具体代码如下：

```
Install = function() {
Log("checking for updates");
Try {
  Window.applicationcache.update();
} catch (e) {
  Applicationcache.onerror():
}
}
```

> **提 示**　单击按钮后将检查缓存区，并更新需要更新的缓存资源。当所有可用更新
> 都下载完毕之后，将向用户界面返回一条应用程序安装成功的提示信息，
> 接下来用户就可以在离线模式下运行了。

6. 添加 storage 功能代码

当应用程序处于离线状态时，需要将数据更新写入本地存储。本实例使用 storage 实现该功能，因为当上传请求失败后可以通过 storage 得到恢复。如果应用程序遇到某种原因导致的网络错误，或者应用程序被关闭的时候，数据会被存储以便下次再进行传输。

实现 storage 功能的具体代码如下：

```
Var storelocation =function(latitude, longitude){
//加载 localstorage 的位置列表
Var locations = json.pares(localstorage.locations || "[]");
//添加地理位置数据
Locations.push({"latitude" : latitude, "longitude" : longitude});
//保存新的位置列表
Localstorage.Locations = json.stringify(locations);
```

由于 localstorage 可以将数据存储在本地浏览器中，特别适用于具有离线功能的应用程序，所以本实例中使用它来保存坐标。本地存储中的缓存数据在网络连接恢复正常后，应用程序会自动与远程服务器进行数据同步。

7．添加离线事件处理程序

对于离线 Web 应用程序，在使用时要结合当前状态执行特定的事件处理程序。本实例中的离线事件处理程序设计如下。

（1）如果应用程序在线，事件处理函数会存储并上传当前坐标。

（2）如果应用程序离线，事件处理函数只存储不上传。

（3）当应用程序重新连接到网络后，事件处理函数会在 UI 上显示在线状态，并在后台上传之前存储的所有数据。

具体实现代码如下：

```
Window.addeventlistener("online", function(e){
    Log("online");
}, true);
Window.addeventlistener("offline", function(e) {
    Log("offline");
}, true);
```

网络连接状态在应用程序没有真正运行的时候可能会发生改变，例如用户关闭了浏览器、刷新页面或跳转到了其他网站。为了应对这些情况，离线应用程序在每次页面加载时都会检查与服务器的连接状况。如果连接正常，则会尝试与远程服务器同步数据。具体实现代码如下：

```
If(navigator.online){
    Uploadlocations();
}
```

第3部分

使用 CSS 3 控制网页样式

　　了解了 HTML 5 的知识后，下面开始学习如何使用 CSS 3 控制网页样式。这一部分主要安排学习使用 CSS 3 设置丰富的文字效果，使用 CSS 3 设置图片效果，使用 CSS 3 设置表格、表单和菜单的样式，使用 CSS 3 控制鼠标与超链接样式，CSS 3 滤镜的应用和完善网页美化设计等。

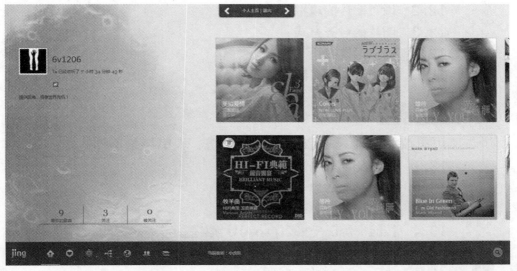

6 天学习目标

- ☐ 网页上温暖的光芒——CSS 3 控制网页文本样式
- ☐ 同一张图却有着不一样的风景——CSS 3 控制网页图像样式
- ☐ 不可思议的杰作——CSS 3 控制表格、表单与菜单样式
- ☐ 风景这边独好——CSS 3 控制鼠标与超链接样式
- ☐ 让一切趋近于完美——CSS 3 滤镜样式应用
- ☐ 创造力不再是神话——CSS 3 完善的网页美化设计

1 第 11 天

网页上温暖的光芒——CSS 3控制网页文本样式

11.1　CSS 3文字样式

11.2　CSS 3段落文字

11.3　技能训练——网页图文混排效果

2 第 12 天

同一张图却有着不一样的风景——CSS 3控制网页图像样式

12.1　图片缩放

12.2　设置图片的边框

12.3　图片的对齐方式

12.4　图文混排效果

12.5　技能训练——酒店宣传单

3 第 13 天

不可思议的杰作——CSS 3控制表格、表单与菜单样式

13.1　CSS 3与表格

13.2　CSS 3与表单

13.3　CSS 3与菜单

13.4　技能训练5——制作soso导航栏

4 第 14 天

风景这边独好——CSS 3控制鼠标与超链接样式

14.1　鼠标特效

14.2　超链接特效

14.3　技能训练1——制作图片鼠标放置特效

14.4　技能训练2——制作图片超链接

5 第 15 天

让一切趋近于完美——CSS 3滤镜样式应用

15.1　什么是CSS滤镜

15.2　通道（Alpha）

第 3 部 分　使用 CSS 3控制网页样式

15.3 模糊（Blur）

15.4 透明色（Chroma）

15.5 翻转变换（Flip）

15.6 光晕（Glow）

15.7 灰度（Gray）

15.8 反色（Invert）

15.9 遮罩（Mask）

15.10 阴影（Shadow）

15.11 X射线（X-ray）

15.12 图像切换（RevealTrans）

15.13 波浪（Wave）

15.14 渐隐渐现（BlendTrans）

15.15 立体阴影（DropShadow）

15.16 灯光滤镜（Light）

6 第 16 天

创造力不再是神话——CSS 3完善的网页美化设计

16.1 增强的边框属性

16.2 增强的背景图像属性

16.3 增强的其他属性

159

第 **11** 天　网页上温暖的光芒——
CSS 3 控制网页文本样式

学时探讨：

本学时主要探讨 CSS 3 设置文字效果的方法。在网站中，文字是传递信息的主要手段。设置文本样式是 CSS 3 技术的基本使命，通过 CSS 3 文本标记语言，可以设置文本的样式和粗细等。本章主要讲述 CSS 3 文字样式、CSS 3 文字段落等。

学时目标：

通过本章的学习，读者可学会如何使用 CSS 3 设置文字样式及段落样式等。

11.1　CSS 3 文字样式

一个杂乱无序、堆砌而成的网页，会使人产生枯燥无味、望而却步的感觉。通过使用 CSS 3 文字样式，可以让网页修饰得美观大方，从而很好地留住访问者。

11.1.1　定义文字的颜色

在 CSS 3 样式中，通常使用 color 属性来设置颜色。其属性值通常使用如下方式设定，如表 11-1 所示。

表 11-1　color 属性值

属 性 值	含 义
color_name	规定颜色值为颜色名称的颜色（例如 red）
hex_number	规定颜色值为十六进制值的颜色（例如#ff0000）
rgb_number	规定颜色值为 rgb 代码的颜色（例如 rgb(255,0,0)）
inherit	规定应该从父元素继承颜色
hsl_number	规定颜色值为 HSL 代码的颜色（例如 hsl(0,75%,50%)），此为 CSS 3 新增加的颜色表现方式
hsla_number	规定颜色值为 HSLA 代码的颜色（例如 hsla(120,50%,50%,1)），此为 CSS 3 新增加的颜色表现方式
rgba_number	规定颜色值为 RGBA 代码的颜色（例如 rgba(125,10,45,0.5)），此为 CSS 3 新增加的颜色表现方式

【案例 11-1】如下代码就是一个定义文字颜色的实例（详见随书光盘中的"素材\ch11\11.1.html"）。

```
<html>
<head>
```

```
<style type="text/css">
body {color:blue}
h1 {color:#00ff00}
p.c2{color:hsl(0,75%,50%)}
p.c3{color:hsla(120,50%,50%,1)}
p.c4{color:rgba(125,10,45,0.5)}
</style>
</head>
<body>
<h1>标题 1 的效果</h1>
<p>这是一段普通的段落效果。显示的默认颜色为蓝色。
</p>
<p class="c1">该段落定义了 class="c1"。该段落中的文本是蓝色。</p>
<p class="c2">此处使用了 CSS 3 中的新增加的 HSL 函数，构建颜色。</p>
<p class="c3">此处使用了 CSS 3 中的新增加的 HSLA 函数，构建颜色。</p>
<p class="c3">此处使用了 CSS 3 中的新增加的 RGBA 函数，构建颜色。</p>
</body>
</html>
```

在 Firefox 中浏览效果如下图所示，可以看到文字以不同颜色显示，并采用了不同的颜色取值方式。

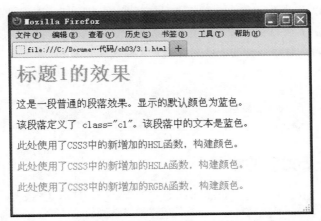

11.1.2　定义文字的字体

font-family 属性用于指定文字字体类型，如宋体、黑体、隶书、Times New Roman 等，即在网页中展示字体不同的形状。具体的语法如下：

```
{font-family : name}
{font-family : cursive | fantasy | monospace | serif | sans-serif}
```

从语法格式上可以看出，font-family 有两种声明方式。第一种方式为使用 name 字体名称，按优先顺序排列，以逗号隔开，如果字体名称包含空格，则应使用引号括起。第二种声明方式使用所列出的字体序列名称。如果使用 fantasy 序列，将提供默认字体序列。在 CSS 3 中，比较常用的是第一种声明方式。

第 11 天　网页上温暖的光芒——CSS 3 控制网页文本样式

【案例 11-2】如下代码就是一个使用文字字体的实例（详见随书光盘中的"素材\ch11\11.2.html"）。

```
<html>
<style type=text/css>
p{font-family:华文楷体}
</style>
<body>
<p align=center>工欲善其事，必先利其器。</p>
</body>
</html>
```

在 Firefox 中浏览效果如下图所示，可以看到文字居中并以华文楷体显示。

提示：在字体显示时，如果指定一种特殊字体类型，而在浏览器或者操作系统中该类型不能正确获取，可以通过 font-family 预设多种字体类型。font-family 属性可以预置多个供页面使用的字体类型，其中每种字形之间使用逗号隔开。如果前面的字体类型不能正确显示，则系统将自动选择后一种字体类型，依此类推。其样式设置如下：

```
p
{
    font-family:华文彩云,黑体,宋体
}
```

11.1.3　定义文字的字号

在 CSS 3 的规定中，通常使用 font-size 设置文字大小。其语法格式如下：

```
{font-size : 数值| inherit | xx-small | x-small | small | medium | large |
x-large | xx-large | larger | smaller | length}
```

其中，通过数值来定义字体大小，例如用 font-size:10px 的方式定义字体大小为 12 像素。此外，还可以通过 medium 之类的参数定义字体的大小，其参数含义如表 11-2 所示。

表 11-2　font-size 参数列表

参　　数	含　　义
xx-small	绝对字体尺寸。根据对象字体进行调整。最小
x-small	绝对字体尺寸。根据对象字体进行调整。较小
small	绝对字体尺寸。根据对象字体进行调整。小
medium	默认值。绝对字体尺寸。根据对象字体进行调整。正常
large	绝对字体尺寸。根据对象字体进行调整。大

续表

参 数	含 义
x-large	绝对字体尺寸。根据对象字体进行调整。较大
xx-large	绝对字体尺寸。根据对象字体进行调整。最大
larger	相对字体尺寸。相对于父对象中字体尺寸进行相对增大。使用成比例的 em 单位计算
smaller	相对字体尺寸。相对于父对象中字体尺寸进行相对减小。使用成比例的 em 单位计算
length	百分数或由浮点数字和单位标识符组成的长度值，不可为负。其百分比取值基于父对象中字体的尺寸

【案例 11-3】如下代码就是一个定义文字字号的实例（详见随书光盘中的"素材\ch11\11.3.html"）。

```
<html>
<body>
<div style="font-size:10pt">上级标记大小
  <p style="font-size:small">小字体效果</p>
  <p style="font-size:larger">大字体效果</p>
    <p style="font-size:x-small">小字体效果</p>
  <p style="font-size:x-larger">大字体效果</p>
  <p style="font-size:80%">标记效果</p>
    <p style="font-size:25pt">标记效果</p>
</div>
</body>
</html>
```

在 Firefox 中浏览效果如下图所示，可以看到网页中的文字被设置成不同的大小，其设置方式采用了绝对数值、关键字和百分比等形式。在例子中，**font-size** 字体大小为 80%时，其比较对象是上一级标签中的 10pt。

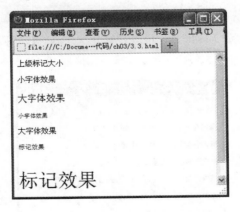

11.1.4　加粗字体

通过设置字体粗细，可以让文字显示不同的外观。通过 CSS 3 中的 **font-weight** 属性可以定义字体的粗细程度。其语法格式如下：

```
{font-weight:100-900|bold|bolder|lighter|normal;}
```

font-weight 属性有 13 个有效值，分别是 bold、bolder、lighter、normal、100~900。如果没有设置该属性，则使用其默认值 normal。属性值设置为 100~900，值越大，加粗的程度就越高。其具体含义如表 11-3 所示。

表 11-3　font-weight 属性表

属 性 值	含　义
bold	定义粗体字体
bolder	定义更粗的字体，相对值
lighter	定义更细的字体，相对值
normal	默认，标准字体

浏览器默认的字体粗细是 400，另外也可以通过参数 lighter 和 bolder 使得字体在原有基础上显得更细或更粗。

【案例 11-4】如下代码就是一个设置加粗字体的实例（详见随书光盘中的"素材\ch11\11.4.html"）。

```
<html>
<body>
  <p style="font-weight:bold">海内存知己，天涯若比邻(bold)</p>
  <p style="font-weight:bolder">海内存知己，天涯若比邻(bolder)</p>
  <p style="font-weight:lighter">海内存知己，天涯若比邻(lighter)</p>
  <p style="font-weight:normal">海内存知己，天涯若比邻(normal)</p>
  <p style="font-weight:200">海内存知己，天涯若比邻(200)</p>
<p style="font-weight:400">海内存知己，天涯若比邻(400)</p>
  <p style="font-weight:600">海内存知己，天涯若比邻(600)</p>
  <p style="font-weight:800">海内存知己，天涯若比邻800</p>
</body>
</html>
```

在 Firefox 中浏览效果如下图所示，可以看到文字居中并以不同方式加粗，其中使用了关键字加粗和数值加粗。

11.1.5　定义文字的风格

font-style 通常用来定义字体风格，即字体的显示样式。在 CSS 3 新规定中，其语法格式如下：

```
font-style : normal | italic | oblique |inherit
```

其属性值有 4 个，具体含义如表 11-4 所示。

表 11-4　font-style 参数表

属 性 值	含 义
normal	默认值。浏览器显示一个标准的字体样式
italic	浏览器会显示一个斜体的字体样式
oblique	将没有斜体变量的特殊字体，浏览器会显示一个倾斜的字体样式
inherit	规定应该从父元素继承字体样式

【案例 11-5】如下代码就是一个定义文字风格的实例（详见随书光盘中的"素材\ch11\11.5.html"）。

```
<html>
<body>
  <p style="font-style:italic">良辰美景奈何天，赏心乐事谁家院。</p>
  <p style="font-style:normal">良辰美景奈何天，赏心乐事谁家院。</p>
  <p style="font-style:oblique">良辰美景奈何天，赏心乐事谁家院。</p>
</body>
</html>
```

在 Firefox 中浏览效果如下图所示，可以看到文字分别显示不同的样式，如斜体。

11.1.6　文字的阴影效果

在显示字体时，有时根据需求，需要给出文字的阴影效果，以增强网页整体的吸引力，并且为文字阴影添加颜色。这时就需要用到 CSS 3 样式中的 text-shadow 属性。实际上，在 CSS 2.1 中，W3C 就已经定义了 text-shadow 属性，但在 CSS 3 中又重新定义了它，并增加了不透明度效果。其语法格式如下：

```
{text-shadow : none | <length> none | [<shadow>, ] * <opacity> 或 none | <color> [, <color> ]* }
```

其属性值如表 11-5 所示。

表 11-5 text-shadow 属性值

属 性 值	含 义
<color>	指定颜色
<length>	由浮点数字和单位标识符组成的长度值。可为负值。指定阴影的水平延伸距离
<opacity>	由浮点数字和单位标识符组成的长度值。不可为负值。 指定模糊效果的作用距离。如果仅仅需要模糊效果，将前两个 length 全部设定为 0

text-shadow 属性有 4 个属性值，最后两个是可选的。第一个属性值表示阴影的水平位移，可取正负值，第二个属性表示阴影垂直位移，可取正负值；第三个值表示阴影模糊半径，该值可选；第四个值表示阴影颜色值，该值可选，如下：

text-shadow:阴影水平偏移值（可取正负值）;阴影垂直偏移值（可取正负值）;阴影模糊值;阴影颜色

【案例 11-6】如下代码就是一个定义文字阴影效果的实例（详见随书光盘中的 "素材\ch11\11.6.html"）。

```
<html>
<body>
<p align=center style="text-shadow:0.1em 2px 6px red;font-size:80px;">使
用 TextShadow 的阴影效果图</p>
</body>
</html>
```

在 Firefox 中浏览效果如下图所示，可以看到文字居中并带有阴影显示。在该实例中，可以看出阴影偏移由两个 length 值知道到文本的距离。第一个长度值指定到文本右边的水平距离，负值会把阴影放置在文本左边。第二个长度值指定到文本下边的垂直距离，负值会把阴影放置在文本上方。在阴影偏移之后，可以指定一个模糊半径。

11.1.7 控制溢出文本

在网页显示信息时，如果指定显示区域宽度，而显示信息过长，其结果就是信息会撑破

指定的信息区域，进而破坏整个网页布局。如果设定的信息显示区域过长，就会影响整体网 ←---
页显示。在 CSS 3 中，使用新增的 text-overflow 属性可解决上述问题。

text-overflow 属性用来定义当文本溢出时是否显示省略标记，即定义省略文本的出来方式。它并不具备其他的样式属性定义。要实现溢出时产生省略号的效果还需定义强制文本在一行内显示（white-space:nowrap）及溢出内容为隐藏（overflow:hidden），只有这样才能实现溢出文本显示省略号的效果。

text-overflow 语法如下：

```
text-overflow : clip | ellipsis
```

其属性值含义如表 11-6 所示。

表 11-6　text-overflow 属性表

属 性 值	含 义
clip	不显示省略标记（...），而是简单地裁切
ellipsis	当对象内的文本溢出时显示省略标记（...）

【案例 11-7】如下代码就是一个控制溢出文本的实例（详见随书光盘中的"素材\ch11\11.7.html"）。

```
<html>
<body>
<style type="text/css">
 .test_demo_clip{text-overflow:clip; overflow:hidden;
 white-space:nowrap; width:150px; background:#ccc;}
 .test_demo_ellipsis{text-overflow:ellipsis; overflow:hidden;
 white-space:nowrap; width:150px;
background:#ccc;}
</style>
<h2>text-overflow : clip </h2>
  <div class="test_demo_clip">
  出现文字的半截效果
</div>
<h2>text-overflow : ellipsis </h2>
  <div class="test_demo_ellipsis">
  显示省略号的效果
</div>
</body>
</html>
```

在 Firefox 中浏览效果如下图所示，可以看到第二行文字在指定位置被裁切，第四行文字以省略号形式出现。

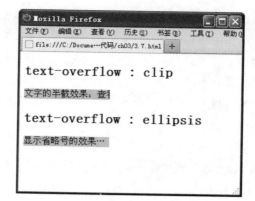

11.1.8 控制换行

当在一个指定区域显示一整行文字时，如果文字在一行显示不完，就需要进行换行。如果不进行换行，则会超出指定区域范围，此时我们可以采用 CSS 3 中新增加的 word-wrap 文本样式来控制文本换行。

word-wrap 语法格式如下：

```
word-wrap : normal | break-word
```

其属性值含义比较简单，如表 11-7 所示。

表 11-7 word-wrap 属性值

属 性 值	说　　明
normal	控制连续文本换行
break-word	内容将在边界内换行。如果需要，词内换行（word-break）也会发生

【案例 11-8】如下代码就是一个控制换行的实例（详见随书光盘中的"素材\ch11\11.8.html"）。

```
<html >
<body>
<style type="text/css">
 div{ width:300px;word-wrap:break-word;border:1px solid #999999;}
</style>
<div>wordwrapbreakwordwordwrapbreakwordwordwrapbreakwordwordwrapbreakwo
rd</div><br>
         <div>全中文的效果：全中文的效果：全中文的效果：全中文的效果：全中文的效
果：全中文的效果：全中文的效果
</div><br>
          <div>This is all English,This is all English,This is all
English,This is all English,</div>
</body>
</html>
```

在 Firefox 中浏览效果如下图所示，可以看到文字在指定位置被控制换行。

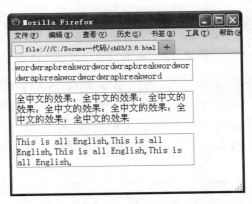

可以看出，word-wrap 属性可以控制换行，当属性取值 break-word 时将强制换行，中文文本没有任何问题，英文语句也没有任何问题。但是对于长串的英文就不起作用，也就是说，break-word 属性用于控制是否断词，而不是断字符。

11.1.9 字体复合属性

在设计网页时，为了使网页布局合理且文本规范，对字体设计需要使用多种属性，例如定义字体粗细，并定义字体大小。但是，多个属性分别书写相对比较麻烦，在 CSS 3 样式表中提供了 font 属性来解决这一问题。

font 属性可以一次性地使用多个属性的属性值定义文本字体。其语法格式如下：

```
{font:font-style font-variant font-weight font-szie font-family}
```

font 属性中的属性排列顺序是 font-style、font-variant、font-weight、font-size 和 font-family，各属性的属性值之间使用空格隔开。但是，如果 font-family 属性要定义多个属性值，则需使用逗号（,）隔开。

属性排列中，font-style、font-variant 和 font-weight 这 3 个属性值是可以自由调换的，而 font-size 和 font-family 则必须按照固定的顺序出现，而且必须都出现在 font 属性中。如果这两者的顺序不对，或缺少一个，那么，整条样式规则可能就会被忽略。

【案例 11-9】如下代码就是一个使用字体复合属性的实例（详见随书光盘中的"素材\ch11\11.9.html"）。

```
<html>
<style type=text/css>
p{
    font:normal small-caps bolder 30pt "Cambria","Times New Roman",宋体
}
</style>
<body>
<p>
葡萄美酒夜光杯，欲饮琵琶马上催。
醉卧沙场君莫笑，古来征战几人回。
</p>
```

```
</body>
</html>
```

在 Firefox 中浏览效果如下图所示，可以看到文字被设置成宋体并加粗。

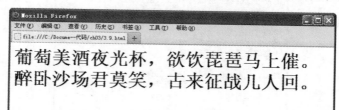

11.1.10　文字修饰效果

在网页文本编辑中，有的文字需要突出重点，这时往往会给其增加下画线，或者增加顶画线和删除线效果，从而吸引读者的眼球。在 CSS 3 中，text-decoration 属性是文本修饰属性，该属性可以为页面提供多种文本的修饰效果，例如，下画线、删除线、闪烁等。

text-decoration 属性语法格式如下：

```
text-decoration:none||underline||blink||overline||line-through
```

其属性值含义，如表 11-8 所示。

表 11-8　text-decoration 属性值

属 性 值	描 述
none	默认值，对文本不进行任何修饰
underline	下画线
overline	上画线
line-through	删除线
blink	闪烁

【案例 11-10】如下代码就是一个文字修饰效果的实例（详见随书光盘中的 "素材\ch11\11.10.html"）。

```
<html>
<body>
  <p style="text-decoration:none">终南望余雪</p>
  <p style="text-decoration:underline">终南阴岭秀</p>
  <p style="text-decoration:overline">积雪浮云端</p>
  <p style="text-decoration:line-through">林表明霁色</p>
  <p style="text-decoration:blink">城中增暮寒</p>
</body>
</html>
```

打开 Firefox 显示，其显示效果如下图所示，可以看到段落中出现了下画线、上画线和删除线等。

第 3 部分　使用CSS 3控制网页样式

11.2 CSS 3 段落文字

段落是文章的基本单位，同样也是网页的基本单位。段落的放置与效果的显示会直接影响到页面的布局及风格。

11.2.1 设置字符间隔

在 CSS 3 中，通过 letter-spacing 属性来设置字符文本之间的距离，即在文本字符之间插入多少空间，这里允许使用负值，这会让字母之间更加紧凑。其语法格式如下：

```
letter-spacing : normal | length
```

其属性值含义如表 11-9 所示。

表 11-9 字符间隔属性表

属 性 值	含 义
normal	默认间隔，即以字符之间的标准间隔显示
length	由浮点数字和单位标识符组成的长度值，允许为负值

【案例 11-11】如下代码就是一个设置字符间隔的实例（详见随书光盘中的"素材\ch11\11.11.html"）。

```
<html>
<body>
<p style=" letter-spacing:normal"> Welcome to study this book</p>
<p style=" letter-spacing:5px"> Welcome to study this book </p>
<p style="letter-spacing:1ex"> Welcome to study this book </p>
<p style="letter-spacing:-1ex">红旗直上天山雪-1ex</p>
<p style="letter-spacing:1em">这里的字间距是 1em</p>
</body>
</html>
```

在 Firefox 中浏览效果如下图所示，可以看到文字间距以不同大小显示。

171

第 11 天 网页上温暖的光芒——CSS 3 控制网页文本样式

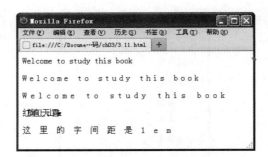

11.2.2　设置单词间隔

单词之间的间隔如果设置合理，一是会给整个网页布局节省空间，二是可以给人赏心悦目的感觉，提高阅读效果。在 CSS 3 中，可以使用 word-spacing 属性直接定义指定区域或者段落中单词之间的间隔。

word-spacing 属性用于设定词与词之间的间距，即增加或者减少词与词之间的间隔。其语法格式如下：

```
word-spacing : normal | length
```

其中属性值 normal 和 length 的含义如表 11-10 所示。

表 11-10　单词间隔属性表

属　性　值	含　　义
normal	默认，定义单词之间的标准间隔
length	定义单词之间的固定宽度，可以接受正值或负值

【案例 11-12】如下代码就是一个设置单词间隔的实例（详见随书光盘中的"素材\ch11\11.12.html"）。

```html
<html>
<body>
<p style="word-spacing:normal">Welcome to study this book </p>
<p style="word-spacing:15px">Welcome to study this book </p>
<p style="word-spacing:15px">欢迎学习此书</p>
</body>
</html>
```

在 Firefox 中浏览效果如下图所示，可以看到段落中单词以不同间隔显示。

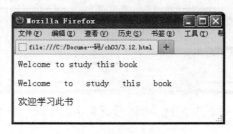

从上面的显示结果可以看出，word-spacing 属性不能用于设定文字之间的间隔。

11.2.3　水平对齐方式

一般情况下，居中对齐适用于标题类文本，其他对齐方式可以根据页面布局来选择使用。根据需要，可以设置多种对齐，例如水平方向上的居中、左对齐、右对齐或者两端对齐等。在 CSS 3 中，可以通过 text-align 属性进行设置。

text-align 属性用于定义对象文本的对齐方式。与 CSS2.1 相比，CSS 3 增加了 start、end 和<string>属性值。text-align 语法格式如下：

```
{ text-align: sTextAlign }
```

其属性值含义如表 11-11 所示。

表 11-11　对齐属性表

属 性 值	含 义
start	文本向行的开始边缘对齐
end	文本向行的结束边缘对齐
left	文本向行的左边缘对齐。在垂直方向的文本中，文本在 left-to-right 模式下向开始边缘对齐
right	文本向行的右边缘对齐。在垂直方向的文本中，文本在 left-to-right 模式下向结束边缘对齐
center	文本在行内居中对齐
justify	文本根据 text-justify 的属性设置方法分散对齐。即两端对齐，均匀分布
match-parent	继承父元素的对齐方式，但有个例外：继承的 start 或者 end 值是根据父元素的 direction 值进行计算的，因此计算的结果可能是 left 或者 right
<string>	string 是一个单个的字符，否则就忽略此设置。按指定的字符进行对齐。此属性可以跟其他关键字同时使用。如果没有设置字符，则默认值是 end 方式
inherit	继承父元素的对齐方式

在新增加的属性值中，start 和 end 属性值主要是针对行内元素的，即在包含元素的头部或尾部显示；而<string>属性值主要用于表格单元格中，将根据某个指定的字符对齐。

【案例 11-13】如下代码就是一个控制水平对齐方式的实例（详见随书光盘中的"素材\ch11\11.13.html"）。

```
<html>
<body>
<h1 style="text-align:center">登幽州台歌</h1>
<h3 style="text-align:left">选自：</h3>
<h3 style="text-align:right">
  <img src="1.gif" />
  唐诗三百首</h3>
<p style="text-align:justify">
  前不见古人
```

```
    后不见来者
    （这是一个测试，这是一个测试，这是一个测试，）
</p>
<p style="text-align:strat">念天地之悠悠</p>
<p style="text-align:end">独怆然而涕下</p>
</body>
</html>
```

在 Firefox 中浏览效果如下图所示，可以看到文字在水平方向上以不同的对齐方式显示。

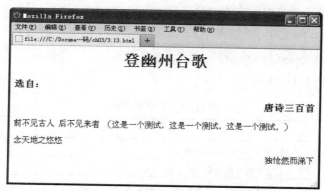

text-align 属性只能用于文本块，而不能直接应用到图像标记<img>。如果要使图像同文本一样应用对齐方式，那么就必须将图像包含在文本块中。如上例，由于向右对齐方式作用于<h3>标记定义的文本块，图像包含在文本块中，所以图像能够同文本一样向右对齐。

11.2.4 垂直对齐方式

在网页文本编辑中，对齐有很多方式，字行排在一行的中央位置叫"居中"，文章的标题和表格中的数据一般都居中排。有时还要求文字垂直对齐，即文字顶部对齐，或者底部对齐。

在 CSS 3 中，可以直接使用 vertical-align 属性来定义，该属性用来设定垂直对齐方式。该属性定义行内元素的基线相对于该元素所在行的基线的垂直对齐，允许指定负长度值和百分比值，这会使元素降低而不是升高。在表单元格中，这个属性会设置单元格框中的单元格内容的对齐方式。

vertical-align 属性语法格式如下：

```
{vertical-align:属性值}
```

vertical-align 属性值有 8 个预设值可使用，也可以使用百分比。这 10 个预设值如表 11-12 所示。

表 11-12　vertical-align 属性值

属　性　值	说　　明
baseline	默认。元素放置在父元素的基线上
sub	垂直对齐文本的下标
super	垂直对齐文本的上标

续表

属 性 值	说 明
top	把元素的顶端与行中最高元素的顶端对齐
text-top	把元素的顶端与父元素字体的顶端对齐
Middle	把此元素放置在父元素的中部
bottom	把元素的顶端与行中最低的元素的顶端对齐
text-bottom	把元素的底端与父元素字体的底端对齐
length	设置元素的堆叠顺序
%	使用 line-height 属性的百分比值来排列此元素。允许使用负值

【案例 11-14】如下代码就是一个设置垂直对齐方式的实例（详见随书光盘中的 "素材\ch11\11.14..html"）。

```html
<html>
<body>
<p>
    世界杯<b style=" font-size:8pt;vertical-align:super">2014</b>!
    中国队<b style="font-size: 8pt;vertical-align: sub">[注]</b>!
    加油! <img src="1.gif" style="vertical-align: baseline">
</p>
<p><img src="2.gif" style="vertical-align:middle"/>
    世界杯! 中国队! 加油! <img src="1.gif" style="vertical-align:top">
</p>
<hr/>
<p ><img src="2.gif" style="vertical-align:middle"/>
    世界杯! 中国队! 加油! <img src="1.gif" style="vertical-align:text-top">
</p>
<p><img src="2.gif" style="vertical-align:middle"/>
    世界杯! 中国队! 加油! <img src="1.gif" style="vertical-align:bottom">
</p>
<hr/>
<p ><img src="2.gif" style="vertical-align:middle"/>
    世界杯! 中国队! 加油!<img src="1.gif" style="vertical-align:text-bottom">
</p>
<p>
    世界杯<b style=" font-size:8pt;vertical-align:100%">2008</b>!
    中国队<b style="font-size: 8pt;vertical-align: -100%">[注]</b>!
    加油! <img src="1.gif" style="vertical-align: baseline">
</p>
</body>
</html>
```

在 Firefox 中浏览效果如下图所示，可以看到文字在垂直方向以不同的对齐方式显示。

第 11 天 网页上温暖的光芒——CSS 3 控制网页文本样式

从上面的实例中可以看出上下标在页面中的数学运算或注释标号使用的比较多。顶端对齐有两种参照方式，一种是参照整个文本块，一种是参照文本。底部对齐同顶端对齐方式相同，分别参照文本块和文本块中包含的文本。

11.2.5 文本缩进

在普通段落中，通常首行缩进两个字符，用来表示这是一个段落的开始。同样，在网页的文本编辑中可以通过指定属性来控制文本缩进。CSS 3 的 text-indent 属性就用来设定文本块中首行的缩进。

text-indent 属性语法格式如下：

```
text-indent : length
```

其中，length 属性值表示有百分比数字或有由浮点数字和单位标识符组成的长度值，允许为负值。可以这样认为，text-indent 属性可以定义两种缩进方式，一种是直接定义缩进的长度，另一种是定义缩进百分比。使用该属性，HTML 任何标记都可以让首行以给定的长度或百分比缩进。

【案例 11-15】如下代码就是一个使用文本缩进的实例（详见随书光盘中的"素材\ch11\11.15.html"）。

```
<html>
<body>
<p style="text-indent:10mm">
    此处直接通过子定义长度进行缩进。
</p>
<p style="text-indent:10%">
    此处使用百分比进行缩进。
</p>
</body>
</html>
```

在 Firefox 中浏览效果如下图所示，可以看到文字以首行缩进方式显示。

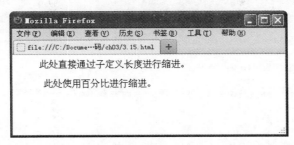

如果上级标记定义了 text-indent 属性，那么子标记可以继承其上级标记的缩进长度。

11.2.6 文本行高

在 CSS 3 中，line-height 属性用来设置行间距，即行高。其语法格式如下：

```
line-height : normal | length
```

其属性值的具体含义如表 11-13 所示。

表 11-13 行高属性值

属 性 值	含 义
normal	默认行高，即网页文本的标准行高
length	百分比数字或由浮点数字和单位标识符组成的长度值，允许为负值。其百分比取值基于字体的高度尺寸

【案例 11-16】如下代码就是一个使用文本行高的实例（详见随书光盘中的"素材\ch11\11.16.html"）。

```
<html>
<body>
  <div style="text-indent:10mm;">
    <p style="line-height:50px">
        世界杯（World Cup,FIFA World Cup），国际足联世界杯，世界足球锦标赛）是世界
上最高水平的足球比赛，与奥运会、F1 并称为全球三大顶级赛事。
    </p>    <p style="line-height:50%">
        世界杯（World Cup,FIFA World Cup），国际足联世界杯，世界足球锦标赛）是世界上
最高水平的足球比赛，与奥运会、F1 并称为全球三大顶级赛事。
    </p>
  </div>
</body>
</html>
```

在 Firefox 中浏览效果如下图所示，可以看到有段文字重叠在一起，即行高设置较小。

第 11 天 网页上温暖的光芒——CSS 3 控制网页文本样式

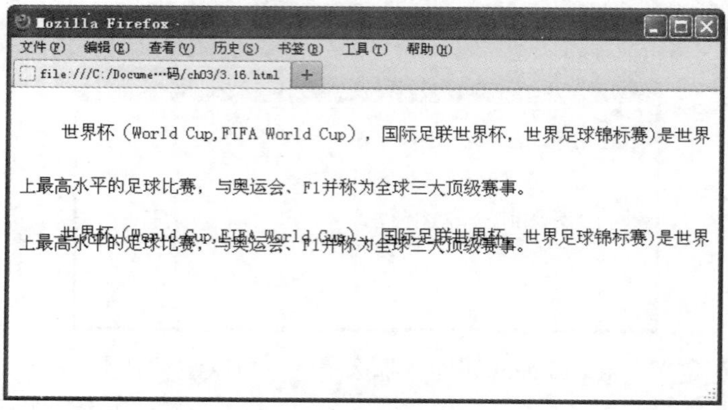

世界杯（World Cup,FIFA World Cup），国际足联世界杯，世界足球锦标赛)是世界上最高水平的足球比赛，与奥运会、F1并称为全球三大顶级赛事。

世界杯（World Cup,FIFA World Cup），国际足联世界杯，世界足球锦标赛)是世界上最高水平的足球比赛，与奥运会、F1并称为全球三大顶级赛事。

11.3 技能训练——网页图文混排效果

在一个网页新闻中，出现最多的就是文字和图片，二者放在一起，图文并茂，能够生动地表达新闻主题。本实例将会利用前面介绍的文本和段落属性，创建一个图片的简单混排，复杂的图片混排会在后面介绍。具体步骤如下。

Step01 分析布局并构建 HTML。首先需要创建一个 HTML 页面，并用 DIV 将页面划分两个层，一个是网页标题层，一个是正文部分。效果如下图所示。

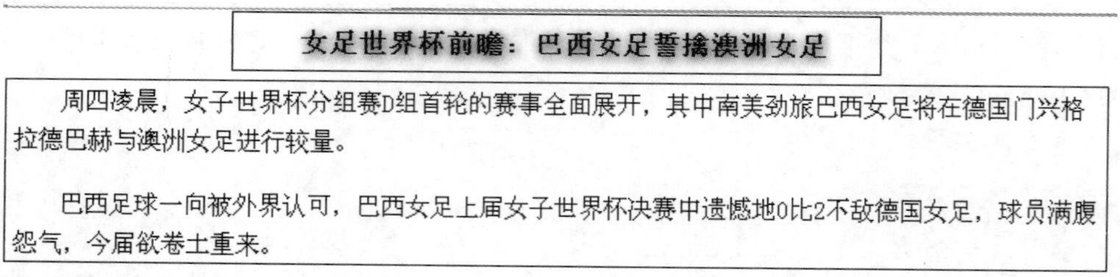

女足世界杯前瞻：巴西女足誓擒澳洲女足

周四凌晨，女子世界杯分组赛D组首轮的赛事全面展开，其中南美劲旅巴西女足将在德国门兴格拉德巴赫与澳洲女足进行较量。

巴西足球一向被外界认可，巴西女足上届女子世界杯决赛中遗憾地0比2不敌德国女足，球员满腹怨气，今届欲卷土重来。

Step02 导入 CSS 文件。将 CSS 文件使用 link 方式导入到 HTML 页面中。此 CSS 页面定义了这个页面的所有样式，其导入代码如下：

```
<link href="3-23.css" rel="stylesheet" type="text/css" />
```

Step03 完成标题部分。首先设置网页标题部分，创建一个 div，用来放置标题。其 HTML 代码如下：

```
<div>
<h1>女足世界杯前瞻：巴西女足誓擒澳洲女足</h1>
</div>
```

在 CSS 样式文件中，修饰 HTML 元素，其 CSS 代码如下：

```
h1{text-align:center;text-shadow:0.1em 2px 6px blue;font-size:18px;}
```

Step04 完成正文和图片部分。下面设置网页正文部分，正文中包含了一张图片。其 HTML 代码如下：

```
<div>
<p>周四凌晨，女子世界杯分组赛 D 组首轮的赛事全面展开，其中南美劲旅巴西女足将在德国门兴
格拉德巴赫与澳洲女足进行较量。
</p><p> 巴西足球一向被外界认可，巴西女足上届女子世界杯决赛中遗憾地 0 比 2 不敌德国女足，
球员满腹怨气，今届欲卷土重来。</p>
<DIV class="im">
<img src="8.jpg">
</DIV>
<p>在近 6 仗国际赛中，巴西女足取得 4 胜 2 和的不败战绩，在备战今届赛事中的两场热身赛中，
相继 3 比 0 完胜智利女足和 4 比 1 大胜阿根廷女足，显得游刃有余。此番中立场面对实力较弱的澳洲
女足，巴西女足有望取得开门红。澳洲女足上届女子世界杯在半准决赛中不敌巴西女足，止步八强，虽
然在上仗国际赛中主场 2 比 1 力克纽西兰女足，但在之前 2 仗国际赛分别以 1 比 2 相同的比分不敌德
国女足和南韩女足，近 3 仗失球多达 5 个，澳洲女足的后防线漏洞恐怕难以抵挡巴西女足的强大攻势，
加上往绩上澳洲女足 3 战皆负，今仗对阵实力较强的巴西女足，澳洲女足只能寄望输少当赢。
</p>
</div>
```

CSS 样式代码如下：

```
p{text-indent:8mm;line-height:7mm;}
.im{width:300px; float:left; border:#000000 solid 1px;}
```

Step05 在 Firefox 中浏览效果如下图所示。

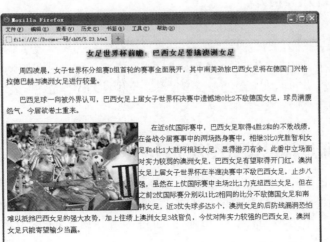

第12天 同一张图却有着不一样的风景——CSS 3 控制网页图像样式

学时探讨：

本学时主要探讨用 CSS 3 设置图片效果的基本知识。图片是直观、形象的，一张好的图片会带给网页很高的点击率。在 CSS 3 中定义了很多属性用来美化和设置图片。

学时目标：

通过本章 CSS 3 样式的学习，读者可学会如何设置图片大小、图片的对齐效果和图文混排等知识。

12.1 图片缩放

网页上显示一张图片时，默认情况下都是以图片的原始大小显示。如果要对网页进行排版，通常情况下，还需要对图片进行大小的重新设定。如果对图片设置不恰当，就会造成图片的变形和失真，所以一定要保持宽度和高度属性的比例适中。对于图片大小设定，可以采用以下 3 种方式完成。

12.1.1 通过标记设置图片大小

在 HTML 标记语言中，通过 img 的描述标记 height 和 width 可以设置图片大小。width 和 height 分别表示图片的宽度和高度，其中二者可以是数值或百分比，单位可以是 px，也可以是%、em 和 pt。需要注意的是，高度属性 heigth 和宽度属性 width 设置要求相同。

【案例 12-1】如下代码就是一个通过标记设置图片大小的实例（详见随书光盘中的"素材\ch12\12.1.html"）。

```
<html>
<head>
<title>图片大小</title>
</head>
<body>
<img src="tu01.jpg" width=300 height=200>
</body>
</html>
```

在 Firefox 中浏览效果如下图所示，可以看到网页显示了一张图片，其宽度为 300 像素，高度为 200 像素。

12.1.2　使用 CSS 3 中的 width 和 height

在 CSS 3 中，可以使用属性 width 和 height 来设置图片宽度及高度，从而达到对图片的缩放效果。

【案例 12-2】如下代码就是一个使用 CSS 3 中 width 和 height 的实例（详见随书光盘中的"素材\ch12\12.2.html"）。

```
<html>
<head>
<title>图片大小</title>
</head>
<body>
<img src="tu01.jpg" >
<img src="tu01.jpg"  style="width:150px;height:150px" >
</body>
</html>
```

在 Firefox 中浏览效果如下图所示，可以看到网页显示了两张图片，第一张图片以原大小显示，第二张图片以指定大小显示。

12.1.3　使用 CSS 3 中的 max-width 和 max-height

在 CSS 3 中，max-width 和 max-height 分别用来设置图片宽度最大值和高度最大值。max-width 和 max-height 的值一般是数值类型。

第 12 天　同一张图却有着不一样的风景——CSS 3 控制网页图像样式

其语法格式如下：

```
img{
    max-height:200px;
}
```

或者使用如下格式：

```
style="max-width:100px;"
```

在定义图片大小时，如果图片默认尺寸超过了定义的大小，那么就以 max-width 所定义的宽度值显示，而图片高度将同比例变化；如果定义的是 max-height，依此类推。但是如果图片的尺寸小于最大宽度或者高度，那么图片就按原尺寸大小显示。

【案例 12-3】如下代码就是一个使用 CSS 3 中 max-height 的实例（详见随书光盘中的"素材\ch12\12.3.html"）。

```
<html>
<head>
<title>图片大小</title>
</head>
<body>
图片默认的尺寸超过了定义大小的效果：<br>
<img src="tu01.jpg" style="max-width:100px;"><br>
图片默认的尺寸小于定义大小的效果：<br>
<img src="tu01.jpg" style="max-width:400px;">
</body>
</html>
```

在 Firefox 中浏览效果如下图所示，可以看到网页中显示了两张图片，其显示高度分别为是 100 像素和原始的高度 267 像素，宽度将做同比例缩放。

提示　同样，在本例中，也可以只设置 max-width 来定义图片最大宽度，而让高度自动缩放。

12.2　设置图片的边框

当图片显示之后，其边框是否显示，可以通过 img 标记中的描述标记 border 来设定。其示例代码如下：

```
<img src="tu01.jpg" border="3">
```

通过 HTML 标记设置图片边框，其边框显示都是黑色，并且风格比较单一，唯一能够设定的就是边框的粗细，而对边框样式基本上是无能为力。这时可以采用 CSS 3 对边框样式进行美化。

在 CSS 3 中，使用 border-style 属性定义边框样式，即边框风格。例如可以设置边框风格为点线式边框（dotted）、破折线式边框（dashed）、直线式边框（solid）、双线式边框（double）等。

【案例 12-4】如下代码就是一个设置图片边框的实例（详见随书光盘中的"素材\ch12\12.4.html"）。

```
<html>
<head>
<title>图片边框</title>
</head>
<body>
<img src="tu01.jpg" border="3" style="border-style:dotted">
<img src="tu01.jpg" border="3" style="border-style:dashed">
</body>
</html>
```

在 Firefox 中浏览效果如下图所示，可以看到网页中显示了两张图片，其边框分别为点线式和破折线式。

另外，如果需要单独定义边框一边的样式，可以使用 border-top-style 设定上边框样式、border-right-style 设定右边框样式、border-bottom-style 设定下边框样式和 border-left-style 设定左边框样式。

【案例 12-5】如下代码就是一个分别设置边框的实例（详见随书光盘中的"素材\ch12\12.5.html"）。

```
<html>
<head>
<title>图片边框</title>
</head>
<body>
<img src="tu01.jpg" border="3" style="border-top-style:dotted;border-right-style:insert;border-bottom-style:dashed;border-left-style:groove">
</body>
</html>
```

在 Firefox 中浏览效果如下图所示，可以看到网页中显示了一张图片，图片的上边框、下边框、左边框和右边框分别以不同样式显示。

12.3　图片的对齐方式

一个图文并茂、排版格式整洁简约的页面，更容易让浏览者所接受。可见图片的对齐方式是非常重要的。

12.3.1　横向对齐方式

所谓图片横向对齐，就是在水平方向上进行对齐。其对齐样式和文字对齐比较相似，都是有 3 种对齐方式，分别为"左"、"右"和"中"。

如果要定义图片对齐方式，不能在样式表中直接定义图片样式，需要在图片的上一个标记级别，即父标记级别定义对齐方式，让图片继承父标记的对齐方式。之所以这样定义父标记对齐方式，是因为 img（图片）本身没有对齐属性，需要使用 CSS 继承父标记的 text-align 来定义对齐方式。

【案例 12-6】如下代码就是一个设置横向对齐方式的实例（详见随书光盘中的"素材\ch12\12.6.html"）。

```
<html>
<head>
<title>图片横向对齐</title>
</head>
<body>
<p style="text-align:left"><img src="tu01.jpg" style="max-width:140px;">
图片左对齐</p>
<p style="text-align:center"><img src="tu01.jpg" style="max-width:
140px;">图片居中对齐</p>
<p                style="text-align:right"><img                src="tu01.jpg"
style="max-width:140px;">图片右对齐</p>
</body>
</html>
```

在 Firefox 中浏览效果如下图所示，可以看到网页上显示 3 张图片，大小一样，但对齐方式分别是左对齐、居中对齐和右对齐。

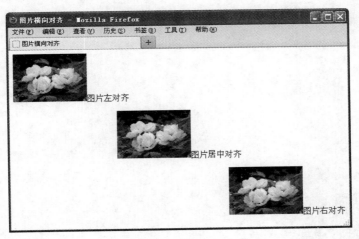

12.3.2　纵向对齐方式

纵向对齐就是垂直对齐，即在垂直方向上和文字进行搭配使用。通过对图片垂直方向上的设置，可以设定图片和文字的高度一致。在 CSS 3 中，对于图片纵向设置通常使用 vertical-align 属性来定义。

vertical-align 属性设置元素的垂直对齐方式，即定义行内元素的基线相对于该元素所在行的基线的垂直对齐。允许指定负长度值和百分比值，这会使元素降低而不是升高。在表单元格中，这个属性会设置单元格框中的单元格内容的对齐方式。其语法格式如下：

```
vertical-align : baseline |sub | super |top |text-top |middle |bottom
|text-bottom |length
```

上面参数含义如表 12-1 所示。

表 12-1　参数含义表

参数名称	说　　明
baseline	支持 valign 特性的对象的内容与基线对齐
sub	垂直对齐文本的下标
super	垂直对齐文本的上标
top	将支持 valign 特性的对象的内容与对象顶端对齐
text-top	将支持 valign 特性的对象的文本与对象顶端对齐
middle	将支持 valign 特性的对象的内容与对象中部对齐
bottom	将支持 valign 特性的对象的文本与对象底端对齐
text-bottom	将支持 valign 特性的对象的文本与对象顶端对齐
length	由浮点数字和单位标识符组成的长度值或者百分数。可为负数。定义由基线算起的偏移量。基线对于数值来说为 0，对于百分数来说就是 0%

【案例 12-7】如下代码就是一个设置纵向对齐的实例（详见随书光盘中的"素材\ch12\12.7.html"）。

```html
<html>
<head>
<title>图片纵向对齐</title>
<style>
img{
max-width:100px;
}
</style>
</head>
<body>
<p>纵向对齐方式:baseline<img src=tu01.jpg style="vertical-align:
baseline"></p>
<p>纵向对齐方式:bottom<img src=tu01.jpg style="vertical-align:bottom"></p>
<p>纵向对齐方式:middle<img src=tu01.jpg style="vertical-align:middle"></p>
<p>纵向对齐方式:sub<img src=tu01.jpg style="vertical-align:sub"></p>
<p>纵向对齐方式:super<img src=tu01.jpg style="vertical-align:super"></p>
<p>纵向对齐方式:数值定义<img src=tu01.jpg style="vertical-align:20px"></p>
</body>
</html>
```

在 Firefox 中浏览效果如下图所示，可以看到网页上显示 6 张图片，垂直方向上分别是 baseline、bottom、middle、sub、super 和数值对齐。

第 3 部分　使用 CSS 3 控制网页样式

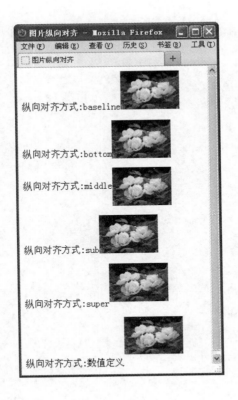

12.4 图文混排效果

一个普通的网页，最常见的方式就是图文混排，文字说明主题，图像显示新闻情境，二者结合起来相得益彰。

12.4.1 设置图片与文字间距

如果需要设置图片和文字之间的距离，即文字与图片之间存在一定间距，不是紧紧环绕，可以使用 CSS 3 中的属性 padding 来设置。

padding 属性主要用来在一个声明中设置所有内边距属性，即可以设置元素所有内边距的宽度，或者设置各边上内边距的宽度。如果一个元素既有内边距又有背景，从视觉上看可能会延伸到其他行，有可能还会与其他内容重叠。元素的背景会延伸穿过内边距。不允许指定负边距值。

其语法格式如下：

```
padding :padding-top | padding-right | padding-bottom | padding-left
```

其参数值 padding-top 用来设置距离顶部内边距；padding-right 用来设置距离右部内边距；padding-bottom 用来设置距离底部内边距；padding-left 用来设置距离左部内边距。

--→ 【案例 12-8】如下代码就是一个设置图片与文字间距的实例（详见随书光盘中的"素材\
ch12\12.8.html"）。

```
<html>
<head>
<title>文字环绕</title>
<style>
img{
max-width:120px;
float:left;
padding-top:10px;
padding-right:50px;
padding-bottom:10px;
}
</style>
</head>
<body>
<p>
鲜花知识：哪些花是夏天开的
<img src="fengye.jpg">
你知道有哪些花是夏天开的吗？其实每个季节都有最具代表性的花，比如芍药、月季、蔷薇、荷花、
石榴等花都是在夏天开得最灿烂的花。
</p>
</body>
</html>
```

在 Firefox 中浏览效果如下图所示，可以看到图片被文字所环绕，并且文字和图片右边间距为 50 像素，上下各为 10 像素。

12.4.2 文字环绕效果

在网页中进行排版时，可以将文字设置成环绕图片的形式，即文字环绕。文字环绕应用非常广泛，如果再配合背景则可以达到绚丽的效果。

在 CSS 3 中，可以使用 float 属性，定义该效果。float 属性主要定义元素在哪个方向浮动。一般情况下这个属性总应用于图像，使文本围绕在图像周围，有时也可以定义其他元素浮动。浮动元素会生成一个块级框，而不论它本身是何种元素。如果浮动非替换元素，则要指定一

个明确的宽度；否则，它们会尽可能地窄。

　　float 语法格式如下：

```
float : none | left |right
```

　　【案例 12-9】如下代码就是一个文字环绕效果的实例（详见随书光盘中的"素材\
ch12\12.9.html"）。

```
<html>
<head>
<title>文字环绕</title>
<style>
img{
max-width:120px;
float:left;
}
</style>
</head>
<body>
<p>
鲜花知识：哪些花是夏天开的。
<img src="fengye.jpg">
你知道有哪些花是夏天开的吗？其实每个季节都有最具代表性的花，比如芍药、月季、蔷薇、荷花、
石榴等花都是在夏天开得最灿烂的花。
</p>
</body>
</html>
```

　　在 Firefox 中浏览效果如下图所示，可以看到图片被文字所环绕，并在文字的左方向显示。
如果将 float 属性的值设置为 right，其图片会在文字右方显示并环绕。

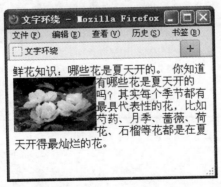

12.5　技能训练——酒店宣传单

　　本实例模仿一个公司宣传单，进行图文混排，从而加深前面学习的知识。

具体操作步骤如下。

Step01 构建 HTML 网页。创建 HTML 页面，页面中包含一个 div，div 中包含图片和两个段落信息。其代码如下：

```
<html >
<head>
<title>酒店宣传单</title>
</head>
<body>
<div>
 <img src="tu02.jpg" />
<p>酒店优惠新活动</p>
<p> 酒店位于郑州市的商业、金融及行政中心区域，坐落于黄金地段金水路，酒店地理位置优越。
酒店园林式环境幽雅惬意，设施高档完善，服务亲切专业。入住其中，您将感受无与伦比的舒适体验。
</p>
 </div>
</body>
</html>
```

在 Firefox 中浏览效果如下图所示，可以看到网页中的标题和内容。

Step02 添加 CSS 代码，修饰 div，代码如下：

```
<style>
big{
width:430px;
}
</style>
```

在 HTML 代码中将 big 引用到 div 中，代码如下：

```
<div  class=big>
 <img src="tu02.jpg" /><p>酒店优惠新活动</p><p> 酒店位于郑州市的商业、金融及行政
中心区域，坐落于黄金地段金水路，酒店地理位置优越。酒店园林式环境幽雅惬意，设施高档完善，服
```

务亲切专业。入住其中，您将感受无与伦比的舒适体验。 </p>
    </div>

在 Firefox 中浏览效果如下图所示，可以看到在网页中段落以块的形式显示。

Step03 添加 CSS 代码，修饰图片，代码如下：

```
img{
    width:260px;
    height:220px;
    border:#009900 2px solid;
    float:left;
     padding-right:0.5px;
     }
```

在 Firefox 中浏览效果如下图所示，可以看到在网页中图片以指定大小显示，并且带有边框，且左面进行浮动。

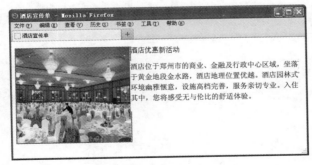

Step04 添加 CSS 代码，修饰段落，代码如下：

第 12 天 同一张图却有着不一样的风景——CSS 3 控制网页图像样式

```
p{
    font-family:"宋体";
    font-size:14px;
    line-height:20px;
    }
```

在 Firefox 中浏览效果如下图所示，可以看到在网页中段落以宋体显示，大小为 14 像素，行高为 20 像素。

第13天　不可思议的杰作——CSS 3 控制表格、表单与菜单样式

学时探讨:

　　本学时主要探讨使用 CSS 美化表格、表单与菜单样式。数据表格是网页中常见的元素，表格通常用来显示二维关系数据和排版，从而达到页面整齐和美观的效果。表单可以用来向 Web 服务器发送数据，特别是经常被用在主页页面——用户输入信息然后发送到服务器中。表单中的元素非常多，而且杂乱，例如 input 输入框、按钮、下拉菜单、单选按钮和复选框等。这时设计者可以通过 CSS 3 相关样式，控制表单元素输入框、文本框等元素外观。导航菜单是网站中必不可少的元素之一，通过导航菜单可以在页面上自由跳转。导航菜单风格往往影响网站整体风格，所以网页设计者会花费大量时间和精力制作各式各样的导航条，从而体现网站总体风格。

学时目标:

　　通过本章美化表格、表单与菜单的学习，读者可学会如何设置美化表格、表单与菜单。

13.1　CSS 3 与表格

　　使用表格排版网页，可使网页更美观，条理更清晰，更易于维护和更新。本节将主要介绍使用 CSS 3 设置表格边框和表格背景色等。

13.1.1　表格的基本样式

　　在显示一个表格数据时，通常都带有表格边框，用来界定不同单元格的数据。当 table 表格的描述标记 border 值大于 0 时，显示边框；如果 border 值为 0，则不显示边框。边框显示之后，可以使用 CSS 3 的 border 属性及衍生属性，以及 border-collapse 属性对边框进行修饰，其中 border 属性表示对边框进行样式、颜色和宽带设置，从而达到提高样式效果的目的，这个属性前面已经介绍过了，其使用方法和前面一模一样，只不过修饰的对象变换了。下图所示为一个修饰过的表格效果。

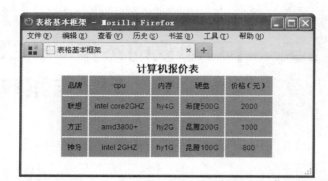

border-collapse 属性主要用来设置表格的边框是否被合并为一个单一的边框，还是像在标准的 HTML 中那样分开显示。其语法格式如下：

```
border-collapse : separate | collapse
```

其中 separate 是默认值，表示边框会被分开，不会忽略 border-spacing 和 empty-cells 属性。而 collapse 属性表示边框会合并为一个单一的边框，会忽略 border-spacing 和 empty-cells 属性。

【案例 13-1】如下代码就是一个设置表格基本样式的实例（详见随书光盘中的"素材\ch13\13.1.html"）。

```
<html>
<head>
<title>年度收入</title>
<style>
<!--
.tabelist{
border:1px solid #429fff;   /* 表格边框 */
font-family:"楷体";
border-collapse:collapse;   /* 边框重叠 */
}
.tabelist caption{
padding-top:3px;
padding-bottom:2px;
font-weight:bolder;
font-size:15px;
font-family:"幼圆";
border:2px solid #429fff;   /* 表格标题边框 */
}
.tabelist th{
font-weight:bold;
text-align:center;
}
.tabelist td{
border:1px solid red;   /* 单元格边框 */
text-align:right;
padding:4px;
```

```
}
-->
</style>
    </head>
<body>
<table class="tabelist">
 <caption class="tabelist">
2012 公司销售业绩表
</caption>
<tr>
  <th>项目</th>
    <th>5 月</th>
    <th >6 月</th>
    <th>7 月</th>
</tr>
<tr>
    <td>钢铁</td>
    <td>72 万</td>
    <td>81 万</td>
    <td>52 万</td>
</tr>
<tr>
    <td>水泥</td>
    <td>16 万</td>
    <td>10 万</td>
    <td>18 万</td>
</tr>
<tr>
    <td>涂料</td>
    <td>30 万</td>
    <td>40 万</td>
    <td>35 万</td>
</tr>
<tr>
    <td>设计</td>
    <td>300 万</td>
    <td>200 万</td>
    <td>160 万</td>
</tr>
 <tr>
    <td>电器</td>
    <td>100 万</td>
    <td>156 万</td>
    <td>350 万</td>
</tr>
 <tr>
    <td>木料</td>
    <td>120 万</td>
    <td>88 万</td>
```

```
        <td>110 万</td>
    </tr>
</table>
</body>
</html>
```

在 Firefox 中浏览效果如下图所示，可以看到表格带有边框显示，其边框宽度为 1 像素，直线样式，并且边框进行了合并。

13.1.2　表格边框宽度

使用 CSS 属性可以设置边框宽度。使用 border-width 边框宽度进行设置，从而提高显示样式。如果需要单独设置某一个边框宽度，可以使用 border-width 的衍生属性，如 border-top-width 和 border-left-width 等。

下图所示即为使用 border-top-width 属性设置上边框线粗细的效果图。

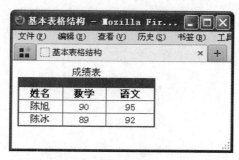

【案例 13-2】如下代码就是一个设置表格边框宽度的实例（详见随书光盘中的"素材\ch13\13.2.html"）。

```
<html>
<head>
<title>表格边框宽度</title>
<style>
 table{
```

```
          text-align:center;
          width:500px;
          border-width:6px;
          border-style:double;
          color:blue;
          }
                    td{
                       border-width:3px;
                       border-style:dashed;
                       }
</style>
</head>
<body>
<table border=1 cellspacing="3" cellpadding="0">
  <tr>
    <td>名称</td>
    <td class=tds>销量</td>
    <td>月份</td>
  </tr>
  <tr>
    <td>钢筋</td>
    <td>150 吨</td>
    <td>3</td>
  </tr>
  <tr>
    <td>涂料 </td>
    <td>36 吨</td>
    <td>5</td>
  </tr>
</table>
</body>
</html>
```

在 Firefox 中浏览效果如下图所示，可以看到表格带有边框，宽度为 6 像素，双线样式，表格中字体颜色为蓝色。单元格边框宽度为 3 像素，显示样式是破折线式。

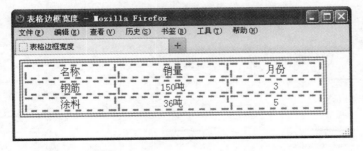

13.1.3　表格边框颜色

表格颜色设置非常简单，通常使用 CSS 3 属性 color 设置表格中的文本颜色，使用

--→ background-color 设置表格背景色。如果为了突出表格中的某一个单元格，还可以使用 background-color 设置某一个单元格颜色。

> **提示**　添加网页表格的颜色是为了美化表格，但是表格的主要作用依然是让读者快速地浏览数据，所以颜色的种类不要太多。例如下面的表格颜色，给人的感觉就比较混乱。

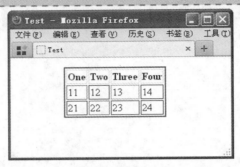

【案例 13-3】如下代码就是一个设置表格边框颜色的实例（详见随书光盘中的"素材\ch13\13.3.html"）。

```html
<html>
<head>
<title>表格边框色和背景色</title>
<style>
*{
padding:0px;
margin:0px;
}
body{
font-family:"宋体";
font-size:12px;
    }
table{
    background-color: #9F79EE;
    text-align:center;
     width:500px;
    border:1px solid green;
    }
td{
   border:1px solid #90EE90;
    height:30px;
    line-height:30px;
    }
        .tds{
        background-color: #90EE90;
        }
</style>
</head>
```

```
<body>
<table  cellspacing="3" cellpadding="0">
  <tr>
    <td>名称</td>
    <td class=tds>月份</td>
    <td>销量</td>
  </tr>
  <tr>
    <td>冰箱</td>
    <td>4</td>
    <td>2000</td>
  </tr>
  <tr>
    <td>空调 </td>
    <td>5</td>
    <td>2800</td>
  </tr>
</table>
</body>
</html>
```

在 Firefox 中浏览效果如下图所示，可以看到表格带有边框，边框样式显示为蓝色，表格背景色为浅紫色，其中一个单元格背景色为浅绿色。

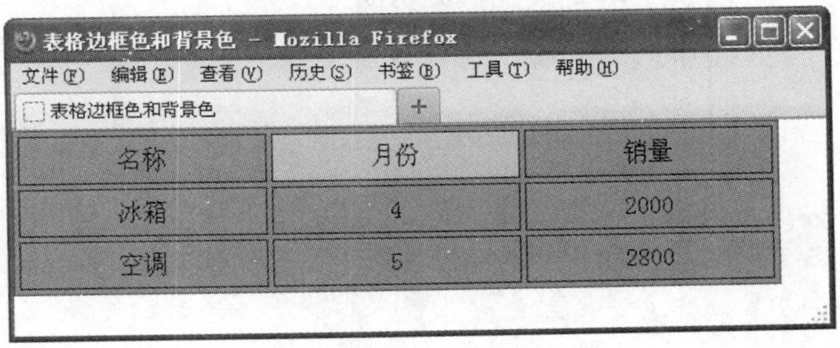

13.1.4 技能训练 1——隔行变色

本节将结合前面学习的知识，创建一个隔行变色实例。如果要实现表格隔行变色，首先需要实现一个表格，定义其显示样式，然后再设置其奇数行和偶然行显示的颜色即可（详见随书光盘中的 "素材\ch13\13.4.html"）。

具体操作步骤如下。

Step01 创建 HTML 页面，实现基本 table 表格。

```
<html>
<head>
<title>隔行变色</title>
</head>
<body>
<h1>设计隔行变色效果实例</h1>
<table border=1>
```

```
<tr>
<th>编号</th>
<th>1 月份</th>
<th>2 月份</th>
<th>3 月份</th>
<th>4 月份</th>
</tr>
<tr><td>101</td><td>10%</td><td>20%</td><td>40%</td><td>60%</td></tr>
<tr><td>102</td><td>10%</td><td>30%</td><td>40%</td><td>70%</td></tr>
<tr><td>103</td><td>15%</td><td>30%</td><td>40%</td><td>80%</td></tr>
<tr><td>104</td><td>13%</td><td>45%</td><td>36%</td><td>58%</td></tr>
</table>
</body>
</html>
```

在 Firefox 中浏览效果如下图所示，可以看到页面中显示了一个表格，其表格字体、边框等都是默认设置。

Step02 添加 CSS 代码，设置标题和表格基本样式。

```
<style>
h1{font-size:18px;}
table{
        width:100%;
        font-size:14px;
        table-layout:fixed;
        empty-cells:show;
        border-collapse:collapse;
        margin:0 auto;
        border:1px solid #cad9ea;
        color:#666;
}
</style>
```

在此样式设置中，设置标题字体大小为 18 像素，表格字体大小为 14 像素，边框合并，边框大小为 2 像素。在 Firefox 中浏览效果如下图所示。

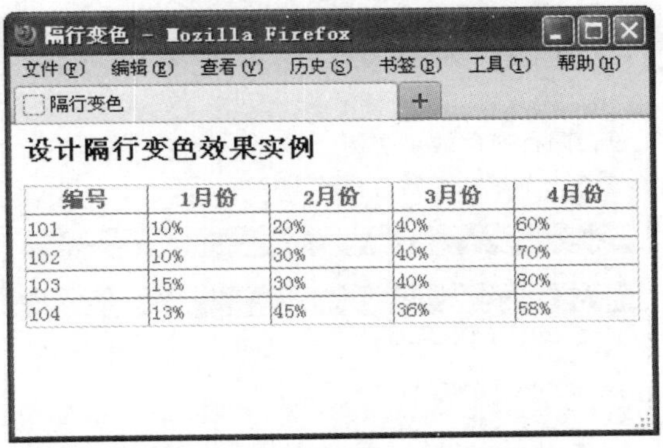

Step03 添加 CSS 代码，修饰 td 和 th 单元格。

```
th{
        height:30px;
        overflow:hidden;
}
td{height:20px;}
td,th{
        border:1px solid red;
        padding:0 1em 0;
}
```

在 Firefox 中浏览效果如下图所示，可以看到表格中单元格高度加大，td 增加到 20 像素，th 增加到 30 像素。单元格还带有边框显示，大小为 1 像素，直线样式，颜色为红色。

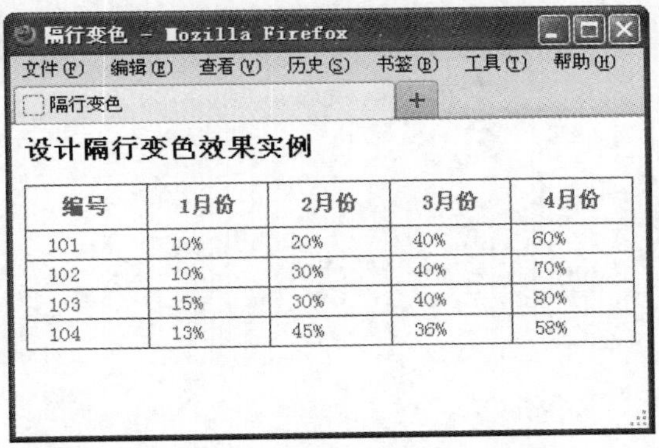

Step04 添加 CSS 代码，实现隔行变色。

```
tr:nth-child(even){
        background-color:#f5fafe;
}
```

在这里使用了结构伪类标识符，实现了表格的隔行变色。在 Firefox 中浏览效果如下图所示，可以看到表格中实现了隔行变色效果。

13.1.5　技能训练 2——鼠标悬浮变色表格

结合前面学习的知识，创建一个鼠标悬浮的变色表格。首先需要建立一个表格，所有行的颜色不单独设置，统一采用表格本身的背景色，然后根据 CSS 设置可以实现该效果（详见随书光盘中的"素材\ch13\13.5.html"）。

具体操作步骤如下。

> **Step01**　创建 HTML 网页，实现 table 表格。

```
<html>
<head>
<title>变色表格</title>
</head>
<body>
<table border="0" cellpadding="0" cellspacing="1">
<caption>
员工工资表
</caption>
  <tr>
   <th>姓名</th>
   <th>工资</th>
  </tr>
    <tr class="hui">
     <td>王影</td>
     <td>4500 元</td>
    </tr>
    <tr>
     <td>张开开</td>
     <td>5000</td>
    </tr>
    <tr class="hui">
     <td>宇智波</td>
     <td>4800</td>
    </tr>
    <tr>
     <td>蒋东方</td>
```

```
    <td>6600</td>
  </tr>
  <tr class="hui">
    <td>刘天翼</td>
    <td>8800</td>
  </tr>
  <tr>
    <td>苏轼辉</td>
    <td>7500</td>
  </tr>
  <tr class="hui">
    <td>苗韩东</td>
    <td>9000</td>
  </tr>
  <tr>
    <td >王甘当</td>
    <td>4600</td>
  </tr>
</table>
</body>
</html>
```

　　在 Firefox 中浏览效果如下图所示，可以看到一个表格显示，表格不带有边框，字体等都是默认显示。

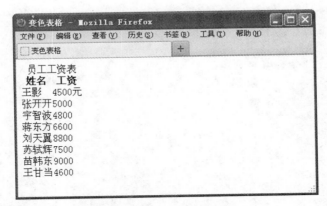

Step02　添加 CSS 代码，修饰 table 表格和单元格。

```
<style type="text/css">
<!--
table {
 width: 600px;
 margin-top: 0px;
 margin-right: auto;
 margin-bottom: 0px;
 margin-left: auto;
 text-align: center;
 background-color: #000000;
```

```
 font-size: 9pt;
}
td {
 padding: 5px;
 background-color: #FFFFFF;
}
-->
</style>
```

在 Firefox 中浏览效果如下图所示，可以看到一个表格显示，表格带有边框，行内字体居中显示，但列标题背景色为黑色，其中字体不能够显示。

变色表格 - Mozilla Firefox		
文件(F) 编辑(E) 查看(V) 历史(S) 书签(B) 工具(T) 帮助(H)		
变色表格	+	

员工工资表	
王影	4500元
张开开	5000
宇智波	4800
蒋东方	6600
刘天翼	8800
苏轼辉	7500
苗韩东	9000
王甘当	4600

Step03 添加 CSS 代码，修饰标题。

```
caption{
 font-size: 36px;
 font-family: "黑体", "宋体";
 padding-bottom: 15px;
}
tr{
 font-size: 13px;
 background-color: #cad9ea;
 color: #000000;
}
th{
 padding: 5px;
}
.hui td {
 background-color: #f5fafe;
}
```

上面代码中使用了类选择器 hui 来定义每个 td 行所显示的背景色，此时需要在表格中每个奇数行都引入该类选择器，例如<tr class="hui">，从而设置奇数行背景色。这和第一个综合实例中对奇数行背景色的设置方式是不一样的。

在 Firefox 中浏览效果如下图所示,可以看到一个表格中列标题一行背景色显示为浅蓝色,并且表格中奇数行背景色为浅灰色，而偶数行背景色显示的为默认白色。

Step04 添加 CSS 代码，实现鼠标悬浮变色。

```
tr:hover td {
    background-color: #FF82AB;
}
```

在 Firefox 中浏览效果如下图所示，可以看到当鼠标放到不同行上面时，其背景色会显示不同的颜色。

13.2　CSS 3 与表单

CSS 3 可以美化表单里面的相应内容，如表单中的元素、下拉菜单和提交按钮等。

13.2.1 美化表单中的元素

在网页中，表单元素的背景色默认都是白色的，这样的背景色不能美化网页，所以可以使用颜色属性定义表单元素的背景色。

定义表单元素背景色可以使用 background-color 属性，这样可以使表单元素不那么单调。使用示例如下：

```
input{
background-color: #ADD8E6;
}
```

上面代码设置了 input 表单元素背景色，都是统一的颜色。

【案例 13-4】如下代码就是一个美化表单背景色的实例（详见随书光盘中的"素材\ch13\13.6.html"）。

```
<HTML>
<head>
<style>
<!--
input{                          /* 所有 input 标记 */
 color: #cad9ea;
}
input.txt{                      /* 文本框单独设置 */
 border: 1px inset #cad9ea;
 background-color: #9F79EE;
}
input.btn{                      /* 按钮单独设置 */
 color: #00008B;
 background-color: #9F79EE;
 border: 1px outset #cad9ea;
 padding: 1px 2px 1px 2px;
}
select{
 width: 80px;
 color: #00008B;
 background-color: #9F79EE;
 border: 1px solid #cad9ea;
}
textarea{
 width: 200px;
 height: 40px;
 color: #00008B;
 background-color: #9F79EE;
 border: 1px inset #cad9ea;
}
-->
</style>
</head>
```

```
<BODY>
<h3>团购网注册页面</h3>
<table border="1" width="45%">
<form method="post">
<tr><td width="30%"> 昵 称 :</td><td><input   class=txt>1 — 20 个 字 符<div
id="qq"></div></td></tr>
    <tr><td>密码:</td><td><input type="password" >长度为 6～16 位</td></tr>
    <tr><td>确认密码:</td><td><input type="password" ></td></tr>
    <tr><td>真实姓名: </td><td><input name="username1"></td></tr>
    <tr><td> 性   别  :</td><td><select><option> 男  </option><option>   女
</option></select></td></tr>
    <tr><td>E-mail 地址:</td><td><input value="sohu@sohu.com"></td></tr>
    <tr><td>备注:</td><td><textarea cols=35 rows=10></textarea></td></tr>
    <tr><td><input  type="button" value=" 提交 " class=btn /></td><td><input
type="reset" value="重填" class=btn /></td></tr>
    </form>
    </table>
    </BODY>
    </HTML>
```

在 Firefox 中浏览效果如下图所示，可以看到表单中【昵称】输入框、【性别】下拉框和【备注】文本框中都显示了指定的背景颜色。

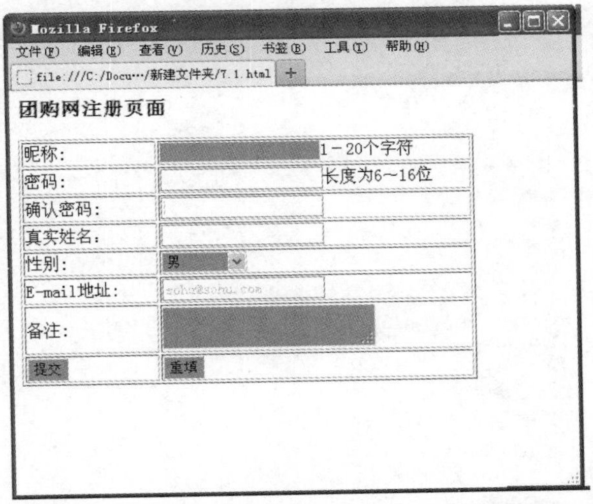

在上面的代码中，首先使用 input 标记选择符定义了 input 表单元素的字体输入颜色，然后分别定义了两个类 txt 和 btn，txt 用来修饰输入框样式，btn 用来修饰按钮样式。最后分别定义了 select 和 textarea 的样式，其样式定义主要涉及边框和背景色。

13.2.2 美化下拉菜单

CSS 3 属性不仅可以控制下拉菜单的整体字体和边框等，还可以对下拉菜单中的每一个选项设置背景色和字体颜色。对于字体设置可以使用 font 相关属性，例如 font-size，font-weight

等，对于颜色设置可以采用 color 和 background-color 等属性。

普通的下拉菜单和美化后的下拉菜单的对比效果如下图所示。

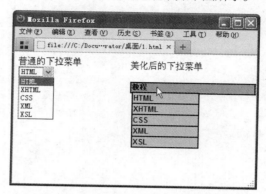

【案例 13-5】如下代码就是一个美化下拉菜单的实例（详见随书光盘中的"素材\ch13\13.7.html"）。

```
<html>
<head>
<title>美化下拉菜单</title>
<style>
<!--
.blue{
background-color:#7598FB;
color: #000000;
            font-size:15px;
            font-weight:bolder;
            font-family:"幼圆";
}
.red{
background-color:#E20A0A;
color: #ffffff;
            font-size:15px;
            font-weight:bolder;
            font-family:"幼圆";
}
.yellow{
background-color:#FFFF6F;
color: #000000;
            font-size:15px;
            font-weight:bolder;
            font-family:"幼圆";
}
.orange{
background-color:orange;
color:#000000;
            font-size:15px;
            font-weight:bolder;
```

```
                font-family:"幼圆";
  }
  -->
</style>
   </head>
<body>
<form method="post">
 <p><label for="color">选择注册证件类型:</label>
 <select name="color" id="color">
     <option value="">请选择</option>
     <option value=" red " class="red">身份证</option>
     <option value="yellow" class="yellow">军官证</option>
     <option value="orange" class="orange">学生证</option>
                     <option  value="blue"  class="blue"> 其 他 证 件
</option>
   </select></p>
 <p><input type="submit" value="提交"></p>
 </form>
 </body>
 </html>
```

在 Firefox 中浏览效果如下图示，可以看到下拉菜单显示，其每个菜单项显示不同的背景色，用以区别其他菜单项。

在上面的代码中，设置了 4 个类标识符，用来对应不同的菜单选项。其中每个类中都设置了选项的背景色、字体颜色、大小和字形。

13.2.3 美化提交按钮

在网页设计中，还可以使用 CSS 属性来定义表单元素的边框样式，从而改变表单元素的显示效果。下图所示为通过 CSS 修饰了"提交"按钮的背景以及文字的颜色、字体后的效果。

定义表单元素边框，可以采用 border-style、border-width 和 border-color 及其衍生属性。如果要对表单元素设置背景色，可以使用 background-color 属性，其中将值设置为 transparent（透明色）是最常见的一种方式。使用示例如下：

```
background-color:transparent;          /* 背景色透明 */
```

例如可以将一个输入框的上、左和右边框去掉，形成一个和签名效果一样的输入框。

【案例 13-6】如下代码就是一个设置表单元素边框的实例（详见随书光盘中的"素材\ch13\13.8.html"）。

```
<html>
<head>
<title>表单元素边框设置</title>
<style>
<!--
form{
 margin:0px;
padding:0px;
font-size:14px;
}
input{
    font-size:14px;
   font-family:"幼圆";
}
.t{
border-bottom:1px solid #005aa7;     /* 下画线效果 */
color:#005aa7;
border-top:0px; border-left:0px;
border-right:0px;
background-color:transparent;          /* 背景色透明 */
}
.n{
 background-color:transparent;          /* 背景色透明 */
 border:1px;                            /* 边框 */
}
-->
</style>
   </head>
<body>
<center>
<h1>值班表</h1>
```

```
<form method="post">
签到: <input  id="name" class="t">
<input type="submit" value="确认>>" class="n">
</form>
</center>
</body>
</html>
```

在 Firefox 中浏览效果如下图所示，可以看到输入框只剩下一个下边框显示，其他边框被去掉了，提交按钮只剩下了显示文字，而且常见矩形形式被去掉了。

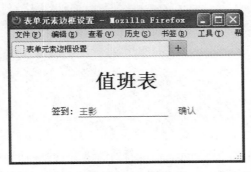

在上面的代码中，样式表中定义了两个类标识符 t 和 n。t 用来设置输入框显示样式，此处设置输入框的左、上、下 3 个边框宽度为 0，并设置了输入框输入字体颜色为浅蓝色，下边框宽度为 1 像素，直线样式显示，颜色为浅蓝色。在类标识符 n 中，设置背景色为透明色，边框宽度为 0，这样就去掉了按钮常见的矩形样式。

13.2.4　技能训练3——美化注册表单

常见的注册表单非常简单，通常包含 3 个部分：需要在页面上方给出标题，标题下方是正文部分，即表单元素，最下方是表单元素提交按钮。本实例中，将使用一个表单内的各种元素来开发一个网站的注册页面，并用 CSS 样式来美化这个页面效果（详见随书光盘中的“素材\ch13\13.9.html”）。

在设计这个页面时，需要把"用户注册"标题设置成 H1 大小，正文使用 p 来限制表单元素。具体操作步骤如下。

Step01 构建 HTML 页面，实现基本表单。

```
<html>
<head>
<title>注册页面</title>
</head>
<body>
<h1 align=center>用户注册表</h1>
<form method="post" >
<p>姓    名:
<input type="text" class=txt size="12" maxlength="20" name="username" />
</p><p>性    别:
```

```
<input type="radio" value="male" />男
<input type="radio" value="female" />女
</p><p>年    龄:
<input type="text" class=txt name="age"  />
</p>
<p>联系手机:
<input type="text" class=txt name="tel" />
</p><p>电子邮件:
<input type="text" class=txt name="email" />
</p><p>联系地址:
<input type="text"  class=txt name="address" />
</p>
<p>
<input type="submit" name="submit" value="提交" class=but />
<input type="reset" name="reset" value="重置" class=but  />
</p>
</form>
</body>
</html>
```

在 Firefox 中浏览效果如下图所示，可以看到创建了一个注册表单，包含一个标题"用户注册表"、"姓名"、"性别"、"年龄"、"联系手机"、"电子邮件"、"联系地址"等输入框，以及"提交"、"重置"按钮等。其显示样式为默认样式。

Step02 添加 CSS 代码，修饰全局样式和表单样式。

```
<style>
*{
padding:0px;
margin:0px;
 }
body{
```

```
font-family:"宋体";
font-size:12px;
}
form{
width:300px;
margin:0 auto 0 auto;
font-size:12px;
color:#999;
}
</style>
```

在 Firefox 中浏览效果如下图所示，可以看到页面中字体变小，其表单元素之间的距离变小。

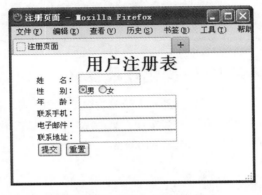

Step03 添加 CSS 代码，修饰段落、输入框和按钮。

```
form p {
margin:5px 0 0 5px;
          text-align:center;
      }
.txt{
width:200px;
background-color:#CCCCFF;
border:#6666FF 1px solid;
color:#0066FF;
}
.but{
border:0px#93bee2solid;
border-bottom:#93bee21pxsolid;
border-left:#93bee21pxsolid;
border-right:#93bee21pxsolid;
border-top:#93bee21pxsolid;*/
background-color:#3399CC;
cursor:hand;
font-style:normal;
color:#cad9ea;
}
```

在 Firefox 中浏览效果如下图所示，可以看到表单元素带有背景色，其输入字体颜色为蓝色，边框颜色为浅蓝色，按钮带有边框。

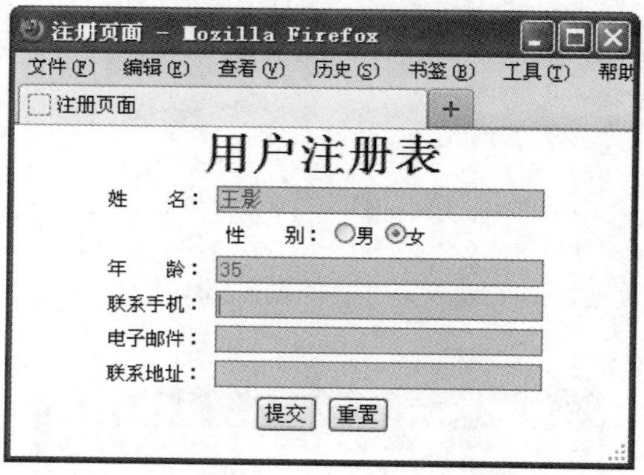

13.2.5　技能训练 4——美化登录表单

本实例将结合前面学习的知识，创建一个简单的登录表单。表单需要包含 3 个表单元素：一个名称输入框、一个密码输入框和两个按钮。然后添加一些 CSS 代码，对表单元素进行修饰即可（详见随书光盘中的"素材\ch13\13.10.html"）。

具体操作步骤如下。

Step01 创建 HTML 网页，实现表单。

```
<html>
<head>
<title>用户登录</title>
<body>
<div>
<h1>用户登录</h1>
 <form action="" method="post">
姓名：<input type="text" id=name  />
密码：<input type="password" id=password name="ps"  />
<input type=submit value="提交" class=button>
<input type=reset value="重置" class=button>
</form>
</div>
</body>
</html>
```

在上面的代码中，创建了一个 div 层用来包含表单及其元素。

在 Firefox 中浏览效果如下图所示，可以看到显示了一个表单，其中包含两个输入框和两个按钮，输入框用来获取姓名和密码，按钮分别为提交按钮和重置按钮。

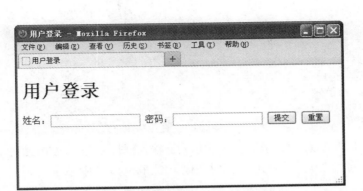

Step02 添加 CSS 代码，修饰标题和层。

```
<style>
h1{
        font-size:20px;
        font-family:"华文行楷";

   }
div{
      width:200px;
      padding:1em 2em 0 2em;
      font-size:12px;

}
</style>
```

在上面的代码中，设置了标题大小为 20 像素，div 层宽度为 200 像素，层中字体大小为 12 像素。

在 Firefox 中浏览效果如下图所示，可以看到标题变小，并且密码输入框换行显示，布局较原来图片更加美观、合理。

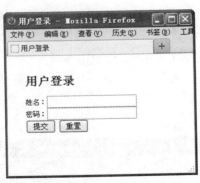

Step03 添加 CSS 代码，修饰输入框和按钮。

```
#name,#password{
      border:1px solid red;
      width:160px;
      height:22px;
      padding-left:20px;
      margin:6px 0;
```

第 13 天 不可思议的杰作——CSS 3 控制表格、表单与菜单样式

215

```
                line-height:20px;
}
.button{margin:6px 0;
background-color: #CA8EFF;
font-family:楷体_GB2312;
 color: #006000;
 }
```

在 Firefox 中浏览效果如下图所示，可以看到输入框长度变短、边框变小，并且表单元素之间距离增大，页面布局更加合理，同时美化了按钮和标题的样式。

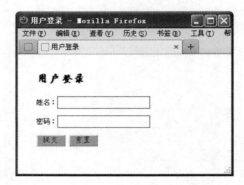

13.3　CSS 3 与菜单

使用 CSS 3，可以美化各式各样的导航菜单。

13.3.1　美化无序列表

无序列表<ul>是网页中常见元素之一，会使用<li>标记罗列各个项目，并且每个项目前面都带有特殊符号，例如黑色实心圆等。在 CSS 3 中，可以通过属性 list-style-type 来定义无序列表前面的项目符号。

默认的无序列表如下图所示。

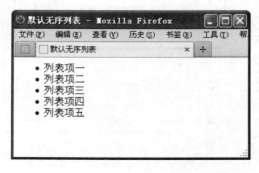

对于无序列表，list-style-type 语法格式如下：

```
list-style-type : disc | circle | square | none
```

其中 list-style-type 参数值含义，如表 13-1 所示。

表 13-1　无序列表常用符号

参　　数	含　　义
disc	实心圆
circle	空心圆
square	实心方块
none	不使用任何标号

可以通过表里的参数为 list-style-type 设置不同的特殊符号，从而改变无序列表的样式。

【案例 13-7】如下代码就是一个美化无序列表的实例（详见随书光盘中的"素材\ch13\13.11.html"）。

```html
<html>
<head>
<title>美化无序列表</title>
<style>
* {
 margin:0px;
 padding:0px;
 font-size:12px;
}
p {
 margin:5px 0 0 5px;
 color:#3333FF;
 font-size:14px;
 font-family:"幼圆";
}
div{
 width:300px;
 margin:10px 0 0 10px;
 border:1px #FF0000 dashed;
}
div ul {
 margin-left:40px;
 list-style-type: circle;
}
div li {
 margin:5px 0 5px 0;
          color:blue;
          text-decoration:underline;
}
</style>
</head>
```

```
<body>
<div class="big01">
  <p>最新团购</p>
  <ul>
    <li>奥斯卡新建文影城：单人影票，全场 2D 电影通兑</li>
    <li>金夫人：现金抵用一次，节假日通用 </li>
    <li>汉丽轩：烤肉单人自助午餐，不限量，全天候</li>
    <li> 东海渔港：8-10 人餐，餐具免费 </li>
  </ul>
</div>
</body>
</html>
```

在 Firefox 中浏览效果如下图所示，可以看到显示了一个导航栏，导航栏中存在着不同的导航信息，每条导航信息前面都使用空心圆作为每行信息开始。

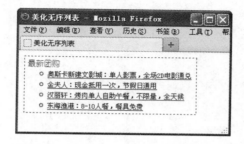

13.3.2　美化有序列表

有序列表标记<ol>可以创建具有顺序的列表，例如每条信息前面加上 1、2、3、4 等。如果要改变有序列表前面的符号，同样需要利用 list-style-type 属性，只不过属性值不同。

默认的有序列表样式如下图所示。

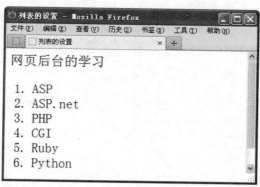

对于有序列表，list-style-type 语法格式如下：

```
list-style-type : decimal | lower-roman | upper-roman | lower-alpha |
upper-alpha | none
```

其中 list-style-type 参数值含义，如表 13-2 所示。

表 13-2　有序列表常用符号

参　　数	说　　明
decimal	阿拉伯数字
lower-roman	小写罗马数字
upper-roman	大写罗马数字
lower-alpha	小写英文字母
upper-alpha	大写英文字母
none	不使用项目符号

　　除了列表里的这些常用符号,list-style-type 还具有很多不同的参数值。这里由于地域习惯,没有将一些罕见的项目符号罗列出来,例如传统的亚美尼亚数字、传统的乔治数字等。在对 list-style-type 的支持力度上,IE 浏览器不太理想,Firefox 支持得很好。

　　【案例 13-8】如下代码就是一个美化有序列表的实例（详见随书光盘中的"素材\ch13\13.12.html"）。

```
<html>
<head>
<title>有序列表</title>
<style>
* {
margin:0px;
padding:0px;
            font-size:12px;
}
p {
margin:5px 0 0 5px;
color:red;
font-size:14px;
            font-family:"幼圆";
            border-bottom-width:1px;
            border-bottom-style:solid;

}
div{
width:300px;
margin:10px 0 0 10px;
border:1px #F9B1C9 solid;
}
div ol {
margin-left:40px;
 list-style-type: upper-alpha;
}
div li {
margin:5px 0 5px 0;
            color:blue;
}
</style>
```

```
</head>
<body>
<div class="big">
   <p>计算机图书类型</p>
   <ol>
      <li>办公类图书 </li>
      <li> 网页类图书 </li>
      <li> 编程类图书</li>
      <li> 数据库类图书 </li>
   </ol>
</div>
</body>
</html>
```

在 Firefox 中浏览效果如下图所示，可以看到显示了一个导航栏，导航信息前面都带有相应的大写字母，表示其顺序。导航栏具有红色边框，并用一条红线将题目和内容分开。

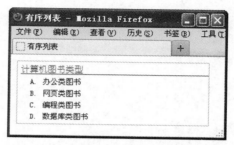

在上面的代码中，使用 list-style-type: upper-alpha 语句定义了有序列表前面的符号。严格来说，无论<ul>标记还是<ol>标记，都可以使用相同的属性值，而且效果完全相同，即二者通过 list-style-type 可以通用。

13.3.3 图片列表

有序列表或无序列表不但可以通过 list-style-typa 改变选项前面的特殊符号，还可以使用 list-style-image 属性将每项前面的项目符号替换为任意的图片。

list-style-image 属性用来定义作为一个有序或无序列表项标志的图像。图像相对于列表项内容的放置位置通常使用 list-style-image 属性控制。其语法格式如下：

```
list-style-image : none | url (url)
```

上面属性值中，none 表示不指定图像，url 表示使用绝对路径和相对路径指定背景图像。

【案例 13-9】如下代码就是一个添加图片列表的实例（详见随书光盘中的"素材\ch13\13.13.html"）。

```
<html>
<head>
<title>图片符号</title>
<style>
```

```
<!--
ul{
 font-family:Arial;
 font-size:15px;
 color:red;
 list-style-type:none;                   /* 不显示项目符号 */
}
li{
            list-style-image:url(01.jpg);
            padding-left:25px;           /* 设置图标与文字的间隔 */
            width:350px;
}
-->
</style>
    </head>
<body>
<p>电影大全</p>
<ul>
 <li>电影 </li>
 <li>电视剧 </li>
 <li>综艺 </li>
 <li>动漫</li>
 <li>专题</li>
</ul>
</body>
</html>
```

在 Firefox 中浏览效果如下图所示，可以看到一个导航栏，每个导航菜单前面都有一个小图标。

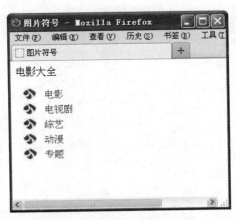

在上面的代码中，使用 list-style-image:url(01.jpg)语句定义了列表前显示的图片。实际上还可以使用 background:url(01.jpg) no-repeat 语句完成这个效果，只不过 background 对图片大小要求比较苛刻。

13.3.4 列表缩进

使用图片作为列表符号显示时，图片通常显示在列表的外部，实际上还可以将图片列表中的文本信息进行对齐，从而显示另外一种效果。在 CSS 3 中，可以通过 list-style-position 来设置图片显示位置。

list-style-position 属性语法格式如下：

```
list-style-position : outside | inside
```

其属性值含义如表 13-3 所示。

表 13-3　列表缩进属性值

属　　性	说　　明
outside	列表项目标记放置在文本以外，且环绕文本不根据标记对齐
inside	列表项目标记放置在文本以内，且环绕文本根据标记对齐

【案例 13-10】如下代码就是一个设置列表缩进效果的实例（详见随书光盘中的"素材\ch13\13.14.html"）。

```
<html>
<head>
<title>图片位置</title>
<style>
.list1{
    list-style-position:inside;}
.list2{
    list-style-position:outside;}
.content{
    list-style-image:url(01.jpg);
    list-style-type:none;
    font-size:24px;
}
</style>
    </head>
<body>
<ul class=content>
 <li class=list1>末日狂欢，唱个痛快！仅 9.9 元，享原价 540 元美乐迪 KTV 欢唱套餐：
16:00-20:30 时间段通唱+干果 2 份!节假日通用!小包 1 张券，中包 2 张券，大包 3 张券哦! </li>
 <li class=list2>贺岁档来袭! 全省 17.5 影城 6 店通用! 郑州、开封、洛阳、济源 4 市通用!
仅 19.9 元，享最高价值 60 元的电影票 1 张! 不限时段，不限场次! 全场各种通看! 绝不加钱! 17.5
影城，让电影回归大众! </li>
    </ul>
</body>
</html>
```

在 Firefox 中浏览效果如下图所示，可以看到一个图片列表，第一个图片列表选项中的图片和文字对齐，即放在文本信息以内；第二个图片列表选项没有和文字对齐，而是放在文本信息以外。

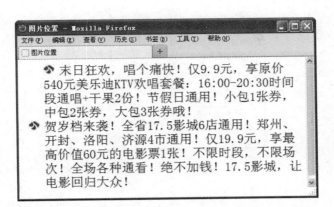

13.3.5 无须表格的菜单

项目列表在引入 CSS 3 之后，其功能和作用大大增强了，即可以制作出各式各样的菜单和导航条。在制作导航条和菜单之前，需要将 list-style-type 值设置为 none，即去掉列表前的项目符号。

【案例 13-11】下面通过一个实例介绍使用 CSS 3 完成一个菜单导航条（详见随书光盘中的"素材\ch13\13.15.html"）。

Step01 首先创建 HTML 文档，并实现一个无序列表，列表中的选项表示各个菜单。

```
<html>
<head>
<title>无需表格菜单</title>
</head>
<body>
<div>
 <ul>
     <li><a href="#">电影</a></li>
     <li><a href="#">自助餐</a></li>
     <li><a href="#">足疗按摩</a></li>
     <li><a href="#">食品保健</a></li>
     <li><a href="#">美发</a></li>
 </ul>
</div>
</body>
</html>
```

在上面的代码中，创建了一个 div 层，在层中放置了一个 ul 无序列表，列表中各个选项就是将来所使用的菜单。

在 Firefox 中浏览效果如下图所示，可以看到显示了一个无序列表，每个选项都带有一个实心圆。

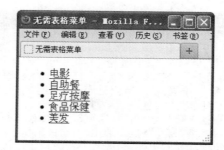

Step02 利用 CSS 相关属性对 HTML 中的元素进行修饰，例如 div 层、ul 列表和 body 页面。代码如下：

```
<style>
<!--
body{
 background-color:#84BAE8;
}
div {
 width:200px;
 font-family:"幼圆";
}
div ul {
 list-style-type:none;
margin:0px;
 padding:0px;
}
-->
</style>
```

在 Firefox 中浏览效果如下图所示，可以看到项目列表变成一个普通的超链接列表，无项目符号并带有下画线。

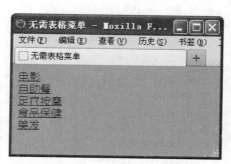

Step03 接下来可以对列表中的各个选项进行修饰，例如去掉超链接下的下画线，并增加 li 标记下的边框线，从而增强菜单的实际效果。

```
div li {
 border-bottom:1px solid #ED9F9F;
}
div li a{
 display:block;
```

```
padding:5px 5px 5px 0.5em;
text-decoration:none;
border-left:12px solid #6EC61C;
border-right:1px solid #6EC61C;
}
```

上面代码需要注意的语句是 display:block，此语句定义了超链接被设置成块元素，即当鼠标进入这个区域时就被激活，而不是仅仅通过文字激活。对于 display 相关属性，会在后面章节重点介绍。

在 Firefox 中浏览效果如下图所示，可以看到每个选项中，超链接的左方显示了蓝色条，右方显示了蓝色线，每个链接下方显示了一个黄色边框。

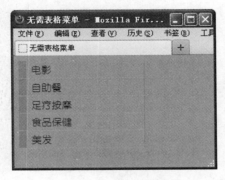

Step04 当基本样式设定后，就可以设置导航菜单条中的最常见样式——动态菜单效果，即当鼠标悬浮在导航菜单上时，显示另外一种样式。

```
div li a:link, div li a:visited{
background-color:#F0F0F0;
color:#461737;
}
div li a:hover{
background-color:#7C7C7C;
color:#ffff00;
}
```

上面代码设置了鼠标链接样式、访问后样式和悬浮时的样式。

在 Firefox 中浏览效果如下图所示，可以看到鼠标悬浮在菜单上时，会显示灰色。

第 13 天 不可思议的杰作——CSS 3控制表格、表单与菜单样式

13.3.6 菜单的横竖转换

通过 CSS 属性，不但可以创建垂直导航菜单，还可以创建水平导航菜单。创建水平导航菜单和创建垂直导航菜单的步骤基本相似。首先需要建立 HTML 项目列表结构，将要创建的菜单项的列表选项显示出来。然后利用 CSS 设置页面背景色；设置项目列表中的每个选项样式，去掉每个选项前面的项目符号；设置层 div 中的字体样式，但此处不需要设置 div 块。

【案例 13-12】如下代码就是一个菜单横竖转换的实例（详见随书光盘中的"素材\ch13\13.16.html"）。

```html
<html>
<head>
<title>菜单横竖转换</title>
<style>
<!--
body{
 background-color:#84BAE8;
}
div {
 font-family:"幼圆";
}
div ul {
 list-style-type:none;
margin:0px;
 padding:0px;
}
</style>
    </head>
<body>
<div id="navigation">
 <ul>
 <li><a href="#">电影</a></li>
 <li><a href="#">自助餐</a></li>
 <li><a href="#">足疗按摩</a></li>
 <li><a href="#">食品保健</a></li>
 <li><a href="#">美发</a></li></ul>
</div>
</body>
</html>
```

在 Firefox 中浏览效果如下图所示，可以看到显示的是一个普通的超链接列表，和上一个例子中的显示效果基本一样。

现在是垂直显示导航菜单，需要利用CSS属性float将其设置为水平显示，并设置选项li
和超链接的基本样式，代码如下：

```
div li {
border-bottom:1px solid #ED9F9F;
  float:left;
  width:150px;
}
div li a{
display:block;
padding:5px 5px 5px 0.5em;
text-decoration:none;
border-left:12px solid #EBEBEB;
border-right:1px solid #EBEBEB;
}
```

当float属性值为left时，导航栏为水平显示。其他设置基本和上一个例子相同。

在Firefox中浏览效果如下图所示，可以看到各个链接选项水平地排列在当前页面之上。

下面设置超链接<a.>样式，和前面一样，也是设置了鼠标动态效果。代码如下：

```
div li a:link, div li a:visited{
background-color:#F0F0F0;
color:#461737;
}
div li a:hover{
background-color:#7C7C7C;
color:#ffff00;
}
```

在Firefox中浏览效果如下图所示，可以看到当鼠标放到菜单上时，会变换为另一种样式。

13.4　技能训练 5——制作 soso 导航栏

本实例将结合本章学习的制作菜单知识，轻松实现 soso 导航栏。实现该实例，需要包含 3 个部分，第一部分是 soso 图标，第二部分是水平菜单导航栏（也是本实例重点），第三部分是表单部分，包含一个输入框和按钮（详见随书光盘中的"素材\ch13\13.17.html"）。

具体操作步骤如下。

Step01　创建 HTML 网页，实现基本 HTML 元素。

对于本实例，需要利用 HTML 标记实现 soso 图标、导航的项目列表、下方的搜索输入框和按钮等。其代码如下：

```
<html>
<head>
<title>搜搜</title>
    </head>
<body>
<center><br><img src="logo_index.png"><br><br><br><br>
<div>
<ul>
            <li id=h></li>
<li><a href="#">网页</a></li>
<li > <a href="#">图片</a></li>
<li> <a href="#">视频</a></li>
<li><a href="#">音乐</a></li>
<li><a href="#">搜吧</a></li>
<li><a href="#">问问</a></li>
<li><a href="#">团购</a></li>
<li><a href="#">新闻</a></li>
<li><a href="#">地图</a></li>
<li id="more"><a href="#">更 多 &gt;&gt;</a></li>
</ul>
</div>
<p style="height:44px;"> </p>
<div id=s>
<form action="/q?" id="flpage" name="flpage">
    <input type="text" value="" size=50px;/>
    <input type="submit" value="搜搜">
</form>
```

```
</div>
</center>
</body>
</html>
```

在 Firefox 中浏览效果如下图所示，可以看到显示了一张图片，即 soso 图标；中间显示了一列项目列表，每个选项都是超链接；下方是一个表单，包含输入框和按钮。

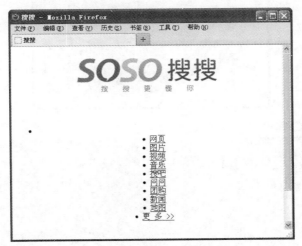

Step02 添加 CSS 代码，修饰项目列表。框架出来之后，就可以修改项目列表的相关样式，即列表水平显示，同时定义整个 div 层属性，例如设置背景色、宽度、底部边框和字体大小等。代码如下：

```
p{ margin:0px; padding:0px;}
#div{
 margin:0px auto;
 font-size:12px;
 padding:0px;
 border-bottom:1px solid #00c;
 background:#eee;
 width:800px;height:18px;
}
div li{
 float:left;
 list-style-type:none;
 margin:0px;padding:0px;
 width:40px;
 }
```

上面代码中，float 属性设置菜单栏水平显示，list-style-type 设置列表不显示项目符号。

在 Firefox 中浏览效果如下图所示，可以看到页面整体效果和 soso 首页比较相似，下面就可以在细节上进一步修改了。

229

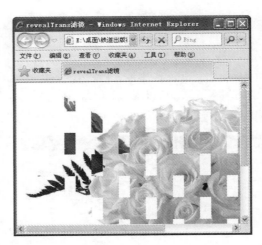

Step03 添加 CSS 代码，修饰超链接。

```
div li a{
display:block;
text-decoration:underline;
padding:4px 0px 0px 0px;
margin:0px;
          font-size:13px;
}
div li a:link, div li a:visited{
color:#004276;

}
```

上面代码设置了超链接，即导航栏中菜单选项中的相关属性，例如超链接以块显示、文本带有下画线、字体大小为 13 像素，并设定了鼠标访问超链接后的颜色。

在 Firefox 中浏览效果如下图所示，可以看到字体颜色发生改变，字体变小。

Step04 添加 CSS 代码，定义对齐方式和表单样式。

```
div li#h{width:180px;height:18px;}
div li#more{width:85px;height:18px;}
#s{
        background-color:#006EB8;
        width:430px;
}
```

上述代码中，h 定义了水平菜单最前方空间的大小，more 定义了更多的长度和宽度，s 定义了表单背景色和宽度。

在 Firefox 中浏览效果如下图所示，可以看到水平导航栏和表单对齐，表单背景色为蓝色。

第14天　风景这边独好——
CSS 3 控制鼠标与超链接样式

学时探讨：

本学时主要探讨使用 CSS 3 制作鼠标特效和超链接特效。超链接是网页的基本元素，各个网页都是通过超链接连接在一起的。通过 CSS 3 属性定义，可以设置出美观大方、具有不同外观和样式的超链接。另外，通过 CSS 3 可以制作一些鼠标特效。

学时目标：

通过本章修饰网站页面的学习，读者可学会如何使用 CSS 3 制作鼠标特效和超链接特效。

14.1　鼠标特效

在默认情况下，鼠标以箭头的形式显示。当鼠标放在超链接上时，鼠标变为手状。如果想让鼠标实现各种效果，可以通过 CSS 3 属性定义来实现。

14.1.1　如何控制鼠标箭头

CSS 3 不仅能够准确地控制及美化页面，而且还能定义鼠标指针样式。当鼠标移动到不同 HTML 元素对象上面时，鼠标会以不同形状或图像显示。CSS 3 通过改变 cursor 属性（鼠标指针属性）来实现对鼠标样式的控制。

cursor 属性包含有 17 个属性值，对应鼠标的 17 个样式，而且还能够通过 url 链接地址自定义鼠标指针，如表 14-1 所示。

表 14-1　鼠标样式

属　性　值	含　　义	显示效果
auto	自动，按照默认状态自行改变	自行改变
crosshair	精确定位十字	╋
default	默认鼠标指针	▷
hand	手形	👆
move	移动	✛
help	帮助	▷?

续表

属性值	含义	显示效果
Wait	等待	
text	文本	
n-resize	箭头朝上双向	
s-resize	箭头朝下双向	
w-resize	箭头朝左双向	
e-resize	箭头朝右双向	
ne-resize	箭头右上双向	
se-resize	箭头右下双向	
nw-resize	箭头左上双向	
sw-resize	箭头左下双向	
pointer	指示	
url (*url*)	自定义鼠标指针	自定义效果

【案例 14-1】如下代码就是一个设置不同鼠标效果的实例（详见随书光盘中的"素材\ch014\14.1.html"）。

```html
<html>
<head>
<title>鼠标特效</title>
</head>
<body>
  <h2>CSS 控制鼠标箭头</h2>
  <div style="font-size:10pt;color:DarkBlue">
    <p style=" cursor:crosshair ">精确定位十字效果</p>
    <p style="cursor:hand ">手形效果</p>
    <p style="cursor:help">帮助效果</p>
    <p style="cursor:n-resize">箭头朝上双向效果</p>
    <p style="cursor:ne-resize">箭头右上双向效果</p>
    <p style="cursor: move ">移动效果</p>
  </div>
</body>
</html>
```

在 Firefox 中浏览效果如下图所示，可以看到多个鼠标样式提示信息。当鼠标放到一个帮助文字上时，鼠标会以问号"？"显示，从而达到提示作用。读者可以将鼠标放在不同的文字上，查看不同的鼠标样式。

233

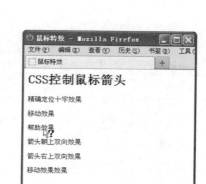

14.1.2　鼠标变换效果

知道了如何控制鼠标样式，就可以轻松制作出鼠标指针样式变换的超链接效果，即鼠标放到超链接上，可以看到超链接颜色、背景图片发生变化，并且鼠标样式也发生变化。

【案例 14-2】如下代码就是一个制作鼠标变换效果的实例（详见随书光盘中的"素材\ch014\14.2.html"）。

```
<html>
<head>
<title>鼠标手势</title>
<style>
a{
display:block;
background-image:url(03.jpg);
background-repeat:no-repeat;
width:100px;
height:30px;
line-height:30px;
text-align:center;
color:#FFFFFF;
text-decoration:none;
}
a:hover{
            background-image:url(18.jpg);
color:#FF0000;
text-decoration:none;
}
.help{
cursor:help;
}
.text{cursor:text;}
</style>
</head>
<body>
<a href="#" class="help">疑难解惑</a>
```

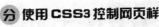

```
<a href="#" class="text">最新资讯</a>
</body>
</html>
```

在 Firefox 中浏览效果如下图所示，可以看到当鼠标放到一个"疑难解惑"工具栏上时，其鼠标样式以问号显示，字体颜色显示为红色，背景色为白色。当鼠标不放到工具栏上时，背景图片为浅蓝色，字体颜色为白色。

14.2　超链接特效

超链接是由<a></a>标记组成的，它可以是文字或图片。添加了超链接的文字具有自己的样式，从而和其他文字区别，其中默认链接样式为蓝色文字，有下画线。而通过 CSS 3 属性定义，可以修饰超链接，从而达到美观的效果。

下图所示为超链接的特效，将鼠标放在链接文字上后，颜色会发生变化，并显示下画线。

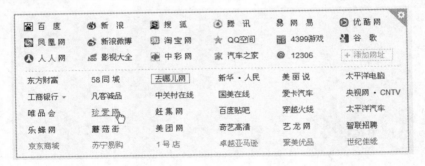

14.2.1　改变超链接基本样式

使用 HTML 标记 A 创建的超链接非常普通，除了颜色发生变化和带有下画线外，其他的和普通文本区别不大。这种传统的超链接样式显然无法满足广大用户的需求，此时可以通过 CSS 3 来增强样式效果。

对于超链接的修饰，通常可以采用 CSS 伪类，前面已经介绍过这个概念。伪类是一种特殊的选择符，能被浏览器自动识别。其最大的用处是在不同状态下可以对超链接定义不同的样式效果，是 CSS 本身定义的一种类。

第 14 天 风景这边独好——CSS 3 控制鼠标与超链接样式

对于超链接伪类，其详细信息如表 14-2 所示。

表 14-2　超链接伪类

伪　　　类	含　　　义
a:link	定义 a 对象在未被访问前的样式
a:hover	定义 a 对象在其鼠标悬停时的样式
a:active	定义 a 对象被用户激活时的样式（在鼠标单击与释放之间发生的事件）
a:visited	定义 a 对象在其链接地址已被访问过时的样式

　　CSS 就是通过上面定义的 4 个超链接伪类来设置超链接样式。也就是说，如果要定义未被访问超链接的样式，可以通过 a:link 来实现；如果要设置被访问过的超链接的样式，可以定义 a:visited 来实现；其他要定义悬浮和激活时的样式，也能如表 14-2 所示用 hover 和 active 来实现。

　　【案例 14-3】如下代码就是一个修改超链接样式的实例（详见随书光盘中的 "素材\ch14\14.3.html"）。

```
<html>
<head>
<title>超链接样式</title>
<style>
a{
    color:#545454;
    text-decoration:none;
}
a:link{
    color:#545454;
    text-decoration:none;
}
a:hover{
    color:red;
    text-decoration:underline;
}
a:active{
    color:#FF6633;
    text-decoration:none;
}
</style>
</head>
<body>
<center>
<a  href=#>团购</a>|<a  href=#>最新动态</a>
<center>
</body>
</html>
```

在 Firefox 中浏览效果如下图所示，可以看到两个超链接，当鼠标停留在第一个超链接上方时，显示颜色为红色，并带有下画线；另一个超链接没有被访问，不带有下画线，颜色显示灰色。

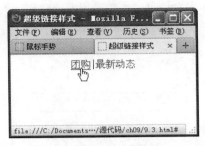

从上面可以知道，伪类只是提供一种途径，用来修饰超链接，而对超链接真正起作用的还是文本、背景和边框等属性。

在网页显示的时候，有时一个超链接并不能说明这个链接背后的含义，通常还要为这个链接加上一些介绍性信息，即提示信息。此时可以通过超链接 a 提供描述标记 title，来达到这个效果。title 属性的值即是提示内容，当浏览器的光标停留在超链接上时，会出现提示内容，并且不会影响页面排版的整洁。

【案例 14-4】如下代码就是一个添加链接提示信息的实例（详见随书光盘中的"素材\ch14\14.4.html"）。

```
<html>
<head>
<title>超链接样式</title>
<style>
a{
    color:#005799;
    text-decoration:none;
}
a:link{
    color:#545454;
    text-decoration:none;
}
a:hover{
    color:blue;
    text-decoration:underline;
}
a:active{
    color:#FF6633;
    text-decoration:none;
}
</style>
</head>
<body>
<a href="" title="团购是目前比较流行的网购新方式">团购</a>
```

```
</body>
</html>
```

在 Firefox 中浏览效果如下图所示，可以看到当鼠标停留在超链接上方时，显示颜色为蓝色，带有下画线，并且有一个提示信息"团购是目前比较流行的网购新方式"。

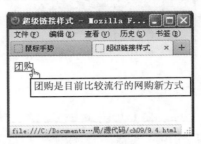

14.2.2　设置超链接背景图

将图片作为背景图添加到超链接里，这样超链接就会具有更加精美的效果。超链接如果要添加背景图片，通常使用 background-image 来完成。

【案例 14-5】如下代码就是一个设置超链接背景图的实例（详见随书光盘中的"素材\ch14\14.5.html"）。

```
<html>
<head>
<title>超链接样式</title>
<style>
a{
    background-image:url(01.jpg);
    width:90px;
    height:30px;
    color:#005799;
    text-decoration:none;
}
a:hover{
    background-image:url(02.jpg);
    color:#006600;
    text-decoration:underline;
}
</style>
</head>
<body>
<a href="#">链接背景 1</a>
<a href="#">链接背景 2</a>
<a href="#">链接背景 3</a>
</body>
</html>
```

在 Firefox 中浏览效果如下图所示，可以看到显示了 3 个超链接，当鼠标停留在一个超链接上时，其背景图就会显示浅黄色并带有下画线；而当鼠标不在超链接上时，背景图显示浅蓝色，并且不带有下画线。当鼠标不在超链接上停留时，会不停地改变超链接显示图片，即样式，从而实现超链接动态菜单效果。

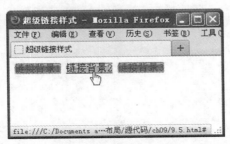

在上面的代码中，使用 background-image 引入背景图，text-decoration 设置超链接是否具有下画线。

14.2.3　超链接按钮效果

有时为了增强超链接的效果，会将超链接模拟成表单按钮，即当鼠标指针移到一个超链接上的时候，超链接的文本或图片就会像被按下一样，有一种凹陷的效果。其实现方式通常是利用 CSS 中的 a:hover，当鼠标经过链接时，将链接向下、向右各移一个像素，这时候的显示效果就像按钮被按下的效果。

【案例 14-6】如下代码就是一个设置链接按钮效果的实例（详见随书光盘中的"素材\ch14\14.6.html"）。

```
<html>
<head>
<title>超链接样式</title>
<style>
a{
        font-family:"幼圆";
        font-size:2em;
        text-align:center;
        margin:3px;
}
a:link,a:visited{
        color:#ac2300;
        padding:4px 10px 4px 10px;
        background-color:#ccd8db;
        text-decoration:none;
        border-top:1px solid #EEEEEE;
        border-left:1px solid #EEEEEE;
        border-bottom:1px solid #717171;
        border-right:1px solid #717171;
}
```

239

```
a:hover{
        color:#821818;
        padding:5px 8px 3px 12px;
        background-color:#e2c4c9;
        border-top:1px solid #717171;
        border-left:1px solid #717171;
        border-bottom:1px solid #EEEEEE;
        border-right:1px solid #EEEEEE;
}
</style>
</head>
<body>
<a href="#">新闻</a>
<a href="#">网页</a>
<a href="#">贴吧</a>
<a href="#">知道</a>
<a href="#">音乐</a>
</body>
</html>
```

在 Firefox 中浏览效果如下图所示，可以看到显示了 5 个超链接，当鼠标停留在一个超链接上时，其背景色显示黄色并具有凹陷的感觉；而当鼠标不在超链接上时，背景图显示浅灰色。

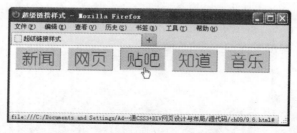

在上面的代码中，需要对 a 标记进行整体控制，同时加入了 CSS 的两个伪类属性。对于普通超链接和单击过的超链接采用同样的样式，并且边框的样式模拟按钮效果。而对于鼠标指针经过时的超链接，相应地改变文本颜色、背景色、位置和边框，从而模拟按下的效果。

14.3　技能训练 1——制作图片鼠标放置特效

本实例结合前面介绍的内容，来创建一个图片鼠标放置特效实例。具体操作步骤如下。

Step01　创建 HTML，实现基本超链接。

```
<html >
<head>
<title>鼠标特效</title>
```

```
</head>
<body>
<center>
<a href="#" >娱乐资讯</a>
<a href="#" >新闻直播</a>
<a href="#">最新动态</a>
</center>
</body>
</html>
```

在 Firefox 中浏览效果如下图所示，可以看到 3 个超链接，颜色为蓝色，并带有下画线。

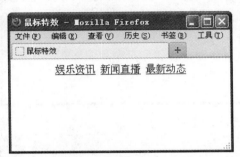

Step02 添加 CSS 代码，修饰整体样式。

```
<style type="text/css">
*{
margin:0px;
padding:0px;
 }
body{
 font-family:"宋体";
 font-size:18px;
 }
-->
</style>
```

在 Firefox 中浏览效果如下图所示，可以看到超链接颜色不变，字体大小为 18 像素，字形为宋体。

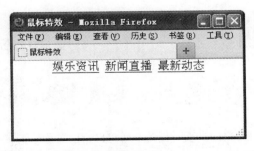

Step03 添加 CSS 代码，修饰链接基本样式。

```
a, a:visited {
line-height:20px;
```

```
color: #000000;
background-image:url(02.jpg);
background-repeat: no-repeat;
text-decoration: none;
}
```

在 Firefox 中浏览效果如下图所示，可以看到超链接引入了背景图片，不带有下画线，并且颜色为黑色。

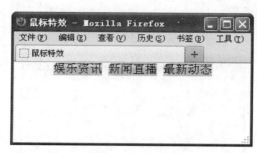

Step04 添加 CSS 代码，修饰悬浮样式。

```
a:hover {
font-weight: bold;
color:red;
}
```

在 Firefox 中浏览效果如下图所示，可以看到当鼠标放到超链接上时，字体颜色变为红色，字体加粗。

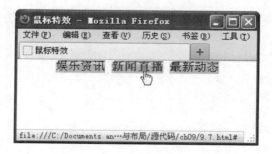

14.4 技能训练 2——制作图片超链接

本实例将结合前面学习的知识，创建一个图片超链接。

具体操作步骤如下。

Step01 构建基本 HTML 页面。创建一个 HTML 页面，需要创建一个段落 p 来包含图片 img 和介绍信息。其代码如下：

```
<html>
<head>
```

```
<title>图片超链接</title>
</head>
<body>
<p>
<a href="#" title="单击图片，会进入更详细页面介绍"><img src=04.jpg></a>
```
蝶，通称为"蝴蝶"，全世界大约有 14000 余种，大部分分布在亚马逊河流域品种最多，在世界其他地区除了南北极寒冷地带以外，都有分布，在我国台湾也以蝴蝶品种繁多著名。蝴蝶一般色彩鲜艳，翅膀和身体有各种花斑，头部有一对棒状或锤状触角（这是和蛾类的主要区别，蛾的触角形状多样）。最大的蝴蝶展翅可达 24 厘米，最小的只有 1.6 厘米。大型蝴蝶非常引人注意，专门有人收集各种蝴蝶标本，在美洲"观蝶"迁徙和"观鸟"一样，成为一种的活动，吸引许多人参加。
```
</p>
</body>
</html>
```

在 Firefox 中浏览效果如下图所示，可以看到页面中显示了一张图片作为超链接，下面带有文字介绍。

Step02 添加 CSS 代码，修饰 img 图片。

```
<style>
img{
        width:120px;
        height:100px;
        border:1px solid #ffdd00;
        float:left;
}
</style>
```

在 Firefox 中浏览效果如下图所示，可以看到页面中图片变为小图片，其宽度为 120 像素，高度为 100 像素，带有边框，文字在图片右部出现。

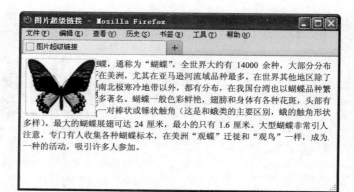

Step03 添加 CSS 代码，修饰段落样式。

```
p{
        width:200px;
        height:200px;
        font-size:13px;
        font-family:"幼圆";
        text-indent:2cm;

}
```

在 Firefox 中浏览效果如下图所示，可以看到页面中图片变为小图片，段落文字大小为 13 像素，字形为幼圆，段落首行缩进了 2cm。

第 **15** 天　让一切趋近于完美——
CSS 3 滤镜样式应用

学时探讨：

　　本学时主要探讨滤镜样式的应用方法。在网页设计的过程中，通过使用滤镜，可以实现很多页面特效，能够产生各种各样的文字或图片特效，从而大大提高页面的吸引力。

学时目标：

　　通过本章滤镜样式的学习，读者可学会添加滤镜效果的方法等知识。

15.1　什么是 CSS 滤镜

　　CSS 滤镜是 IE 浏览器厂商为了增加浏览器功能和竞争力，而独自推出的一种网页特效。CSS 滤镜不是浏览器插件，也不符合 CSS 标准。

　　从 Internet Explorer 4.0 开始，浏览器便开始支持多媒体滤镜特效，允许使用简单的代码对文本和图片进行处理，如模糊、彩色投影、火焰效果、图片倒置、色彩渐变、风吹效果和光晕效果等。当把滤镜和渐变结合运用到网页脚本语言中时，就可以建立一个动态交互的网页。

　　CSS 滤镜属性的标识符是 filter，语法格式如下：

```
filter:filtername(parameters)
```

　　filtername 是滤镜名称，如 Alpha、blur、chroma 和 DropShadow 等。parameters 指定了滤镜中的各参数，通过这些参数才能够决定滤镜显示的效果。下图所示就是使用了灯光滤镜后的效果。

15.2 通道（Alpha）

Alpha 滤镜能实现针对图片文字元素的"透明"效果，这种透明效果是通过"把一个目标元素和背景混合"来实现的，混合程度可以由用户指定数值来控制。通过指定坐标，可以指定点、线和面的透明度。如果将 Alpha 滤镜与网页脚本语言结合，并适当地设置其参数，就能使图像显示淡入淡出的效果。

Alpha 滤镜的语法格式如下：

```
{filter : Alpha ( enabled=bEnabled, style=iStyle, opacity=iOpacity,
finishOpacity=iFinishOpacity,
          startx=iPercent, starty=iPercent, finishx=iPercent, finishy=
iPercent )}
```

各参数如表 15-1 所示。

表 15-1　Alpha 滤镜参数

参　　数	含　　义
enabled	设置滤镜是否激活
style	设置透明渐变的样式，也就是渐变显示的形状，取值为 0~3。0 表示无渐变，1 表示线形渐变，2 表示圆形渐变，3 表示矩形渐变
opacity	设置透明度，值范围是 0~100。0 表示完全透明，100 表示完全不透明
finishOpacity	设置结束时的透明度，值范围也是 0~100
startx	设置透明渐变开始点的水平坐标（即 x 坐标）
starty	设置透明渐变开始点的垂直坐标（即 y 坐标）
finishx	设置透明渐变结束点的水平坐标
finishy	设置透明渐变结束点的垂直坐标

【案例 15-1】如下代码就是一个对文字使用通道滤镜的实例（详见随书光盘中的"素材\ch15\15.1.html"）。

```
<html>
<head>
   <title>Alpha 滤镜</title>
   <style type="text/css">
   <!--
     p{
       color:red;
       font-weight:bolder;
       font-size:25pt;
       width:100%
     }
   -->
   </style>
</head>
<body style="background-color: #84C1FF ">
```

```
    <div >
      <p>Alpha 通道滤镜</p>
      <p style="filter:alpha(opacity=80 , style=1)">80%的透明效果</p>
      <p style="filter:alpha(opacity=60 , style=2)">60%的透明效果</p>
    </div>
  </body>
</html>
```

在 IE 8.0 中浏览效果如下图所示，可以看到出现了 3 个段落，其透明度依次减弱。

Alpha 滤镜不但能应用于文字，还可以应用于图片透明特效。

【案例 15-2】如下代码就是一个对图片使用通道滤镜的实例（详见随书光盘中的 "素材\ch15\15.2.html"）。

```
<html>
<head>
    <title>Alpha 滤镜</title>
</head>
<body>
     原图<img src="02.jpg" style="width:200px;height:300px;">
        80% 不透明度 <img src="02.jpg" style="width:200px;height:300px;
filter : Alpha(opacity=80 , style=0)" >
        60% 不 透 明 度 <img src="02.jpg" style="width:200px;height:300px;
filter : Alpha(opacity=60 , style=2)" >
    </body>
</html>
```

在 IE 8.0 中浏览效果如下图所示，可以看到显示了 3 张图片，其透明度依次减弱。

在使用 Alpha 滤镜时要注意以下两点。

（1）由于 Alpha 滤镜使当前元素部分透明，该元素下层的内容的颜色对整个效果起着重要作用，因此颜色的合理搭配相当重要。

（2）透明度的大小要根据具体情况仔细调整，取一个最佳值。

15.3 模糊（Blur）

Blur 滤镜实现页面模糊效果，即在一个方向上的运动模糊。如果应用得当，就可以产生高速移动的动感效果。

Blur 滤镜的语法格式如下：

```
{filter : Blur ( enabled=bEnabled , add=iadd , direction=idirection ,
        strength=fstrength )}
```

参数如表 15-2 所示。

表 15-2　Blur 滤镜参数

参　数	含　义
enabled	设置滤镜是否激活
add	指定图片是否改变成模糊效果。这是个布尔参数，有效值为 True 或 False。True 是默认值，表示应用模糊效果，False 则表示不应用
direction	设定模糊方向。模糊的效果是按顺时针方向起作用的，取值范围为 0~360°，45° 为一个间隔。有 8 个方向值：0 表示零度，代表向上方向，45 表示右上，90 表示向右，135 表示右下，180 表示向下，225 表示左下，270 表示向左，315 表示左上
strength	指定模糊半径大小，单位是像素，默认值为 5，取值范围为自然数，该取值决定了模糊效果的延伸范围

【案例 15-3】如下代码就是一个使用模糊滤镜的实例（详见随书光盘中的 "素材\ch15\15.3.html"）。

```
<html>
<head>
<title>模糊 Blur</title>
<style>
img{
    height:180px;
}
div.div2 { width:400px;filter:blur(add=true,direction=90,strength=50) }
```

```
    </style>
    </head>
    <body>
    <div class="div2">
            <p style="font-size: 30pt; font-weight: bold; color:Blue">
             Blur 滤镜效果图</p>
        </div>
            原图<img src="03.jpg">
            模糊效果 1<img src="03.jpg" style="filter:Blur(add=true,direction=
225,strength=20)">
            模糊效果 2<img src="03.jpg" style="filter:Blur(add=false,direction=
225,strength=20)">
        </body>
    </html>
```

在 IE 8.0 中浏览效果如下图所示，可以看到文字吹风的效果。另外图片也有两个不同的模糊效果。

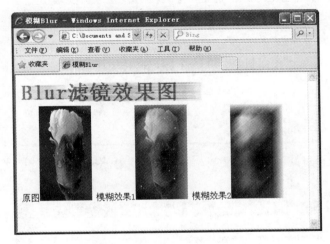

15.4 透明色（Chroma）

Chroma 滤镜可以设置 HTML 对象中指定的颜色为透明色。其语法格式如下：

```
{filter : Chroma(enabled=bEnabled , color=sColor)}
```

其中，color 参数设置要变为透明色的颜色。

【案例 15-4】如下代码就是一个使用透明色滤镜的实例（详见随书光盘中的"素材\ch15\15.4.html"）。

```
<html>
<head>
    <title>Chroma 滤镜</title>
```

```
    <style>
     <!--
       div{position:absolute;top:70;letf:40; filter:Chroma(color=red)}
       p{font-size:30pt; font-weight:bold; color:red}
     -->
    </style>
</head>
<body>
    <p>未使用透明色滤镜效果前</p>
    <div>
        <p>使用透明色滤镜效果的效果</p>
    </div>
</body>
</html>
```

在 IE 8.0 中浏览效果如下图所示，可以看到第二个段落某些笔画丢失。

但拖动鼠标选择过滤颜色后的文字，便可以查看过滤掉颜色的文字。选择文字后效果如下图所示。

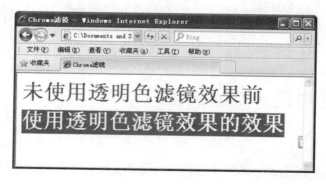

15.5 翻转变换（Flip）

在 CSS 3 中，可以通过 Filp 滤镜实现 HTML 对象翻转效果。翻转变换分为两种：FlipH 和 FlipV。

其中，FlipH 滤镜用于水平翻转对象，即将元素对象按水平方向进行 180° 翻转；而 FlipV 滤镜用来实现对象的垂直翻转。

FlipH 滤镜可以在 CSS 中直接使用，使用格式如下：

```
{Fliter: FlipH(enabled=bEnabled)}
```

该滤镜中只有一个 enabled 参数，表示是否激活该滤镜。

【案例 15-5】如下代码就是一个使用水平翻转滤镜的实例（详见随书光盘中的"素材\ch15\15.5.html"）。

```
<html >
<head>
    <title>FlipH 滤镜</title>
<style>
img{
height:120px;
width:200px;
}
</style>
</head>
<body>
        原图<img src="04.jpg">
        水平翻转效果<img src="04.jpg" style="Filter:FlipH()">

</body>
</html>
```

在 IE 8.0 中浏览效果如下图所示，可以看到图片以中心为支点进行了左右方向上的翻转。

FlipV 滤镜的语法格式如下：

```
{Fliter: FlipV(enabled=bEnabled)}
```

enabled 参数表示是否激活滤镜。

【案例 15-6】如下代码就是一个使用垂直翻转滤镜的实例（详见随书光盘中的"素材\ch15\15.6.html"）。

```
<html>
<head>
```

251

```
<title>FlipV 滤镜</title>
</head>
<style>
img{
height:120px;
width:200px;
}
</style>
<body>
        原图<img src="04.jpg">
        垂直翻转效果<img src="04.jpg" style="Filter:FlipV()">
</body>
</html>
```

在 IE 8.0 中浏览效果如下图所示，可以看到右方图片上下发生了翻转。

15.6　光晕（Glow）

文字或物体发光的特性往往能吸引浏览者注意，Glow 滤镜可以使对象的边缘产生一种柔和的边框或光晕，并可产生如火焰一样的效果。

其语法格式如下：

```
{filter : Glow ( enabled=bEnabled , color=sColor , strength=iDistance ) }
```

其中，color 设置边缘光晕颜色；strength 设置晕圈范围，值范围是 1~255，值越大效果越强。

【案例 15-7】如下代码就是一个使用光晕滤镜的实例（详见随书光盘中的"素材\ch15\15.7.html"）。

```
<html>
<head>
    <title>filter glow</title>
    <style>
    <!--
```

```
        .weny{
            width:100%;
            filter:Glow(color=blue,strength=15)}
    -->
    </style>
  </head>
  <body>
    <div class="weny">
        <p style="font-family: l 幼圆; font-size: 50pt; font-weight: bolder;
color: red">
            使用光晕滤镜效果</p>
    </div>
  </body>
</html>
```

在 IE 8.0 中浏览效果如下图所示，可以看到文字带有光晕效果。

> **提示**　　当 Glow 滤镜作用于文字时，每个文字边缘都会出现光晕，效果非常强烈。
> 而对于图片，Glow 滤镜只在其边缘加上光晕。

15.7　灰度（Gray）

　黑白色是一种经典颜色，使用 Gray 滤镜能够轻松地将彩色图片变为黑白图片。

其语法格式如下：

`{filter:Gray(enabled=bEnabled)}`

enabled 表示是否激活滤镜，可以在页面代码中直接使用，

【案例 15-8】如下代码就是一个使用灰度滤镜的实例（详见随书光盘中的"素材\ch15\15.8.html"）。

```
<html>
<head>
<title>Gray 滤镜</title>
```

```
    </head>
    <body>
        原图<img src="02.jpg"    style="width: 30%;height:30%"  />
        灰度滤镜后的效果<img src="02.jpg"    style="width: 30%;height:30%;
filter: Gray()"  />
    </body>
    </html>
```

在 IE 8.0 中浏览效果如下图所示，可以看到右边的图片以灰度效果显示。

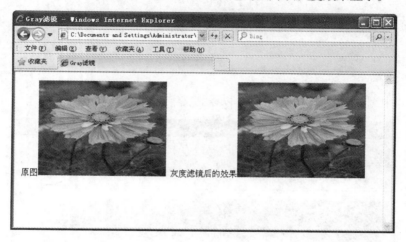

15.8 反色（Invert）

Invert 滤镜可以把对象的可视化属性全部翻转，包括色彩、饱和度和亮度值，使图片产生一种"底片"或负片的效果。

其语法格式如下：

```
{filter:Invert(enabled=bEnabled)}
```

enabled 参数用来设置是否激活滤镜。

【案例 15-9】如下代码就是一个使用反色滤镜的实例（详见随书光盘中的"素材\ch15\15.9.html"）。

```
<html>
<head>
<title>Invert 滤镜</title>
</head>
<body>
    原图<img src="05.jpg" />
    反相滤镜效果<img src="05.jpg"  style="width:50%; filter: Invert()" />
</body>
</html>
```

在 IE 8.0 中浏览效果如下图所示，可以看到右边的图片以反色效果显示。

15.9　遮罩（Mask）

可以通过遮罩滤镜，为网页中的元素对象做出一个矩形遮罩。所谓遮罩，就是使用一个颜色图层将包含有文字或图像等对象的区域遮盖，但是文字或图像部分却以背景色显示出来。

Mask 滤镜语法格式如下：

```
{filter:Mask(enabled=bEnabled , color=sColor)}
```

参数 color 用来设置 Mask 滤镜作用的颜色。

【案例 15-10】如下代码就是一个使用遮罩的实例（详见随书光盘中的"素材\ch15\15.10.html"）。

```
<html>
<head>
<title>Mask 遮罩滤镜</title>
<style>
p {
width:400;
filter:mask(color:blue);
font-size:40pt;
font-weight:bold;
color:#00CC99;
}
</style>
</head>
<body>
<p>使用遮罩滤镜的效果</p>
</body>
</html>
```

第 15 天 让一切趋近于完美——CSS 3 滤镜样式应用

在 IE 8.0 中浏览效果如下图所示，可以看到文字上面有一个遮罩，文字颜色是背景颜色。

15.10　阴影（Shadow）

可以通过 Shadow 滤镜来给对象添加阴影效果，其实际效果看起来好像是对象离开了页面，并在页面上显示出该对象阴影。阴影部分的工作原理是建立一个偏移量，并为其加上颜色。

其语法格式如下：

```
{filter:Shadow(enabled=bEnabled , color=sColor , direction=iOffset, strength=iDistance)}
```

各参数如表 15-3 所示。

表 15-3　Shadow 滤镜参数

参　　数	含　　义
enabled	设置滤镜是否激活
color	设置投影的颜色
direction	设置投影的方向，有 8 种取值，代表 8 种方向：取值为 0 表示向上方向，45 为右上，90 为右，135 为右下，180 为下方，225 为左下方，270 为左方，315 为左上方
strength	设置投影向外扩散的距离

【案例 15-11】如下代码就是一个使用阴影滤镜的实例（详见随书光盘中的"素材\ch15\15.11.html"）。

```
<html>
<head>
<title>阴影效果</title>
<style>
h1 {
 color:blue;
 width:400;
 filter:shadow(color=red, offx=15, offy=22, positive=flase);
```

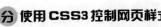

```
}
</style>
</head>
<body>
<h1>阴影滤镜效果</h1>
</body>
</html>
```

在 IE 8.0 中浏览效果如下图所示，可以看到文字带有阴影效果。

15.11　X 射线（X-ray）

X-ray 中文含义为 X 射线，X-ray 滤镜可以使对象反映出它的轮廓，并把这些轮廓的颜色加亮，使整体看起来有一种 X 光片的效果。

其语法格式如下：

```
{filter:Xray(enabled=bEnabled)}
```

enabled 参数用于确定是否激活该滤镜。

【案例 15-12】如下代码就是一个使用 X 射线滤镜的实例（详见随书光盘中的 "素材\ch15\15.12.html"）。

```
<html>
<head>
<title>X 射线</title>
<style>
.noe {
filter:xray;
}
</style>
</head>
<body>
　原图<img src="06.jpg" />
　X 射线图<img src="06.jpg" class="noe" />
```

```
</body>
</html>
```

在 IE 8.0 中浏览效果如下图所示，可以看到右边的图片有 X 光效果。

15.12　图像切换（RevealTrans）

RevealTrans 滤镜能够实现图像之间的切换效果。切换时，能产生 32 种动态效果，例如，溶解、水平（垂直）展幕、百叶窗等，而且还可以随机选取其中的一种效果进行切换。

RevealTrans 滤镜语法格式如下：

```
filter : RevealTrans ( enabled=bEnabled , duration=fDuration ,
transition=iTransitionType )
```

其中，enabled 表示是否激活滤镜；duration 用于设置切换停留时间；transition 用于指定转换方式，即指定要使用的动态效果，参数取值是 0~23。

transition 参数值如表 15-4 所示。

表 15-4　RevealTrans 滤镜动态效果

动态效果	参　数　值	动态效果	参　数　值
矩形从大至小	0	随机溶解	12
矩形从小至大	1	从上下向中间展开	13
圆形从大至小	2	从中间向上下展开	14
圆形从小至大	3	从两边向中间展开	15
向上推开	4	从中间向两边展开	16
向下推开	5	从右上向左下展开	17
向右推开	6	从右下向左上展开	18
向左推开	7	从左上向右下展开	19
垂直形百叶窗	8	从左下向右上展开	20

续表

动态效果	参数值	动态效果	参数值
水平形百叶窗	9	随机水平细纹	21
水平棋盘	10	随机垂直细纹	22
垂直棋盘	11	随机选取一种效果	23

但是，如果只设置了 transition 参数来实现切换过程的话，是不会有任何效果的，因为动态效果的实现还必须依靠脚本语言 JavaScript 调用相应的方法。

【案例 15-13】如下代码就是一个使用图像切换滤镜的实例（详见随书光盘中的"素材\ch15\15.13.html"）。

```html
<html >
<head>
    <title>RevealTrans 滤镜</title>
<style type="text/css">
 .revealtrans { filter:revealTrans(Transition=10,Duration=3)}
</style>
</head>
<body onload="playImg()">
 <img id="imgpic" class="revealtrans" src="05.jpg"/>
 <script language="JavaScript">
<!--
   // 声明数组，数组元素的个数就是图片的个数，然后给数组元素赋值，值为图片路径
   ImgNum=new ImgArray(2);
   ImgNum[0]="06.jpg";
   ImgNum[1]="07.jpg";
   // 获取数组记录数
   function ImgArray(len)
   {
     this.length=len;
   }
   var i=1;
   //转换过程
   function playImg(){
     if (i==1){
       i=0 ;
     }
     else{
       i++;
     }
     imgpic.filters[0].apply();
     imgpic.src=ImgNum[i];
     imgpic.filters[0].play();
     // 设置演示时间，这里是以毫秒为单位的，4000 则表示延迟秒
     // 滤镜中设置的转换时间值，这样当转换结束后还停留一段时间
     timeout=setTimeout('playImg()',4000);
   }
```

```
        -->
      </script>
  </body>
  </html>
```

在 IE 8.0 中浏览效果如下图所示，可以看到以百叶窗的形式打开另一张图片，如此循环往复。

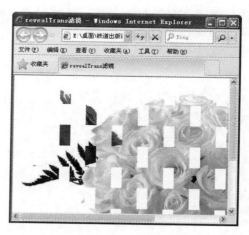

15.13　波浪（Wave）

Wave 滤镜可以为对象添加竖直方向上的波浪效果，也可以用来把对象按照竖直的波纹样式打乱。

其语法格式如下：

```
{filter:Wave ( enabled=bEnabled , add=bAddImage , freq=iWaveCount ,
lightStrength=iPercentage ,
            phase=iPercentage , strength=iDistance)}
```

各参数说明如表 15-5 所示。

表 15-5　Wave 滤镜参数

参　　数	说　　明
enabled	设置滤镜是否激活
add	布尔值，表示是否在原始对象上显示效果。True 表示显示；False 表示不显示
freq	设置生成波纹的频率，也就是设定在对象上产生的完整的波纹的条数
lightStrength	波纹效果的光照强度，取值为 0~100
phase	设置正弦波开始的偏移量，取百分比值 0~100，默认值为 0。25 就是 360×25%为 90°，50 则为 180°
strength	波纹曲折的强度

【案例 15-14】如下代码就是一个使用波浪滤镜的实例（详见随书光盘中的"素材\ch15\15.14.html"）。

```html
<html>
<head>
<title>波浪效果</title>
<style>
h1 {
 color:red;
 text-align:left;
 width:400;
 filter:wave(add=true, freq=5, lightStrength=45, phase=20, strength=3);
}
</style>
</head>
<body>
<h1>使用波浪滤镜的效果</h1>
</body>
</html>
```

在 IE 8.0 中浏览效果如下图所示，可以看到文字带有波浪效果。

15.14　渐隐渐现（BlendTrans）

BlendTrans 滤镜是一种高级滤镜，如果要实现效果，需要结合 JavaScript。该滤镜可以实现 HTML 对象的渐隐渐现效果。

BlendTrans 滤镜语法格式如下：

```
{ filter : BlendTrans ( enabled=bEnabled , duration=fDuration ) }
```

上述代码中，enabled 表示是否激活滤镜；duration 表示整个转换过程所需的时间，单位为秒。

【案例 15-15】如下代码就是一个使用 BlendTrans 滤镜的实例（详见随书光盘中的"素材\ch15\15.15.html"）。

```
<html >
```

```
<head>
    <title>BlendTrans 滤镜</title>
    <style type="text/css">
    <!--
      .blendtrans { filter:blendTrans(Duration=3)}
    -->
    </style>
</head>
<body onload="playImg()">
  <img src="08.jpg" class="blendtrans" id="imgpic"
  style="width:300px;height:280px;" />
  <script language="JavaScript">
  <!--
    //声明数组，数组元素的个数就是图片的个数，然后给数组元素赋值，值为图片路径
    ImgNum=new ImgArray(2);
    ImgNum[0]="08.jpg";
    ImgNum[1]="09.jpg";
    //获取数组记录数
    function ImgArray(len)
    {
      this.length=len;
    }
    var i=1;
    //转换过程
    function playImg(){
      if (i==1){
        i=0 ;
      }
      else{
        i++;
      }
      imgpic.filters[0].apply();
      imgpic.src=ImgNum[i];
      imgpic.filters[0].play();
      //设置演示时间，这里是以毫秒为单位的，4000 则表示延迟秒
      //滤镜中设置的转换时间值，这样当转换结束后还停留一段时间
      timeout=setTimeout('playImg()',4000);
    }
  -->
  </script>
</body>
</html>
```

上述代码中，对 HTML 元素 img 应用了 BlendTrans 滤镜，然后使用 JavaScript 脚本语言来定义转换过程。对于 JavaScript 代码，要声明用来存储图片数组，并指定图片所在路径。然后再获取数组长度，用于转换过程中循环读取图片数量。接着定义转换过程 playImg，该过程实现了两幅图片之间淡入淡出并进行转换的过程，apply 方法用于捕获对象内容的初始显示，为转换做必要的准备。timeout 指定了转换的延迟时间，再加上滤镜中设置的转换时间，则图

片在转换之间将停留，以方便清楚地浏览图片。最后，在主体元素 body 中插入 onload 事件，
加载转换过程。

在 IE 8.0 中浏览效果如下图所示，可以看到一张图片慢慢消失，一张图片慢慢出现，两张图片不断循环往复，从而实现渐变效果。

15.15   立体阴影（DropShadow）

阴影效果在实际的文字和图片中非常实用，IE 8.0 通过 DropShadow 滤镜建立阴影效果，使元素内容在页面上产生投影，从而实现立体的效果。其工作原理就是创建一个偏移量，并定义一个阴影颜色，使之产生效果。

DropShadow 滤镜语法格式如下：

```
{filter : DropShadow ( enabled=bEnabled , color=sColor , offx=iOffsetx,
offy=iOffsety,positive=bPositive ) }
```

参数如表 15-6 所示。

表 15-6　DropShadow 滤镜参数

参　　数	含　　义
enabled	设置滤镜是否激活
color	指定滤镜产生的阴影颜色
offx	指定阴影水平方向偏移量，默认值为 5 像素
offy	指定阴影垂直方向偏移量，默认值为 5 像素
positive	指定阴影透明程度，为布尔值。True（1）表示为任何的非透明像素建立可见的阴影；False（0）表示为透明的像素部分建立透明效果

【案例 15-16】如下代码就是一个使用立体阴影的实例（详见随书光盘中的"素材\ch15\15.16.html"）。

```
<html>
<head>
    <title>DropShadow 滤镜</title>
</head>
<body>
    <table width="90%" height="90%">
        <tr>
            <td style="filter: DropShadow(color=gray,offx=10,offy=10,
positive=1)">
                <img src="08.jpg" >
            </td>
        </tr>
        <tr>
            <td style="filter: DropShadow(color=gray,offx=5,offy=5.
positive=1);
                font-size:20pt; color:DarkBlue">
            使用立体阴影的效果
            </td>
        </tr>
    </table>
</body>
</html>
```

在 IE 8.0 中浏览效果如下图所示，可以看出立体阴影的效果比阴影滤镜的效果明显。

15.16　灯光滤镜（Light）

Light 滤镜是一个高级滤镜，需要结合 JavaScript 使用。该滤镜用来产生类似于光照灯效果，并调节亮度以及颜色。

其语法格式如下：

```
{filter:Light(enabled=bEnabled)}
```

对于已定义的 Light 滤镜属性，可以调用它的方法（Method）来设置或改变属性，这些方法如表 15-7 所示。

表 15-7　Light 滤镜使用方法

参　　数	含　　义
AddAmbIE 8.0nt	加入包围的光源
AddCone	加入锥形光源
AddPoint	加入点光源
Changcolor	改变光的颜色
Changstrength	改变光源的强度
Clear	清除所有的光源
MoveLight	移动光源

【案例 15-17】如下代码就是一个使用灯光滤镜的实例（详见随书光盘中的"素材\ch15\15.17.html"）。

```
<html>
<head>
<title>light 滤镜效果</title>
</head>
<body>
    <table>
        <tr>
            <td style="color:blue; font-weight:bolder">
                随鼠标变化的动态光源效果
            </td>
        </tr>
        <tr>
            <td id="light" style="filter: light(); width: 200px">
                <img src="08.jpg">
            </td>
        </tr>
    </table>
<script language="Javascript">
<!--
    var g_numlights=0;
    // 调用设置光源函数
    window.onload=setlights;
    // 获得鼠标句柄
    light.onmousemove=mousehandler;
    //建立光源的集合
    function setlights(){
        light.filters[0].clear();
        light.filters[0].addcone(0,0,5,100,100,255,255,0,60,30);
```

```
        }
        //  捕捉鼠标的位置来移动光线焦点
        function mousehandler(){
            x=(window.event.x-80);
            y=(window.event.y-80);
            light.filters[0].movelight(0,x,y,5,1);
        }
        -->
    </script>
</body>
</html>
```

　　在 IE 8.0 中浏览效果如下图所示，可以看到一幅图片实现光照的效果，而且随着鼠标的移动，灯光照射的方向也不相同，类似于镭射灯的效果。

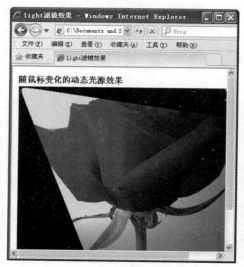

　　实现光照效果，JavaScript 脚本语言起主要作用。首先要创建光源并指定光源位置。setlights 函数中 filters[0] 表示设置的光源滤镜，调用 clear 方法表示在每次页面加载时先清除所有的光源，然后再使用 addcone 方法创建锥形光源。如果需要在图片上添加多束光源，则可以重复使用 addcone 方法，但注意要使用不同的参数，否则光源处于同一位置，就无法产生效果了。函数 mousehandler 用来实现光束随着鼠标移动的效果。

第16天 创造力不再是神话——
CSS 3 完善的网页美化设计

学时探讨：

本学时主要探讨 CSS 3 完善的网页美化设计的知识，其中包含了增强的边框属性、背景图像属性等内容，为更好的网页样式效果提供了实现方法。通过今日的学习，读者能够掌握对象边框和背景的更多设计技巧，为绚丽的边框及背景效果的实现奠定基础。

学时目标：

通过本章 CSS 3 网页样式美化设计的学习，读者可以掌握更多的对象样式设置效果，为网站美化的综合运用打下基础。

16.1 增强的边框属性

在 CSS 3 中为了增强边框效果，增加了一些边框属性，下面以其中的 border-color 和 border-image 属性为例进行介绍。

16.1.1 border-color 属性

border-color 属性用于设置对象 4 条边框的颜色。在设置时可以为边框设置 1～4 种颜色，即颜色值可以设置 1～4 个。border-color 属性是一个简写属性，可设置一个元素的所有边框中可见部分的颜色，或者为 4 条边分别设置不同的颜色。下面列举几个简单的颜色案例。

1. 为边框设置 4 种颜色

```
border-color:red green blue pink;
```

在 border-color 属性后有 4 个颜色值，依次表示：上边框是红色、右边框是绿色、下边框是蓝色、左边框是粉色。效果如下图所示。

四种颜色

2. 为边框设置 3 种颜色

```
border-color:red green blue;
```

在 border-color 属性后有 3 个颜色值，依次表示：上边框是红色、右边框和左边框是绿色、下边框是蓝色。效果如下图所示。

三种颜色

3. 为边框设置两种颜色

```
border-color:dotted red green;
```

在 border-color 属性后有两个颜色值，依次表示：上边框和下边框是红色、右边框和左边框是绿色。效果如下图所示。

两种颜色

4. 为边框设置一种颜色

```
border-color:red;
```

在 border-color 属性后有一个颜色值，表示所有 4 个边框都是红色。效果如下图所示。

一种颜色

需要注意的是，在设置边框的样式属性 border 时，边框的样式不能为 none 或 hidden，否则边框不会出现，颜色的设置也就无意义了。

【案例 16-1】下面来介绍一个完整的 border-color 案例（详见随书光盘中的"素材\ch16\16.1.html"）。

```
<!doctype html>
<html>
<head>
<meta charset="utf-8">
<title>无标题文档</title>
<style type="text/css">
p{
    width:200px;
    height:100px;
    border:10px dashed;
    border-color:blue red pink green;
}
</style>
</head>
<body>
<p>大家好</p>
</body>
</html>
```

使用 Chrome 浏览器查看页面，显示效果如下图所示。

16.1.2 border-image 属性

border-image 属性可以实现用图片填充对象的边界，其代码格式如下：

```
border-image:none | <image> [ <number> | <percentage>]{1,4} [ /
<border-width>{1,4} ]? [ stretch | repeat | round ]{0,2}
```

代码取值介绍如下。

none：表示无背景，也是默认值。不是显示的内容，表示没有、空，即不定义该属性时的取值。需要说明的是，none 只是整个属性没有定义时的情况，如果属性定义了才会有下面这 1~4 个值的设置，第四条是属性最后的一个取值设置。

● <image>：使用绝对或相对 URL 地址指定背景图像。

● <number>：边框宽度用固定像素值表示。

● <percentage>：边框宽度用百分比表示。

● [stretch|repeat|round]：设置图片的拉伸、重复、平铺样式，其中 stretch 是默认值。

和 border-image 相关的属性如下：border-top-image、border-right-image、border-bottom-image、border-left-image、border-corner-image、border-top-left-image、border-top-right-image、border-bottom-left-image 和 border-bottom-right-image。

【案例 16-2】下面来介绍一个完整的 border-image 案例（详见随书光盘中的"素材\ch16\16.2.html"）。

```
<!DOCTYPE html>
<html>
<head>
<meta charset="utf-8" />
<title>Border-image</title>
<style type="text/css">
.border-image{
    border-width: 12px 12px;
    border-image: url(16.1.jpg) 12 12 12 12 stretch stretch;
    display: block;
    padding: 10px;
    text-align: center;
```

```
    font-size: 16px;
    text-decoration: inherit;
    color:white;
     +color:black;
}
</style>
</head>
<body>
<div class="border-image"> </div>
</body>
</html>
```

使用 Chrome 浏览器查看页面，显示效果如下图所示。

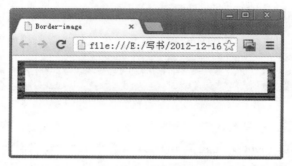

使用 border-image 属性时可以使用-webkit-border-image 和-moz-border-image 两种值指定。指定后，可以实现小元件延伸显示的效果。操作代码如下（详见随书光盘中的"素材\ch16\16.2-2.html"）：

```
<!DOCTYPE html>
<html>
<head>
<meta charset="utf-8" />
<title>Border-image</title>
<style type="text/css">
.border-image{
    -webkit-border-image: url(16.2.jpg) 0 12 0 12 stretch stretch;
     -moz-border-image: url(16.2.jpg) 0 12 0 12 stretch stretch;
    display: block;
    border-width: 0 12px;
    padding: 10px;
    text-align: center;
    font-size: 16px;
    text-decoration: inherit;
    color:white;
     +color:black;
}
</style>
</head>
<body>
```

```
<div class="border-image">填充拉伸边框图片</div>
</body>
</html>
```

使用 Chrome 浏览器查看页面，原本方形的红色渐变图形被延伸显示，效果如下图所示。

16.2 增强的背景图像属性

在 CSS 3 中为了增强背景显示效果，增加了一些新的背景图像属性，详细内容介绍如下。

16.2.1 background 属性

background 属性用于设置对象的背景，可以使用图片、颜色等内容。其代码格式如下：

```
Background:[background-color]||[background-image]||[background-repeat]||
[background-attachment]||[background-position]
```

代码取值介绍如下。

- [background-color]：指定对象的背景颜色。
- [background-image]：指定对象的背景图像。可以是真实图片路径或使用渐变创建的"背景图像"。
- [background-repeat]：指定对象的背景图像如何铺排填充。
- [background-attachment]：指定对象的背景图像是随对象内容滚动还是固定的。
- [background-position]：指定对象的背景图像位置。

【案例 16-3】下面来介绍一个通用的 background 案例（详见随书光盘中的"素材\ch16\16.3.html"）。

```
<!DOCTYPE html>
<html>
<head>
<meta charset="utf-8" />
<title>background 应用案例</title>
<style>
.test{
height:300px;
background:#faa url(16.3.jpg) no-repeat scroll 30px 50px;
```

```
}
</style>
</head>
<body>
<div class="test">定义单一背景图像</div>
</body>
</html>
```

> **提示**　background:#faa url(16.3.jpg) no-repeat scroll 30px 50px;表示背景填充为
> #faa 颜色，并以 X 轴 30px 和 Y 轴 50px 为起点插入图片 16.3.jpg，图片无
> 重复。

使用 Chrome 浏览器查看页面，显示效果如下图所示。

16.2.2　background-origin 属性

background-origin 属性用于指定背景图片开始显示的位置，其代码格式如下：

```
background-origin:<box>[, <box>]*
```

其中<box>有 3 种取值，分别定义背景图片不同的开始位置。

● padding-box：从 padding 区域（含 padding）开始显示背景图像，为默认值。
● border-box：从 border 区域（含 border）开始显示背景图像。
● content-box：从 content 区域开始显示背景图像。

【案例 16-4】下面来介绍 background-origin 属性的演示案例（详见随书光盘中的"素材\
ch16\16.4.html"）。

```
<!DOCTYPE html>
<html>
<head>
<meta charset="utf-8" />
<title>background-origin 应用案例</title>
<style>
```

```css
h1{
    font-size:20px;
    color:#0066CC;
}
h2{
    font-size:16px;
    color:#000;
}
p{
    color:#00FFFF;
    border:10px dashed #666;
    width:100px;
    height:100px;
    padding:20px;
    background:#aaa url(16.3.jpg) no-repeat;
}
.border-box p{background-origin:border-box;}
.padding-box p{background-origin:padding-box;}
.content-box p{background-origin:content-box;}
div{
    height:auto;
}

.left{
    float:left;
    width:40%;
    border:#000000 solid 5px;
}
.right{
    float:right;
    width:40%;
    border:#000000 solid 5px;
}
</style>
</head>
<body>
<h1>background-origin</h1>
<div class="all">
<div class="left">
<ul class="test">
    <li class="border-box">
        <h2>border-box</h2>
        <p>从border区域（含border）开始显示背景图像</p>
    </li>
    <li class="padding-box">
        <h2>padding-box</h2>
        <p>从padding区域（含padding）开始显示背景图像</p>
    </li>
</ul>
```

```
</div>
<div class="right">
<ul class="test">
    <li class="content-box">
        <h2>content-box</h2>
        <p>从 content 区域开始显示背景图像</p>
    </li>
</ul>
</div>
</div>
</body>
</html>
```

使用 Chrome 浏览器查看页面，显示效果如下图所示。

16.2.3 background-clip 属性

background-clip 属性用于定义背景图片裁剪的操作方法，其代码格式如下：

```
background-clip:<box>[,<box>]*
```

其中<box>有 4 个值可以选择，分别介绍如下。

- padding-box：从 padding 区域（不含 padding）开始向外裁剪背景。
- border-box：从 border 区域（不含 border）开始向外裁剪背景，为默认值。
- content-box：从 content 区域开始向外裁剪背景。
- text：从前景内容的形状（比如文字）作为裁剪区域向外裁剪，如此即可实现使用背景作为填充色之类的遮罩效果。

【案例 16-5】下面来介绍一个 background-clip 属性的案例（详见随书光盘中的"素材\←---
ch16\16.5.html"）。

```
<!DOCTYPE html>
<html>
<head>
<meta charset="utf-8" />
<title>background-clip 应用实例</title>
<style>
h1{font-size:20px;}
h2{font-size:16px;}
p{width:100px;height:100px;margin:0;padding:20px;border:10px    dashed
#666;background:#aaa url(16.3.jpg) no-repeat;}
.border-box p{background-clip:border-box;}
.padding-box p{background-clip:padding-box;}
.content-box p{background-clip:content-box;}
.text
p{width:100px;height:100px;background-repeat:repeat;-webkit-background-cli
p:text;-webkit-text-fill-color:transparent;font-weight:bold;font-size:50px
;}
div{
    height:auto;
}
.left{
    float:left;
    width:40%;
    border:#000000 solid 5px;
}
.right{
    float:right;
    width:40%;
    border:#000000 solid 5px;
}
</style>
</head>
<body>
<h1>background-clip</h1>
<div class="all">
<div class="left">
<ul class="test">
    <li class="border-box">
        <h2>border-box</h2>
        <p></p>
    </li>
    <li class="padding-box">
        <h2>padding-box</h2>
        <p></p>
    </li>
</ul>
```

275

```
</div>
<div class="right">
<ul>
    <li class="content-box">
      <h2>content-box</h2>
        <p></p>
    </li>
    <li class="text">
       <h2>text</h2>
         <p>前景</p>
    </li>
</ul>
</div>
</div>
</body>
</html>
```

使用 Chrome 浏览器查看页面，显示效果如下图所示。

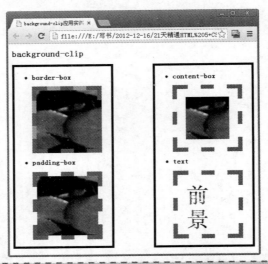

> **提示**　其中最后一个 text 值形成了一个文字遮罩的效果，文字区域用图片进行
> 填充。

16.2.4　background-size 属性

　　background-size 属性用于检索或设置对象的背景图像的尺寸大小。该属性提供两个参数值（特性值 cover 和 contain 除外）。如果提供两个，第一个用于定义背景图像的宽度，第二个用于定义背景图像的高度。如果只提供一个，该值将用于定义背景图像的宽度，第二个值默认为 auto，即高度为 auto，此时背景图以提供的宽度作为参照来进行等比缩放。

　　其代码格式如下：

```
background-size: <bg-size> [ , <bg-size> ]*
```

其中\<bg-size\>有 5 个值可以选择，分别介绍如下。

- \<length\>：用长度值指定背景图像大小。不允许负值。
- \<percentage\>：用百分比指定背景图像大小。不允许负值。
- auto：背景图像的真实大小，为默认值。
- cover：将背景图像等比缩放到完全覆盖容器，背景图像有可能超出容器。
- contain：将背景图像等比缩放到宽度或高度与容器的宽度或高度相等，背景图像始终被包含在容器内。

【案例 16-6】下面来介绍一个 background-size 属性的案例（详见随书光盘中的"素材\ch16\16.6.html"）。

```
<!DOCTYPE html>
<html>
<head>
<meta charset="utf-8" />
<title>background-size应用实例</title>
<style>
h1{
    font-size:20px;
    color:#0066CC;
}
h2{
    font-size:16px;
    color:#000;
}
p{
    color:#00FFFF;
    border:10px dashed #666;
    width:100px;
    height:100px;
    padding:20px;
    background:#aaa url(16.3.jpg) no-repeat;
}
.cover p{background-size:cover;}
.contain p{background-size:contain;}
.length p{background-size:100px 140px;}
div{
    height:auto;
}
.left{
    float:left;
    width:40%;
    border:#000000 solid 5px;
}
.right{
    float:right;
    width:40%;
```

```
        border:#000000 solid 5px;
}
</style>
</head>
<body>
<h1>background-size</h1>
<div class="all">
<div class="left">
<ul class="test">
    <li class="cover">
        <h2>cover</h2>
        <p>将背景图像等比缩放到完全覆盖容器，背景图像有可能超出容器。</p>
    </li>
    <li class="contain">
        <h2>contain</h2>
        <p>将背景图像等比缩放到宽度或高度与容器的宽度或高度相等,背景图像始终被包含在
容器内。</p>
    </li>
</ul>
</div>
<div class="right">
<ul class="test">
    <li class="length">
        <h2>length</h2>
        <p>自定义背景图像大小</p>
    </li>
</ul>
</div>
</div>
</body>
</html>
```

使用 Chrome 浏览器查看页面，显示效果如下图所示。

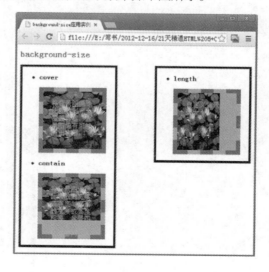

16.2.5 overflow-x 和 overflow-y 属性

overflow 属性用于为对象添加滚动条，其代码格式如下：

```
overflow:visible | auto | hidden | scroll
```

代码取值介绍如下。

- visible：不剪切内容也不添加滚动条。假如显式声明此默认值，对象将被剪切为包含对象的 window 或 frame 的大小，并且 clip 属性设置将失效。
- auto：此为 body 对象和 textarea 的默认值。在需要时剪切内容并添加滚动条。
- hidden：不显示超过对象尺寸的内容。
- scroll：总是显示滚动条。

在设置 overflow 属性时，需要注意以下内容。

（1）检索或设置当对象的内容超过其指定高度及宽度时如何管理内容。

（2）设置 textarea 对象为 hidden 值将隐藏其滚动条。

（3）对于 table 来说，假如 table-layout 属性设置为 fixed，则 td 对象支持带有默认值为 hidden 的 overflow 属性；如果设为 hidden、scroll 或者 auto，那么超出 td 尺寸的内容将被剪切；如果设为 visible，将导致额外的文本溢出到右边或左边（视 direction 属性设置而定）的单元格。

【案例 16-7】下面来介绍一个 overflow 属性的应用案例（详见随书光盘中的"素材\ch16\16.7.html"）。

```
<!DOCTYPE html>
<html>
<head>
<meta charset="utf-8" />
<title>overflow</title>
</head>
<body>
<style type="text/css">
  .overflow    {overflow:    scroll;    height:    200px;    width:    200px;
background:#CCCCCC;}
</style>
<div class="overflow">
  无论内容是否超出范围，总是显示滚动条
</div>
</body>
</html>
```

使用 Chrome 浏览器查看页面，显示效果如下图所示。

从图中可以看到，加入 overflow 属性后，X 轴和 Y 轴的滚动条无论内容是否超出对象范围，都会显示出来。

21天精通 HTML 5+CSS 3 网页设计

除此之外，还可以使用 overflow-x 和 overflow-y 属性单独定义 X 轴和 Y 轴方向上的滚动条，具体内容介绍如下。

1. overflow-x

【案例 16-8】下面来介绍一个 overflow-x 属性的案例（详见随书光盘中的 "素材\ch16\16.8.html"）。

```
<!DOCTYPE html>
<html>
<head>
<meta charset="utf-8" />
<title>overflow-x</title>
</head>
<body>
<style type="text/css">
    .overflow-x    {overflow-x:  scroll;  height:  120px;  width:  120px;
background:#CCCCCC;}
</style>
<div class="overflow-x">
   横向显示滚动条，且内容超出范围后可以实现横向滚动。··············································
</div>
</body>
</html>
```

使用 Chrome 浏览器查看页面，显示效果如下图所示，只有 X 轴方向的滚动条。

第 3 部分 使用 CSS 3控制网页样式

280

2. overflow-y

【案例 16-9】下面来介绍一个 overflow-y 属性的案例（详见随书光盘中的"素材\ch16\16.9.html"）。

```
<!DOCTYPE html>
<html>
<head>
<meta charset="utf-8" />
<title>overflow-y</title>
</head>
<body>
<style type="text/css">
    .overflow-y {overflow-y: scroll; height: 120px; width: 120px;
background:#CCCCCC;}
</style>
<div class="overflow-y">
    纵向显示滚动条，且内容超出范围后可以实现纵向滚动。…… …… …… …… …… ……
</div>
</body>
</html>
```

使用 Chrome 浏览器查看页面，显示效果如下图所示，只有 Y 轴方向的滚动条。

16.3 增强的其他属性

除了上述属性外，在 CSS 3 中还有一些新增的属性内容，详细内容介绍如下。

16.3.1 border-radius 属性

border-radius 属性用于定义边框的圆角样式，其代码格式如下：

```
border-radius:none | <length>{1,4} [ / <length>{1,4} ]
```

其中<length>是由浮点数字和单位标识符组成的长度值，不可为负值。

在取值时第一个值是水平半径，第二个值为垂直半径。如果第二个值省略，则它等于第一个值，这时这个角就是一个四分之一圆角。如果两个值中任意一个值为 0，则这个角是矩形，不会是圆的。

和 border-radius 相关的属性有：border-top-right-radius、border-bottom-right-radius、border-bottom-left-radius 和 border-top-left-radius 等。

【案例 16-10】下面来介绍一个 border-radius 属性的案例（详见随书光盘中的"素材\ch16\16.10.html"）。

```html
<!DOCTYPE html>
<html>
<head>
<meta charset="utf-8" />
<title>Border-radius</title>
<style type="text/css">
.border-radius{
    border-width: 1px;
    border-style: solid;
    border-radius: 11px;
    padding:5px;
}
</style>
</head>
<body>
<div class="border-radius">显示出半径为 11px 的圆角效果，大部分浏览器都可以支持
</div>
</body>
</html>
```

使用 Chrome 浏览器查看页面，显示效果如下图所示。

16.3.2　box–shadow 属性

box-shadow 属性用于设置对象的投影，其代码格式如下：

```
box-shadow:<length> <length> <length>|| <color>
```

其中的取值意义分别为：阴影水平偏移值（可取正负值）；阴影垂直偏移值（可取正负值）；阴影模糊值；阴影颜色。

【案例 16-11】下面来介绍一个 box-shadow 属性的案例（详见随书光盘中的"素材\ch16\16.11.html"）。

```
<!DOCTYPE html>
<html>
<head>
<meta charset="utf-8" />
<title>box-shadow</title>
<style type="text/css">
.box-shadow{
    box-shadow:5px 2px 6px #066;
    padding:4px 10px;
}
</style>
</head>
<body>
<div class="box-shadow">对象会产出投影</div>
</body>
</html>
```

使用 Chrome 浏览器查看页面，显示效果如下图所示。

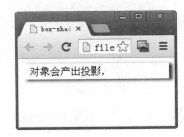

16.3.3　box-sizing 属性

box-sizing 属性用于定义盒模型的组成模式，其代码格式如下：

```
box-sizing:content-box | border-box
```

其取值含义介绍如下。

● content-box：此值用于延续 css2.1 盒模型的组成模式，浏览器对盒模型的解释遵从 W3C 标准。

● border-box：此值用于改变 css2.1 盒模型组成模式。padding 和 border 被包含在定义的 width 和 height 之内。对象的实际宽度就等于设置的 width 值，即使定义了 border 和 padding 也不会改变对象的实际宽度。

【案例 16-12】下面利用 border-box 值介绍一个 box-sizing 属性的案例（详见随书光盘中的"素材\ch16\16.12.html"）。

```html
<!DOCTYPE html>
<html>
<head>
<meta charset="utf-8" />
<title>box-sizing</title>
<style type="text/css">
.box1{
    width:200px;
    border:15px solid rgb(100, 100, 100);
}
.box2{
    box-sizing:border-box;
    border:15px ridge #FBFB00;
}
.box3{
    box-sizing:border-box;
    border:15px ridge #00FBF9;
}
</style>
</head>
<body>
<div class="box1">
    <div class="box2">这是盒子一</div>
    <div class="box3">这是盒子二</div>
</div>
</body>
</html>
```

使用 Chrome 浏览器查看页面，显示效果如下图所示。

16.3.4　resize 属性

resize 属性用于为对象增加尺寸自动调整机制，使元素的区域可缩放，调节元素尺寸大小，适用于任意获得 overflow 条件的容器。其代码格式如下：

```
resize:none | both | horizontal | vertical | inherit
```

其取值含义介绍如下。

- none：UserAgent 没有提供尺寸调整机制，用户不能操纵机制调节元素的尺寸。
- both：UserAgent 提供双向尺寸调整机制，让用户可以调节元素的宽度和高度。
- horizontal：UserAgent 提供单向水平尺寸调整机制，让用户可以调节元素的宽度。
- vertical：UserAgent 提供单向垂直尺寸调整机制，让用户可以调节元素的高度。
- inherit：默认继承。

【案例 16-13】下面来介绍一个 resize 属性的应用案例（详见随书光盘中的"素材\ch16\16.13.html"）。

```
<!DOCTYPE html>
<html>
<head>
<meta charset="utf-8" />
<title>resize</title>
<style type="text/css">
.resize{
    width:300px;
    height:80px;
    padding:16px;
    border:3px solid;
    resize:both;
    overflow: auto;
}
</style>
</head>
<body>
<div class="resize">对象的默认尺寸为宽 300px、高 80px，可以直接手动调整，拖动右下
角即可。</div>
</body>
</html>
```

使用 Chrome 浏览器查看页面，显示效果如下图所示。

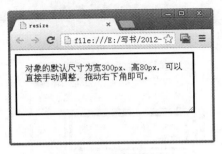

16.3.5　outline 属性

outline 属性用于为对象元素绘制轮廓外边框，通过设置一个数值使边框边缘的外围偏移，可起到突出元素的作用。其代码格式如下：

```
outline:[outline-color]  ||  [outline-style]  ||  [outline-width]  ||
[outline-offset] | inherit
```

其取值含义介绍如下。

● [outline-color]：指定轮廓边框颜色。

● [outline-style]：指定轮廓边框轮廓。

● [outline-width]：指定轮廓边框宽度。

● [outline-offset]：指定轮廓边框偏移位置的数值。

● inherit：默认。

【案例 16-14】下面来介绍一个 outline 属性的应用案例（详见随书光盘中的"素材 \ch16\16.14.html"）。

```html
<!DOCTYPE html>
<html>
<head>
<meta charset="utf-8" />
<title>outline</title>
<style type="text/css">
.outline{
    width: 160px;
    padding: 10px;
    height: 30px;
    border: 5px solid black;
    outline-color:#897048;
    outline-style:groove;
    outline-width:5px;
    outline-offset: 5px;
}
</style>
</head>
<body>
<div class="outline">本实例绘制了一个轮廓边框</div>
</body>
</html>
```

使用 Chrome 浏览器查看页面，显示效果如下图所示。

> **提示** 上述案例中的轮廓线依然为矩形，在实际应用中，可以根据需求调整轮廓样式，并不是只能设置为矩形。

16.3.6 nav-index 属性

nav-index 属性用于为当前元素指定其在当前文档中导航的序列号。导航的序列号指定了页面中元素通过键盘操作获得焦点的顺序，如按下 Tab 键对象切换的顺序。该属性可以存在于嵌套的页面元素当中。

其代码格式如下：

```
nav-index:auto | <number> | inherit
```

其取值含义介绍如下。

● auto：UserAgent 默认的顺序。
● <number>：该数字（必须是正整数）指定了元素的导航顺序。1 意味着最先被导航。当若干个元素的 nav-index 值相同时，则按照文档的先后顺序进行导航。
● inherit：默认继承。

为了使 UserAgent 能按顺序获取焦点，页面元素需要遵循如下规则。

（1）该元素支持 nav-index 属性，而被赋予正整数属性值的元素将会被优先导航。UserAgent 将按照 nav-index 属性值从小到大进行导航。属性值无须按次序，也无须以特定的值开始。拥有同一 nav-index 属性值的元素将以它们在字符流中出现的顺序进行导航。

（2）对那些不支持 nav-index 属性或者 nav-index 属性值为 auto 的元素，将以它们在字符流中出现的顺序进行导航。

（3）对那些禁用的元素，将不参与导航的排序。

【案例 16-15】下面来介绍一个 nav-index 属性的应用案例（详见随书光盘中的"素材\ch16\16.15.html"）。

```
<!DOCTYPE html>
<html>
<head>
<meta charset="utf-8" />
<title>nav-index</title>
</head>
<style>
button { position:absolute; }
button#bt1 {
    top:0; left:100px;
    nav-index:1;
    nav-right:#bt2;
    nav-left:#bt4;
    nav-down:#bt2;
    nav-up:#bt4;
}
button#bt2 {
    top:100px; left:200px;
    nav-index:2;
    nav-right:#bt3;
```

```
        nav-left:#bt1;
        nav-down:#bt3;
        nav-up:#bt1;
    }
    button#bt3 {
        top:200px; left:100px;
        nav-index:3;
        nav-right:#bt4;
        nav-left:#bt2;
        nav-down:#bt4;
        nav-up:#bt2;
    }
    button#bt4 {
        top:100px; left:0;
        nav-index:4;
        nav-right:#bt1;
        nav-left:#bt3;
        nav-down:#bt1;
        nav-up:#bt3;
    }
    </style>
    <body>
        <button id="bt1">按钮 1</button>
        <button id="bt2">按钮 2</button>
        <button id="bt3">按钮 3</button>
        <button id="bt4">按钮 4</button>
    </body>
    </html>
```

使用 Chrome 浏览器查看页面，显示效果如下图所示。

按下 Tab 键后，按钮会顺时针进行切换；按下 Shift+Tab 组合键，则会逆时针进行切换。

提示　nav-index 属性其实是 HTML 4/XHTML 1 中属性 tabindex 的取代品，从 HTML 4 引入并参考了 HTML 4 的建议做了轻微的修改而产生的。

16.3.7　content 属性

content 属性用于在对象中插入生成内容，其代码格式如下：

```
Content:normal | string | attr() | url() | counter()
```

其取值含义介绍如下。

● 　normal：默认值。

● 　string：插入文本内容。

● 　attr()：插入元素的属性值。

● 　url()：插入一个外部资源（图像、音频、视频或浏览器支持的其他任何资源）。

● 　counter()：计数器，用于插入排序标识。

【案例 16-16】下面来介绍一个 content 属性的应用案例（详见随书光盘中的"素材\ch16\16.16.html"）。

```
<!DOCTYPE html>
<html>
<head>
<meta charset="utf-8" />
<title>content</title>
<style type="text/css">
.content {
    width:300px;
    height:50px;
    line-height:50px;
    overflow:hidden;
    text-align:center;
    color:#F00;
    border:#009 solid 3px;
}
#content_01:before {
    content:"before 内容之前";
    color:#006633;}
#content_01:after {
    content:"after 内容之后";
    color:#006633;}
</style>
</head>
<body>
<div id="content_01" class="content">你好</div>
</body>
</html>
```

上述代码中，content 属性分别设置了:before 和:after 两个伪元素，使用这两个伪元素可以将指定的内容插入到对象内容的前面或后面。

第 16 天　创造力不再是神话——CSS 3 完善的网页美化设计

使用 Chrome 浏览器查看页面，对象元素的内容为"你好"；使用:before 和:after 两个伪元素插入两段文本内容，显示效果如下图所示。

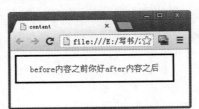

第4部分

HTML 5+CSS 3 综合实战

在前面章节中，用户对使用 HTML 5+CSS 3 设计网页有了整体上的认识，下面通过 5 个综合案例进一步巩固所学的知识，包括服务类网站设计、休闲旅游类网站设计、时尚音乐类网站设计、商业门户类网站设计和网页设计模块化重组秘籍。

5 天学习目标

- ☐ 服务类网站设计
- ☐ 休闲旅游类网站设计
- ☐ 时尚音乐类网站设计
- ☐ 商业门户类网站设计
- ☐ 网页设计模块化重组秘籍

1 第 17 天

服务类网站设计

17.1　网站规划与分析

17.2　修改样式表确定网站风格

17.3　借用其他网站优秀模块

2 第 18 天

休闲旅游类网站设计

18.1　休闲旅游类网站主页规划

18.2　制作网站的步骤

3 第 19 天

时尚音乐类网站设计

19.1　时尚音乐类网站的构思布局

19.2　制作网站的步骤

19.3　完善网站的效果

4 第 20 天

商业门户类网站设计

20.1　商业门户类网站整体设计

20.2　制作网站的步骤

20.3　完善网站的效果

5 第 21 天

网页设计模块化重组秘籍

21.1　网站类型分析与重组

21.2　网站建站特点分析

21.3　网站设计布局

21.4　网站制作详细步骤

第 17 天　服务类网站设计

学时探讨：

> 本学时主要探讨服务类网站的快速建设。服务类网站的种类有很多，各行各业都可以建设服务型网站，本章将介绍一个新闻资讯服务网。通过今日知识的学习，读者可以了解服务类网站建设的一般方法。

学时目标：

> 通过此章网站组装的学习，读者可对服务类网站的通用样式有基本的认识，并且可以掌握快速建站的方法。

17.1　网站规划与分析

> 在创建网站时，可以利用其他网站的模块元素，但在利用前要先规划好自身网站的框架、栏目、模块及主色调等内容。

17.1.1　网站框架设计

在进行网站框架设计时，如果没有特别出众的构思，建议采用通用的网站结构，如"1-（1+3）-1"的网站布局。布局效果图如下图所示。

17.1.2　网站栏目划分

17.1.1 节中基本确定了网站框架，框架设计好后，需要为网站填充栏目内容。根据网站主题不同，栏目的划分也有很大差异。本实例组装的是一个娱乐网，其栏目划分如下图所示。

```
┌─────────────────────────────────────────────┐
│  ┌──────────┐              ┌──────────┐      │
│  │   logo   │              │ 注册、登录 │      │
│  └──────────┘              └──────────┘      │
│  ┌───────────────────────────────────────┐  │
│  │              banner                   │  │
│  │  ┌──────┐  ┌──────────┐  ┌──────────┐ │  │
│  │  │ 日历 │  │ 新闻搜索  │  │ 新闻订阅 │ │  │
│  │  └──────┘  └──────────┘  └──────────┘ │  │
│  │  ┌──────┐  ┌──────────┐  ┌──────────┐ │  │
│  │  │热点新闻│  │ 娱乐要闻  │  │ 加入我们 │ │  │
│  │  └──────┘  └──────────┘  └──────────┘ │  │
│  │  ┌──────┐  ┌──────────┐  ┌──────────┐ │  │
│  │  │娱乐快报│  │ 更多新闻  │  │ 热辣博评 │ │  │
│  │  └──────┘  └──────────┘  └──────────┘ │  │
│  └───────────────────────────────────────┘  │
│  ┌───────────────────────────────────────┐  │
│  │              网页底部                  │  │
│  └───────────────────────────────────────┘  │
└─────────────────────────────────────────────┘
```

17.1.3　网站模块划分

为了实现以上框架布局设计，需要使用 div 框架标记构建各个模块的内容。实现网站模块划分的 div 分为以下 4 部分。

1. 网站头部

网站头部样式如下：

```
<div id="cHeader">
</div>
```

头部框架效果如下图所示。

2. 网站导航

网站导航样式如下：

```
<div id="cMenu">
</div>
```

网站导航效果如下图所示。

3. 网站主体

网站主体样式如下：

```
<div id="cMain">
/*banner*/
    <div id="cHeaderPic">
    </div>
```

```
/*中间主体*/
    <div id="mContainer">
    /*主体左侧*/
        <div id="mLeft">
        </div>
    /*主体center*/
        <div id="mCenter">
        </div>
    /*主体右侧*/
        <div class="right">
        </div>
    </div>
</div>
```

网站主体效果如下图所示。

4. 网站底部

网站底部样式如下：

```
/*快捷链接*/
<div id="cFooter">
```

```
</div>
/*版权声明*/
<div class="line-three">
</div>
```

网站底部效果如下图所示。

▣ 关于我们	▣ 快速导航		合作方式	▣ 相关条文
关于我们	娱乐新闻	视频新闻	媒体合作	法律条文
关于网站	业内新闻	图片新闻	平面合作	权利和义务
关于公司	业界动态	原创节目	网络合作	隐私权保护
网站地图	八卦新闻	明星博客	友情链接	
网站帮助	小道消息	博客秀场	广告合作	
联系我们	粉丝地盘	明星日志	电台合作	

17.1.4　网站色彩搭配

网站整体色彩采用通用、大方的白色背景，可以通过 body 样式中的 background 属性进行定义。代码如下：

```
body {
font-family: Verdana, Arial, Helvetica, sans-serif;
font-size: 10px;
background: #fff;
}
```

网站中其他元素的颜色搭配也均采用比较大众的色彩搭配，这样能让更多浏览者接受网站，如深绿色的导航栏和浅灰色的标题背景。效果如下图所示。

首页　娱乐新闻　资讯　明星图片　业界动态　　　　娱乐要闻

17.2　修改样式表确定网站风格

整体网站的风格要通过样式表来定义，下面来修改一些关键的样式表内容。

17.2.1　修改网站通用样式

确定整个网站风格的最关键样式就是通用样式，包含一些常用标记，以及 HTML 代码结构标记的样式，具体样式内容如下：

```
body {
padding:0;
background-color:#ffffff;
font-family:Arial, Helvetica, sans-serif;
font-size:11px;
```

```
}
a img {
border:0;
}
h1, h2, h3, h4, h5, p, ul, ol, li, dl, dt, dd, form {
margin:0;
padding:0;
background-repeat:no-repeat;
list-style-type:none;
}
```

除此之外，还有超链接的通用样式，代码如下：

```
a {
text-decoration:underline;
outline:0;
}
a:hover {
text-decoration:none;
}
```

17.2.2 修改网站布局样式

确定网站布局样式的是 div 框架标记中指定的样式内容，如 cHeader、cMenu、cMain 和 cFooter 等，其样式内容分别介绍如下。

1. 网站框架布局通用样式

表示当前网站主体布局方式为居中，以及当浏览器窗口过宽时对象居中显示。

```
#cHeader, #cMenu, #cMain, #cFooter {
margin:0 auto;
overflow:hidden;
}
```

结果如下图所示。

2. 头部框架布局样式

将头部设置为高 78 像素、宽 800 像素，并插入 Logo 图像居左显示。

```
#cHeader {
width:800px;
height:78px;
background:#fff url(../img/top-corner-left.gif) no-repeat;
}
```

3. 导航栏框架布局样式

设置导航栏宽度和高度，并设置导航栏居中显示。

```
#cMenu {
width:800px;
height:34px;
overflow:hidden;
}
```

4. 中间主体框架布局样式

设置中间主体框架的样式，以及各个子框架的样式，主要是框架宽度尺寸和边距设置。

```
#cMain {
width:800px;
}
#cMain #mContainer {
margin:5px auto 0 auto;
width:800px;
}
#cMain #mContainer #mLeft {
 float:left;
 width:150px;
 margin-top:5px;
}
#cMain #mContainer #mCenter {
 float:left;
 width:455px;
 margin-top:5px;
 margin-left:10px;
}
#cMain #mContainer #mRight {
 float:right;
 width:175px;
 margin-top:5px;
}
```

5. 网站底部框架布局样式

设置底部框架宽度为 800 像素，上下边距为 5 像素，字符大小为 10 像素，字符颜色为#666。

```
#cFooter {
width:800px;
padding:5px 0;
```

```
font-size:10px;
color:#666;
}
```

17.3　借用其他网站优秀模块

可以参照当前流行的优秀网站模块来完善本实例的模块内容，下面来介绍网站模块的实现。

17.3.1　导航条模块实现

首先是导航条模块的实现，其中包含了网页 Logo 与登录模块，采用的是比较普通的导航条样式，效果图如下图所示。

实现网页头部效果的代码如下：

```
//添加导航模块，并设置 Logo 超链接
<div id="cHeader"> <a id="logo" href="index.html"> 娱乐资讯</a>
  <div class="right">                //设置头部框架右侧内容模块
    <div class="top">               //添加注册、登录、账号信息及搜索模块
      <ul class="links">            //以列表形式添加模块信息内容
        <li class="signup"><a href="#">注册</a></li>
        <li class="login panelButton"><a href="#">登录</a></li>
        <li class="cart"><a href="#">我的账号</a></li>
      </ul>
      //插入搜索表单
      <input name="q" type="text" id="headerSearch" value="搜索" />
      <input type="submit" class="search-button" value=" " />
      <div class="clearer"></div>
    </div>
    <ul class="subnav">             //以列表形式插入常用链接
      <li><a href="#">近期热门</a></li>
      <li><a href="#">娱乐资讯</a></li>
      <li><a href="#">业界动态</a></li>
      <li><a href="#">业界新闻</a></li>
      <li class="last"><a href="#">小道消息</a></li>
      <li class="rss"><a href="#">免费订阅</a></li>
    </ul>
  </div>
</div>
```

```
<div id="cMenu">            //添加导航栏框架
  <ul>                       //以列表形式添加导航栏内容
    <li class="home"><a href="index.html">首页</a></li>
    <li class="info"><a href="photos.html">娱乐新闻</a></li>
    <li class="zoo"><a href="shownew1.html">资讯</a></li>
    <li class="photos"><a href="index.html">明星图片</a></li>
    <li class="events"><a href="shownew1.html">业界动态</a></li>
    <li class="attractions"><a href="photos.html">小道八卦</a></li>
    <li class="sports"><a href="shownew1.html">博客</a></li>
    <li class="activities"><a href="#">嘉宾聊天</a></li>
    <li class="maps"><a href="#">大片</a></li>
    <li class="history"><a href="#">乐库</a></li>
    <li class="store"><a href="#">#</a></li>
  </ul>
</div>
```

为了展示完美的顶部样式效果，需要为其指定对应的样式内容，其样式表代码介绍如下。

1. 头部样式代码

头部代码样式如下：

```
#cHeader #logo {          //设置头部 Logo 的样式
display:block;
float:left;               //Logo 居左显示
width:252px;              //Logo 宽度
height:78px;              //Logo 高度
padding-left:4px;        //Logo 的左边距及距离头部左侧的距离
//插入背景图，且无平铺
background:url(../img/logo-centralpark.gif) no-repeat 4px 0;
text-indent:-10000px;
}
...
...
...
#cHeader .right ul.subnav li.rss a {  //设置头部右侧、列表及超链接的样式效果
text-indent:-10000px;
display:block;
width:34px;
height:12px;
background:url(../img/rss-badge.png) no-repeat;
}
```

2. 导航条样式代码

导航条代码样式如下：

```
#cMenu {                   //设置导航条整体样式
width:800px;
height:34px;
overflow:hidden;
```

```
}
#cMenu ul {                    //设置导航条的导航选项列表样式
  list-style-type:none;
}
#cMenu ul li {              //设置列表项的样式
  height:34px;
  margin:0;
  padding:0;
  float:left;
}
…
…
#cMenu ul li.store a:hover {            //设置导航选项超链接样式，包括触发后的样式
  background-position:-630px -34px;
}
```

17.3.2　首页主体布局模块实现

网页主体采用的是 1+3 的布局结构，该结构的实现效果如下图所示。

实现网站首页主体内容的代码如下：

```
<div id="cMain">                          //创建中间主体框架
  <div id="cHeaderPic">                   //创建中间主体头部 banner 模块
```

```
        <div id="cHeaderFlash"></div>
      </div>
      <div id="mContainer">                          //banner 下方模块框架
        <div id="mLeft">
          <div class="panel ltgreen-left">    //左侧模块
            <div class="top">
              <div class="left"></div>
              <div class="middle"></div>
              <div class="right"></div>
            </div>
            <h3 class="title"> <img src="img/icons/btn_minus.gif" id="img2"
class="btnOpenClose" />
    <a href="#">日历</a> </h3>
            <script
type="text/javascript">Core.initCalendar('2010-04-29');</script>
            <div id="sub2" style="display: block">
              <div class="content">
                <div class="nav"> <a rel="nofollow" id="calPrevMonth" href="#"
    class="arrow">&laquo;</a> <a rel="nofollow" id="calCurrentMonth"
    href="#">2010 四月</a> <a rel="nofollow" id="calNextMonth" href="#"
    class="arrow" >&raquo;</a> </div>
                <div class="calendar">
                  <div id="calWrapper" style="left: 0;">
                    <div id="calMonth">
                      <ul>
                        <li><a rel="nofollow" href="#" class="blurred"
    >28</a></li>
                        <li><a rel="nofollow" href="#" class="blurred"
    >29</a></li>
                        <li><a rel="nofollow" href="#" class="blurred"
    >30</a></li>
                        <li><a rel="nofollow" href="#" class="blurred"
    >31</a></li>
                        <li><a rel="nofollow" href="#" >1</a></li>
                        <li><a rel="nofollow" href="#">2</a></li>
                        <li><a rel="nofollow" href="#">3</a></li>
                      </ul>
                    …
    …
                    </div>
                  </div>
                </div>
                <div class="clear"></div>
                <a class="search" href="#">选择日期 &gt;&gt;&gt;</a> </div>
              <div class="bottom">
                <div class="left"></div>
                <div class="right"></div>
              </div>
            </div>
```

```
        </div>
        <div class="panel red-left">
          <div class="top">
            <div class="left"></div>
            <div class="middle"></div>
            <div class="right"></div>
          </div>
          <h3 class="title"> <img src="img/icons/btn_minus.gif" id="img4"
alt="+" class="btnOpenClose" /> <a href="#" target="_blank" title="Order the
Original Central Park Poster">热点新闻</a> </h3>
          <div id="sub4" style="display: block">
            <div class="content">
              <div class="poster-intro"> <a href="#" target="_blank"
  rel="nofollow" >《武林外传》探班 芙蓉大侠买房也犯难</a> </div>
              <div class="poster"> <a href="#" rel="nofollow" ><img
  src="img/home/xueshan.jpg" /></a> </div>
              <div class="poster-more"><a href="#">更多热点>></a></div>
            </div>
            <div class="bottom">
              <div class="left"></div>
              <div class="right"></div>
            </div>
          </div>
          <div id="foot4" class="bottom bottom-closed" style="display: none">
            <div class="left"></div>
            <div class="right"></div>
          </div>
        </div>
        <div class="panel red-left">
          <div class="top">
            <div class="left"></div>
            <div class="middle"></div>
            <div class="right"></div>
          </div>
          <h3 class="title"> <img src="img/icons/btn_minus.gif" id="img4"
alt="+" class="btnOpenClose" /> <a href="#" target="_blank" title="Order the
Original Central Park Poster">热点新闻</a> </h3>
          <div id="sub4" style="display: block">
            <div class="content">
              <div class="poster-intro"> <a href="#" target="_blank"
  rel="nofollow" >《武林外传》探班 芙蓉大侠买房也犯难</a> </div>
              <div class="poster"> <a href="#" rel="nofollow" ><img
  src="img/home/xueshan.jpg" width="104" height="93" /></a> </div>
              <div class="poster-more"><a href="#">更多热点>></a></div>
            </div>
            <div class="bottom">
              <div class="left"></div>
              <div class="right"></div>
```

```html
        </div>
      </div>
      <div id="foot4" class="bottom bottom-closed" style="display: none">
        <div class="left"></div>
        <div class="right"></div>
      </div>
    </div>
  </div>
  <div id="mCenter">
    <div class="top">
      <h1>新闻搜索</h1>
      <p>
        <label for="sel_attractions">按类型搜索:</label>
        <label for="sel_sports">按日期:</label>
        <select name="sel_sports" id="sel_sports" >
          <option value="" selected="selected">请选择...</option>
          <option value="#">最近 1 周</option>
          <option value="#">最近 1 月</option>
          <option value="#">最近 3 月</option>
        </select>
      </p>
    </div>
    ...
  ...
  ...
  ...

    <div class="panel white-right">
      <h2 class="title"> <img src="img/icons/btn_minus.gif" id="img8"
class="btnOpenClose" /> <a href="#">热点精选</a> </h2>
      <div id="sub8" style="display: block">
        <div class="content">
          <ul>
            <li>
              <h3> 2010-04-27 | <a href="#">影片《编钟》十万征片名</a> </h3>
              <div>娱乐互动资料库大奖</div>
            </li>
            <li>
              <h3> 2010-04-26 | <a href="#">XXX 白色素雅礼服惊艳格莱美 </a></h3>
              <div>陈坤广告扮麻辣教师展喜剧天赋</div>
            </li>
          </ul>
          <div class="more"><a href="#"><img
src="img/panels/white.news-more.gif" /></a> </div>
        </div>
        <div class="bottom">
          <div class="left"></div>
          <div class="right"></div>
        </div>
      </div>
```

```
        <div class="clearer"></div>
      </div>
    </div>
</div>
</div>
```

> **提示**　网站主体内容较多，部分代码省略，可参照随书源代码光盘查看完整内容。

实现网站中间主体内容的样式表如下：

```
#cMain #cHeaderPic {
background:url(../img/banner.jpg) no-repeat;
height:231px;
font-size:1px;
margin-top:5px;
}
#cMain #cHeaderPic.winter {
background:url(../img/snow_home.jpg) no-repeat;
}
#cMain #mContainer {
margin:5px auto 0 auto;
width:800px;
}
#cMain #mContainer #mLeft {
float:left;
width:150px;
margin-top:5px;
}
#cMain #mContainer #mCenter {
float:left;
width:455px;
margin-top:5px;
margin-left:10px;
}
#cMain #mContainer #mRight {
float:right;
width:175px;
margin-top:5px;
}
```

17.3.3　网页特效显示模块实现

网站底部设计也较为简单，利用列表设计了一些快捷链接，另外还增加了版权声明信息。效果如下图所示。

▣ 关于我们	▣ 快速导航		▣ 合作方式	▣ 相关条文
关于我们	娱乐新闻	视频新闻	媒体合作	法律条文
关于网站	业内新闻	图片新闻	平面合作	权利和义务
关于公司	业界动态	原创节目	网络合作	隐私权保护
网站地图	八卦新闻	明星博客	友情链接	
网站帮助	小道消息	博客秀场	广告合作	
联系我们	粉丝地盘	明星日志	电台合作	

娱乐资讯网 © 2009 - 2010 保留一切权利

实现网站底部模块的代码如下：

```
<div id="cFooter">
  <div class="line-one"> <a href="#" title="Top" class="top">返回顶部
</a></div>
  <div class="line-two">
    <div class="col">
      <h3>关于我们</h3>
      <ul>
        <li><a href="#">关于我们</a></li>
        <li><a href="#">关于网站</a></li>
        <li><a href="#">关于公司</a></li>
        <li><a href="#">网站地图</a></li>
        <li><a href="#">网站帮助</a></li>
        <li><a href="#">联系我们</a></li>
      </ul>
    </div>
    <div class="col">
      <h3>快速导航</h3>
      <ul>
        <li><a href="#">娱乐新闻</a></li>
        <li><a href="#">业内新闻</a></li>
        <li><a href="#">业界动态</a></li>
        <li><a href="#">八卦新闻</a></li>
        <li><a href="#">小道消息</a></li>
        <li><a href="#">粉丝地盘</a></li>
      </ul>
    </div>
    <div class="col">
      <ul class="notitle">
        <li><a href="#">视频新闻</a></li>
        <li><a href="#">图片新闻</a></li>
        <li><a href="#">原创节目</a></li>
        <li><a href="#">明星博客</a></li>
        <li><a href="#">博客秀场</a></li>
        <li><a href="#">明星日志</a></li>
      </ul>
    </div>
    <div class="col">
      <h3>合作方式</h3>
      <ul>
```

```
      <li><a href="#">媒体合作</a></li>
      <li><a href="#">平面合作</a></li>
      <li><a href="#">网络合作</a></li>
      <li><a href="#">友情链接</a></li>
      <li><a href="#">广告合作</a></li>
      <li><a href="#">电台合作</a></li>
    </ul>
  </div>
  <div class="col lastcol">
    <h3>相关条文</h3>
    <ul>
      <li><a href="#">法律条文</a></li>
      <li><a href="#">权利和义务</a></li>
      <li><a href="#">隐私权保护</a></li>
    </ul>
  </div>
</div>
<div class="line-three"> 娱乐资讯网 &copy; 2009 - 2010 保留一切权利 </div>
</div>
```

实现网站底部内容的样式表如下：

```
#cFooter .line-one {
width:440px;
margin:0 auto 3px;
padding:0 175px 0 150px;
}
#cFooter .line-one .top {
float:right;
}
#cFooter .line-one a {
color:#666;
}
#cFooter .line-two {
font-size:11px;
overflow:hidden;
zoom:1;
margin-top:20px;
}
#cFooter .line-two .col {
float:left;
width:145px;
margin-right:10px;
}
#cFooter .line-two h3 {
color:#36C;
font-size:11px;
padding:4px 0 4px 16px;
background:url(../img/footer.arrow.gif) no-repeat 0 6px;
```

```
}
#cFooter .line-two .lastcol {
 margin-right:0;
}
…
…
#cFooter .line-three {
 text-align:center;
 padding:55px 0 0;
}
```

第**18**天　休闲旅游类网站设计

学时探讨：

本学时主要探讨休闲旅游类网站设计。旅游已经成为当前白领比较时尚的一种休闲方式，受到越来越多的热捧，所以，在互联网上搭建一个旅游题材的网站也能吸引比较多的访问者。本章就来介绍如何使用 HTML 5+CSS 3 设计与布局休闲旅游类网站。

学时目标：

通过此章网站的学习，读者可对休闲旅游类网站的通用样式有基本的认识，并且可以掌握设计这类网站的方法。

18.1　休闲旅游类网站主页规划

现在人们的生活节奏加快，上网不仅仅是为了学习、查找资料，而且需要娱乐休闲。制作休闲旅游类网站需要注意的不仅仅有提供的信息内容，而且要有丰富的色调和吸引眼球的标题。

18.1.1　旅游网站主页配色规划

旅游网站要注重图文混排的效果。实践证明，只有文字的页面用户停留的时间相对较短，如果完全是图片，又不能概括信息的内容，用户看着又不明白，使用图文混排的方式是比较恰当的。

另外，旅游类网站要注意引用会员注册机制，这样可以积累一些忠实的用户群体，有利于网站的可持续发展。这里将网站主页的整体颜色设置为白色，这种颜色不会与内容产生冲突。最终效果如下图所示。

18.1.2　网页整体架构布局规划

网页整体颜色决定下来后，对于网页的整体构架，这里采用常用的"1-（1+3）-1"布局结构，具体排版架构如下图所示。

18.1.3　用 DIV+CSS 布局网页框架

旅游网站页面的风格必须简单而实用，所以网站首页的设计就比较重要了，其具体的代码如下：

```
<div id="container"></div>
<div id="bannerwrap"></div>
<div id="main"></div>
<div id="footer"></div>
```

18.2　制作网站的步骤

　　旅游网站的主页规划完毕后，下面就可以制作网站了。

18.2.1　使用 HTML 5 设计网站

　　在规划好了网站主页的背景颜色、结构和布局后，下面就可以使用 HTML 设计网站主页了，具体的代码如下：

```
<!DOCTYPE html PUBLIC "-//W3C//DTD XHTML 1.0 Transitional//EN"
"http://www.w3.org/TR/xhtml1/DTD/xhtml1-transitional.dtd">
<html xmlns="http://www.w3.org/1999/xhtml">
<head>
<meta http-equiv="Content-Type" content="text/html; charset=utf-8" />
<meta http-equiv="X-UA-Compatible" content="IE=EmulateIE7" />
<title>旅游网站</title>
</head>
<body>
  <div id="container">
…
</body>
</html>
```

18.2.2　定义网站 CSS 样式

　　为了使整个页面的样式统一，且易于控制，需要制作样式表。样式表可以直接插入网页代码中。本实例的样式表内容如下：

```
@charset "utf-8";
/* CSS Document */
*{ margin:0; padding:0;}
img { border:none;}
body {
 font-family:"宋体";
 font-size:12px;
 color:#666666;
 background:url(../images/bg.jpg) repeat-x scroll 0 0 #fcfcfc;
}
a {
 color:#666666;
 text-decoration:none;
```

```
}
a:hover {
 color:#000;
 text-decoration:underline;
}
#container {
 width:968px;
 margin:0 auto;
}
#top {
 width:968px;
}
  #link {
   width:968px;
   height:28px;
   color:#fff;
   background:url(../images/link.jpg) no-repeat scroll right center;
  }
    #links {
     padding:9px 26px 0 0 ;
      text-align:right;
      letter-spacing:1px;
 }
  #links a {
     color:#fff;
     text-decoration:none;
  }
  #links a:hover {
     color:#fff;
     text-decoration:underline;
  }
  #menu {
   width:710px;
   height:93px;
   padding-left:258px;
   font-size:14px;
   cursor:pointer;
   background:url(../images/menu_bg.jpg) no-repeat scroll 0 0;
  }
  #menu ul{
   list-style:none;
   padding-top:12px;
height:20px;
 }
  #menu a{
   text-decoration:none; color:#525151;
  }
  #menu a:hover{
   text-decoration:underline; color:#525151;
```

```
    }
    .main-menu{
    width:710px;
    }
    .main-menu .main-li{
    float:1eft; height:20px; line-height:20px; position:relative;
 z-index:1;
text-align:center;
    }
   .main-menu .main-li a{
   display:block;
   color:#525151;
   font-weight:bold;
   }
   .main-menu .main-li .li-a{
   float:left;
   }
   .main-menu .main-li .li-a{
   width:80px; }
   .main-menu .main-li .sub-menu{
   position:absolute; top:20px; display:none; z-index:2; left:0px;
width:80px; text-align:center; background-color:#C6C6C6;
   }
   .main-menu .main-li .sub-menu-two{
   position:absolute; top:0px; display:none; z-index:3;
left:75px;text-align:center;
   }
   .sub-menu-two a{
   width:80px; background-color:blue; float:none;
   }
   .sub-menu .li2-a{
background-color:#C6C6C6; float:none;width:80px; }
   .sub-menu a:hover{
background-color:#F0F0F0;
   }
   #bannerwrap {
   width:968px;
   height:171px;
   margin-top:3px;
   }
      #login {
      width:200px;
      height:171px;
      float:left;
      background:url(../images/login_bg.jpg) no-repeat scroll 0 0;
      }
      .userinfo {
          padding:48px 0 0 20px;
      }
```

```
            .input {
                margin-left:5px;
            }
            .ok {
                padding:3px 0 0 130px;
            }
            .register {
                padding:13px 0 0 55px;
                width:130px;
            }
        #banner {
            width:764px;
            height:171px;
            float:right;
        }
.clear {
clear:both;
font-size:0;
height:0;
line-height:0;
}
#main {
width:968px;
margin-top:5px;
}
    #left {
    width:195px;
    border:1px solid #C8C8C8;
    float:left;
    margin-left:2px;
    display:inline;
    background-color:#F5F5F5;
    }
    #left .title {
    position:relative;
    text-indent:25px;
    color:#fff;
    font-size:14px;
    font-weight:bold;
    width:192px;
    height:25px;
    margin-left:1px;
    line-height:25px;
    background:url(../images/title_bg.jpg) no-repeat scroll 0 0;
    }
#left .more {
position:absolute;
top:10px;
left:110px;
```

```
width:49px;
height:12px;
}
    #leftcontent {
      width:174px;
      padding:5px 0 0 12px;
 }
 #leftcontent  p {
      text-indent:2em;
      text-decoration:underline;
      line-height:1.2;
      padding:3px 10px 0 5px;
 }
 #leftcontent ul {
      list-style-type:square;
      padding:12px 0 16px 5px;
      width:169px;
      list-style-position:inside;
 }
 #leftcontent li {
      line-height:2.3;
      vertical-align:middle;
      border-bottom:1px dashed #C4C2C2;
 }
#center {
margin-left:7px;
width:546px;
float:left;
background-color:#F5F5F5;
 }
  #centertop,#centerbottom {
     width:546px;
     height:248px;
     border:1px solid #C8C8C8;
}
#centertop ul {
     list-style:none;
     padding:9px 0 0 12px;
}
#centertop li {
     padding-right:3px;
     float:left;
     display:block;
}
#centerbottom {
     margin-top:5px;
     padding:6px 8px 0 3px;
     width:535px;
     height:242px;
```

```
}
#centerbottom .title {
  position:relative;
  text-indent:25px;
  color:#fff;
  font-size:14px;
  font-weight:bold;
  width:535px;
  height:24px;
  line-height:24px;
  background:url(../images/title_bg02.jpg) no-repeat scroll 0 0 #25AA9E;
}
#centerbottom .more {
position:absolute;
top:10px;
left:452px;
width:49px;
height:12px;
    }
  #centerbtcont {
      width:510px;
      padding:6px 0 0 8px;
  }
  #centerbtcont .imgwrap {
      width:156px;
      height:187px;
      float:left;
  }
  #centerbtcont .pwrap {
      width:354px;
      float:left;
      padding-top:5px;
  }
  #centerbtcont .pwrap p {
      text-indent:3em;
      line-height:1.5;
      width:354px;
  }
#right {
width:202px;
float:right;
padding-right:3px;
background-color:#F5F5F5;
}
#right ul {
padding:10px 0 0 30px;
list-style-image:url(../images/icon.jpg);
}
#right li {
```

```css
   line-height:1.7;
}
  #domestic {
    width:202px;
    height:248px;
    padding-left:1px;
    border:1px solid #C8C8C8;
}
  #domestic .title {
 position:relative;
 text-indent:25px;
 color:#fff;
 font-size:14px;
 font-weight:bold;
 width:200px;
 height:25px;
 line-height:25px;
 background:url(../images/title_bg03.jpg) no-repeat scroll 0 0;
 }
 #domestic  .more {
position:absolute;
top:10px;
left:120px;
width:49px;
height:12px;
 }
 #abroad  .more {
position:absolute;
top:10px;
left:120px;
width:49px;
height:12px;
 }
 #abroad {
   width:202px;
   padding-left:1px;
   border:1px solid #C8C8C8;
   height:248px;
   margin-top:5px;
 }
  #abroad .title {
 position:relative;
 text-indent:25px;
 color:#fff;
 font-size:14px;
 font-weight:bold;
 width:200px;
 height:25px;
 line-height:25px;
```

```
        background:url(../images/title_bg03.jpg) no-repeat scroll 0 0;
    }
#footer {
width:1004px;
height:76px;
border-top:1px solid #BFBCBC;
margin:0 auto;
margin-top:10px;
}
#footer ul {
padding:20px 0 0 330px;
list-style:none;
width:704px;
float:left;
}
#footer li {
display:block;
float:left;
margin-right:10px;
}
#footer p {
padding:5px 0 0 330px;
width:704px;
float:left;
}
```

18.2.3　设计页面头部模块

首页页面的头部是比较重要的部分，它包括网站 Logo 部分、网站的导航部分和联系方式等。这部分的效果如下图所示。

页面头部实现的代码如下：

```
<div id="container">
    <div id="top">
        <div id="link">
            <div id="links"><a href="#">玩家首页</a> | <a href="#">会员中心</a> |
<a href="#">English</a></div>
        </div>
        <div id="menu">
          <ul class="main-menu">
          <li class="main-li"><a class="li-a" href="#">玩家旅游</a></li>
            <li class="main-li">|</li>
          <li class="main-li"><a class="li-a" href="#">玩家吃喝</a>
              <ul class="sub-menu">
```

```
            <li class="main-li2"><a class="li2-a" href="#">特色推荐
</a></li>
            <li class="main-li2"><a class="li2-a" href="#">最新动态
</a></li>
        </ul>
    </li>
    <li class="main-li">|</li>
    <li class="main-li"><a class="li-a" href="#">玩家惠</a>
        <ul class="sub-menu">
        <li class="main-li2"><a class="li2-a" href="#">暑假特惠
</a></li>
        <li class="main-li2"><a class="li2-a" href="#">周末特惠
</a></li>
        </ul>
    </li>
    <li class="main-li">|</li>
    <li class="main-li"><a class="li-a" href="#">目的地</a></li>
    <li class="main-li">|</li>
    <li class="main-li"><a class="li-a" href="#">玩家之星</a></li>
    <li class="main-li">|</li>
    <li class="main-li"><a class="li-a" href="#">精彩专题</a>
        <ul class="sub-menu">
        <li class="main-li2"><a class="li2-a" href="#">西餐系列
</a></li>
        <li class="main-li2"><a class="li2-a" href="#">日本料理
</a></li>
        </ul>
    </li>
    <li class="main-li">|</li>
    <li class="main-li"><a class="li-a" href="#">玩家博客</a></li>
    <li class="main-li">|</li>
    <li class="main-li"><a class="li-a" href="#">玩家论坛</a></li>
    </ul>
    </div>
```

有时页面头部结构还包括网站 Banner 和会员注册模块。在本网站的主页中就存在这一模块，这部分的效果如下图所示。

实现这一模块效果的代码如下：

```
<div id="bannerwrap">
        <div id="login">
        <div class="userinfo">
            用户名 <input type="text" name="username" size="14"
```

```
class="input" value="username"/><br /><br />
                密  码 <input type="text" name="username"
    size="14" class="input" value="password"/>
            </div>
            <div class="ok"><input type="button"
    style="background:url(images/ok.jpg) no-repeat scroll 0 0; width:55px;
height:27px; border:none; cursor:pointer;" /></div>
            <div class="register"><a href="#">注册
    </a>     <a href="#">忘记密码</a></div>
            <div class="clear"> </div>
        </div>
        <div id="banner">
            <a href="#"><img src="images/banner.jpg" /></a>
            <div class="clear"> </div>
        </div>
    </div>
</div>
```

18.2.4　设计页面中间部分模块

首页的页面中间部分是网页的主要内容，本网站主要包括"玩家吃喝"、"风景区展示"、"精彩专题"、"国内游"、"国外游"等模块，效果如下图所示。

实现中间部分的代码如下：

```
    <div id="main">
        <div id="left">
            <div class="title">玩家吃喝<div class="more"><a href="#"><img
src="images/more.jpg" /></a></div></div>
            <div id="leftcontent">
                <a href="#"><img src="images/pic_08.jpg" /></a>
                <a href="#"><p>酷暑仲夏终于来了，白天我们蜷在空调房里盼望着夜晚的来
临，可夜晚到了你有没有些......</p></a>
                <ul>
```

```
          <li><a href="#">亲自调配 独家个性咖啡</a></li>
          <li><a href="#">兰会所 午间特价菜</a></li>
          <li><a href="#">古韵前门 米其林西餐厅</a></li>
          <li><a href="#">原汁原味 土耳其妈妈菜</a></li>
          <li><a href="#">天山美食新势力</a></li>
          <li><a href="#">和食莎都：原汁汤料不走样</a></li>
          <li><a href="#">自制水果酱 烧烤有新法</a></li>
          <li><a href="#">非一般的麻辣烫</a></li>
          <li><a href="#">一个人的巨鹿路之旅</a></li>
          <li style="border:none;"><a href="#">日本酒吧中国菜
</a></li>
            </ul>
        </div>
        <div class="clear"> </div>
      </div>
      <div id="center">
        <div id="centertop">
          <ul>
              <li><a href="#"><img src="images/pic_001.jpg" /></a></li>
              <li><a href="#"><img src="images/pic_002.jpg" /></a></li>
              <li><a href="#"><img src="images/pic_003.jpg" /></a></li>
          </ul>
           <ul>
              <li><a href="#"><img src="images/pic_0018.jpg"
/></a></li>
              <li><a href="#"><img src="images/pic_004.jpg" /></a></li>
              <li><a href="#"><img src="images/pic_006.jpg" /></a></li>
          </ul>
        </div>
        <div id="centerbottom">
          <div class="title">精彩专题<div class="more"><a href="#"><img
src="images/more.jpg" /></a></div></div>
          <div id="centerbtcont">
             <div class="imgwrap"><img src="images/pic_07.jpg" /><div
class="clear"> </div></div>
             <div class="pwrap">
                <p>说起西餐，还记得小时候心里那种神圣的感觉吗？恨不得吃上一顿能炫
耀半年，不是老莫就是马克西姆，那可真真正正的是富人的享受。</p>
                <p>后来洋快餐来了，我们才知道，原来美式西餐如此平民，再后来硬石来
了，星期五来了，我们又恍然大悟人均百元才能体会到美式的豪爽，紧接着，各类混杂着世界风味，亲
和国人胃口的小西餐厅如雨后春笋般出现，披萨、意面、炸鸡、牛排、罗宋汤同桌竞技，我们全身心的
投入到西餐的战斗中，不管它到底正宗不正宗，只要和我们的胃口，还够便宜就是好西餐......</p>
                <p style="text-align:right; padding:3px 0 0;
width:320px;"><a href="#">详细进入>></a></p>
                <div class="clear"> </div>
             </div>
             <div class="clear"> </div>
          </div>
        </div>
```

第18天 休闲旅游类网站设计

```
            <div class="clear"> </div>
        </div>
        <div id="right">
          <div id="domestic">
            <div class="title">国内游<div class="more"><a href="#"><img
src="images/more.jpg" /></a></div></div>
              <ul>
                <li><a href="#">红色景点全部免费旅游</a></li>
                <li><a href="#">国内短线海滨游</a></li>
                <li><a href="#">沿着海岸去纳凉</a></li>
                <li><a href="#">海南星级 5 日休闲纯玩团</a></li>
                <li><a href="#">全新北京深度一日游正式启动</a></li>
                <li><a href="#">浪漫海滨辽宁四地 5 日</a></li>
                <li><a href="#">蜈支洲岛+南山双飞 5 日行</a></li>
                <li><a href="#">海南热带风情双飞 5 日半自助</a></li>
                <li><a href="#">浪漫大连四星纯玩半自助</a></li>
                <li><a href="#">大连海之情 4 日休闲游</a></li>
              </ul>
          </div>
          <div id="abroad">
            <div class="title">国外游<div class="more"><a href="#"><img
src="images/more.jpg" /></a></div></div>
              <ul>
                <li><a href="#">北欧+峡湾 9 日冰纯天净之旅</a></li>
                <li><a href="#">热浪岛休闲度假 6 日游</a></li>
                <li><a href="#">爱尔摩沙度假村+云顶欢乐游</a></li>
                <li><a href="#">马尔代夫 6 日逍遥游</a></li>
                <li><a href="#">悠游巴厘岛半自助 6 日行</a></li>
                <li><a href="#">超值香港+长滩岛 6 日游</a></li>
                <li><a href="#">韩国济州休闲 3 日游</a></li>
                <li><a href="#">赴国际电影节主办地</a></li>
                <li><a href="#">暑假出境游回暖</a></li>
                <li><a href="#">浪漫夏威夷特惠 7 日行</a></li>
              </ul>
          </div>
          <div class="clear"> </div>
        </div>
        <div class="clear"> </div>
      </div>
  </div>
```

18.2.5　设计页面底部模块

首页的底部主要包括网站导航、版权说明和友情链接等，效果如下图所示。

| 企业登录 | 免费声明 | 招聘信息 | 友情链接 | 联系我们 |
经营许可证编号：京ICP证070888号 京ICP备09000888号

这部分的关键代码如下，代码比较简单：

```
<div id="footer">
   <ul>
      <li><a href="#">企业登录</a></li>
      <li>|</li>
      <li><a href="#">免费声明</a></li>
      <li>|</li>
      <li><a href="#">招聘信息</a></li>
      <li>|</li>
      <li><a href="#">友情链接</a></li>
      <li>|</li>
      <li><a href="#">联系我们</a></li>
   </ul>
   <p>经营许可证编号：京 ICP 证 070888 号 京 ICP 备 09000888 号</p>
</div>
```

18.2.6 微调网站细节并预览

　　网站制作完毕后，将其保存为.html 格式的文件，即可在 IE 浏览器中预览效果。如果对预览效果不满意，则可以在记事本中进行代码的修改。

　　预览网站的效果如下图所示。

第19天　时尚音乐类网站设计

学时探讨：

本学时主要探讨时尚音乐类网站设计。网上听音乐已经成为一种时尚，有时候要听音乐，需要去指定的音乐商店购买，从商店中挑选自己喜欢的音乐。本章以一个时尚音乐类网站为例，综合介绍页面布局、DIV 排版的制作方法。

学时目标：

通过此章网站的学习，读者可对时尚音乐类网站的通用样式有基本的认识，并且可以掌握设计这类网站的方法。

19.1　时尚音乐类网站的构思布局

本实例采用喜庆、大方的红色为主题，配上多张图片、多个列表显示各种音乐种类。

19.1.1　设计分析

音乐商店首页是整个网站的第一印象，通常需要设计得大方、合理，能够最大限度地显示页面导航和音乐介绍。一般情况下首页都是概况性介绍，各个子页面也可以给出链接。设计的重点是布局规范、图文结合美观等。

本网站浏览效果如下图所示。

从页面效果可以看出，页面总体划分为上中下结构，上面为页头部分，中间为页面主体内容，下面为页脚。页头部分包括两个部分，分别是页面导航链接和商店介绍。页面主体又分为左、中、右 3 个版式，即使用 DIV 层将页面主体划分 3 个并列区域。页脚部分比较简单，只是一个版权信息。

19.1.2 排版架构

音乐网站比较常见，排版方式也多种多样，但其本质基本上一样，即包含内容比较类似，如包含导航菜单、音乐列表、音乐新闻、音乐评论和具有自己风格的公司 Logo 等。本实例也包含了上面这些信息，其版式如下图所示。

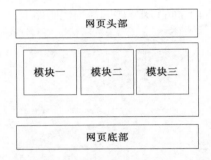

在本实例中，使用 DIV 层进行模块划分，其代码如下：

```
<div id="wrapper">
 <div id="nav">/*导航菜单*/
 </div>
 <div id="topcon">/*网站介绍*/
   </div>
 </div>
 <div id="content">
   <div id="body">/*页面主体*/
     <div class="box" id="news">/*页面主体左侧*/
     </div>
     <div class="box" id="hits">/*页面主体中间*/
     </div>
     <div class="box" id="new">/*页面主体右侧*/
     </div>
   </div>
   <div id="footer">        </div>/*页脚部分*/
   </div>
 </div>
```

上面的各个子块部分直接对应了 HTML 代码中的各个 DIV 层。#nav 和#topcon 共同组成页头部分，包含导航菜单、背景图片和网站介绍。#footer 是页脚部分，比较简单，这里将其包含在 content 层里面，#wrapper 是整个网页的布局容器。#body 中包含了页面主体，里面包含音乐新闻、音乐列表和新发布等列表。

页面主体是左中右版式，每个版式都采用列表形式显示，如下图所示。

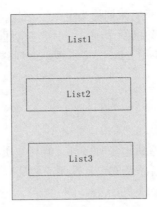

在 CSS 样式文件中，对上面的 DIV 层的修饰代码如下：

```
/** layout **/
#wrapper {
width: 678px;
min-height: 750px;
_height: 750px;
background: url(images/header.jpg) no-repeat;
  position: relative;
}

h1 {
  padding: 25px 0 0 30px;
  font: 32px "arial black", arial, sans-serif;
  color: #151515;
}
h1 em {
  color: #ffffff;
  font-weight: bold;
  font-style: normal;
  position: relative;
  top: -4px;
}
#content {
  width: 710px;
  position: absolute;
  color: #fff;
  top: 299px;
  left: 33px;
}
#content a {
  color: #fff;
}
#content a:hover {
  color: #fee;
}
```

上面代码中，#wrapper 选择器定义了整个布局容器显示，如宽度、背景图片、对齐方式，并使用 min-height 属性设置层的最小高度为 750 像素，这个属性 IE 浏览器不支持。在#content 选择器中定义了宽度、对齐方式、字体颜色和坐标位置。

19.2　制作网站的步骤

　　页面整体框架布局完成之后，就可以对各个模块分别进行处理，最后再统一整合、调整样式。这也是设计制作网站的常用步骤。

19.2.1　页头部分

　　本实例页头部分包含两个部分，一个是导航菜单，一个是音乐商店介绍，其中商店介绍部分包含了文字和图片。页头部分效果如下图所示。

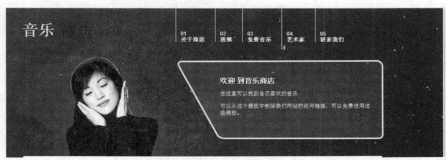

　　创建 HTML 页面，其中实现页头部分的 HTML 代码如下：

```
        <h1><em><span lang="zh-cn">音乐</span></em> <span lang="zh-cn">商店
</span></h1>
        <div id="nav">
          <ul>
           <li><a href=""><span class="style2">01</span> </a>
          <span lang="zh-cn" class="style1"><a href="index.html">关于商店
</a></span></li>
           <li><a href=""><span>02</span> </a>
          <span lang="zh-cn" class="style1"><a href="index.html">画廊
</a></span></li>
           <li><a href=""><span>03</span> </a>
          <span lang="zh-cn" class="style1"><a href="index.html">免费音乐
</a></span></li>
           <li style="height: 39px"><a href=""><span>04</span> </a>
          <span lang="zh-cn" class="style1"><a href="index.html">艺术家
</a></span></li>
           <li><a href=""><span>05</span> </a>
          <span lang="zh-cn" class="style1"><a href="index.html">联系我们
</a></span></li>
```

```
        </ul>
      </div>
      <div id="topcon">
      <div id="topcon-inner">
        <h2><span lang="zh-cn">欢迎</span> <span lang="zh-cn">到音乐商店
</span></h2>
        <p>
        <span id="result_box" lang="zh-CN" class="short_text"
  closure_uid_h11zq="136" c="4" a="undefined" kd="null">
        <span closure_uid_h11zq="112" kd="null">在这里可以找到自己喜欢的音乐
</span><span closure_uid_h11zq="116" kd="null"></span></span></p>
        <p>
        <span id="result_box0" lang="zh-CN" class="short_text"
  closure_uid_h11zq="136" c="4" a="undefined" kd="null">
        <span closure_uid_h11zq="189">可以</span><span
  closure_uid_h11zq="190">从</span><span closure_uid_h11zq="191">这个模板
</span><span closure_uid_h11zq="192">中</span><span closure_uid_h11zq="193">
删除</span><span closure_uid_h11zq="194">我们网站</span><span
  closure_uid_h11zq="195"> 的 </span><span  closure_uid_h11zq="196"> 任 何
</span><span  closure_uid_h11zq="197"> 链 接 ， 可 以 免 费 使 用 这 些 模 板 。
</span></span></p>
        </div>
      </div>
```

上面代码中，首页使用标题 h1 定义本网站标识，即"音乐商店"。在 ID 名称为 nav 的层中，使用无序列表创建了导航菜单，用于链接网站中其他的子页面。在 ID 名称为 topcon 的层中，使用文本信息介绍了本商店的主体内容。

添加 CSS 代码，定义页头显示样式，代码如下：

```
#nav {
  position: absolute;
  top: 0px;
  left: 335px;
  width: 500px;
}
#nav li {
  float: left;
  background: url(images/nav_left.gif) no-repeat;
  list-style: none;
  padding-left: 10px;
  padding-right: 20px;
  padding-top: 45px;
  line-height: 1.1;
}
#nav span {
  display: block;
  font-size: 11px;
}
#nav a {
```

```
  color: #FFFFFF;
  font-size: 11px;
  font-weight: bold;
  text-decoration: none;
}
/** topcontent **/
#topcon {
  background: url(images/topcon.jpg) no-repeat;
  width: 427px;
  position: absolute;
  top: 105px;
  left: 338px;
  color: #fff;
}
#topcon-inner {
  margin: 33px 40px 41px 85px;
  height: 120px;
  overflow: auto;
}
#topcon h2 {
  font-size: 14px;
}
```

　　#nav 样式中定义了层 nav 的整体样式，如宽度、绝对定位和坐标位置。#nav li 样式中定义了列表选项的显示样式，如行高、浮动定位、背景图片、列表特殊符号和内边距等。#nav span 定义了 span 元素以块显示，字体大小为 11 像素。#nav a 定义了超链接显示样式，如字体颜色、字体大小、下画线和字体样式等。#topcon 定义了页头部分背景图片、宽度、相对定位、坐标位置和字体颜色等。#topcon-inner 定义了外边距和高度。#topcon h2 定义了字体大小。

19.2.2　左侧内容列表

　　页面主体左侧显示的是音乐新闻，如当前的音乐盛会和音乐专辑出版等，可以包含文本和图片信息等。在 IE 9.0 中浏览效果如下图所示。

第 19 天　时尚音乐类网站设计

在 HTML 网页中实现上面效果的 HTML 代码如下：

```
    <div id="content">
      <div id="body">
        <div class="box" id="news">
          <div class="box-t"><div class="box-r"><div class="box-b"><div
class="box-l">
            <div class="box-tr"><div class="box-br"><div class="box-bl"><div
class="box-tl">
              <h2><span lang="zh-cn">新闻</span> &amp; <span lang="zh-cn">事
件</span></h2>
                <h3>06.03.2011</h3>
                <p><span lang="zh-cn">李尔·韦恩新专辑曲目曝光 将于 8 月 29 日上市。
</span></p>
                <p class="more"><span lang="zh-cn">更多</span><a href="
">...</a></p>
                <div class="hr-yellow"> </div>
                <h3>06.03.2011</h3>
                <p>
          <span id="result_box1" lang="zh-CN" class="short_text"
          closure_uid_h11zq="136" c="4" a="undefined" kd="null">
                <span closure_uid_h11zq="307" kd="null">大运村里欢乐多：体验中国传统
        文化 美妙音乐减压</span><span closure_uid_h11zq="314"
        kd="null"></span></span></p>
                <p><span lang="zh-cn"></span>文化体验区有中国传统文化展、油画艺术展、
雕塑艺术展以及汉语学习中心等，外国运动员在这里可以欣赏到中国的传统文化，还可以亲自上阵体验
一把。</p>
                <p class="more"><span lang="zh-cn">更多</span><a
        href="">...</a></p>
          </div></div></div></div>
          </div></div></div></div>
        </div>
    </div></div>
```

上面代码中，层 content 是页面内容的布局容器，这里包含了页面主体和页脚，其样式在后面介绍。层 body 是页面主体的布局容器，包含了左中右版式布局，上面代码只是列出了左侧列表，下面两个小节所介绍的 DIV 层都包含在 body 层中。

ID 名称为 news 的层是页面左侧列表的布局容器，其内容都是在此处显示。层 news 所包含的层用来定义边框显示样式。

在样式文件中，对于上面层的 CSS 样式定义代码如下：

```
.box {
  float: left;
  width: 195px;
  background: #730F11;
  margin-right: 18px;
}
.box-t { background: top url(images/box_t.gif) repeat-x; }
.box-r { background: right url(images/box_r.gif) repeat-y; }
.box-b { background: bottom url(images/box_b.gif) repeat-x; }
```

```
.box-l { background: left url(images/box_l.gif) repeat-y; }
.box-tr { background: top right url(images/box_tr.gif) no-repeat; }
.box-br { background: bottom right url(images/box_br.gif) no-repeat; }
.box-bl { background: bottom left url(images/box_bl.gif) no-repeat; }
.box-tl { background: top left url(images/box_tl.gif) no-repeat; }
.box-tl {
  padding: 13px 18px;
}
.box p {
  margin: 1em 0;
}
p.more {
  margin: 0;
}
```

上面代码中，类选择器 box 定义了页面右浮动显示；类选择器 box-t 定义了上面的背景图片，其他依此类推；嵌套选择器 box p 定义了外边距。

19.2.3　中间内容列表

在页面主体内容中，中间列表包含了音乐网站中大力推荐的音乐曲目清单，其中包含了文本信息和图片。在此列表中，浏览者可以根据需要选择自己喜欢的曲目，并进入相应的子页面。浏览效果如下图所示。

在 HTML 文件中实现页面主体中间列表的代码如下：

```
<div class="box" id="hits">
        <div class="box-t"><div class="box-r"><div class="box-b"><div
class="box-l">
        <div class="box-tr"><div class="box-br"><div class="box-bl"><div
class="box-tl">
            <h2>HIT&#39;S <span lang="zh-cn">清单</span></h2>
            <h3><span lang="zh-cn">影视</span></h3>
            <img src="images/pic_1.jpg" width="63" height="91" alt="Pic 1"
class="right" />
```

331

```
            <ul>
                <li><span lang="zh-cn">依波。萨姆悲小号</span><a href=" ">
    ........</a></li>
                <li><span lang="zh-cn">朗伯缇斯</span><a href=" ">........
</a></li>
                <li>
                <span id="result_box2" lang="zh-CN" class="short_text"
    closure_uid_h11zq="136" c="4"
a="undefined" kd="null">
                    <span closure_uid_h11zq="615" kd="null">阿梅特
    </span></span><a href=" ">.......</a></li>
                <li><span lang="zh-cn">劳波瑞特</span><a href=" ">.......
</a></li>
            </ul>
            <div class="hr-yellow"> </div>
            <h3><span lang="zh-cn">历史专辑</span></h3>
            <img src="images/pic_2.jpg" width="63" height="87" alt="Pic 2"
class="right" /><ul>
                <li style="width: 123px"><span lang="zh-cn">朗伯缇斯</span><a
href=" ">........ </a></li>
            </ul>
             <ul>
                <li><span lang="zh-cn">劳波瑞特</span><a href=" ">........
</a></li>
                <li><span lang="zh-cn">依波。萨姆悲小号</span><a href="
    ">........</a></li>
                <li>
    <span id="result_box3" lang="zh-CN" class="short_text"
    closure_uid_h11zq="136" c="4" a="undefined" kd="null">
    <span closure_uid_h11zq="615" kd="null">阿梅特</span></span><a href=" ">
    ........</a></li>
            </ul>
        </div></div></div></div>
            </div></div></div></div>
        </div>
```

上面代码中，层 hits 实际是包含在 body 层中的，用于显示页面主体的中间内容。在 hits 层中，同样使用 box 类选择器定义中间列表的显示样式。层 hits 包含了图片和无序列表信息。

在样式文件中，对于上面层的 CSS 样式定义，代码如下：

```
#hits {
  width: 240px;
}
#hits .box-tl {
  padding-bottom: 22px;
}
#hits ul {
  margin: 1em 0;
}
#hits li {
```

```
   list-style: none;
   margin: 0.9em 0;
}
#hits ul a {
   text-decoration: none;
}
#hits ul a:hover {
   text-decoration: underline;
}
```

上面代码中，#hits 选择器定义了中间部分的宽度为 240 像素，#hits .box-tl 和#hits ul 选择器分别定义了内边距和外边距。#hits li 选择器定义了列表选项的显示样式，如无特殊符号显示和外边距等。#hits ul a 定义了列表超链接显示样式，即不带下画线。#hits ul a:hover 选择器定义列表中超链接悬浮样式，即鼠标放到链接上显示下画线等。

19.2.4 右侧内容列表

在音乐网站首页中，右侧内容主要显示音乐专辑发布信息，如某某发布最新专辑信息。右侧内容可以包含文本信息和图片信息，通过相应链接可以进入新专辑页面信息。右侧内容列表浏览效果如下图所示。

在 HTML 页面中，实现右侧内容的 HTML 代码如下：

```
   <div class="box" id="new">
        <div class="box-t"><div class="box-r"><div class="box-b"><div
class="box-l">
        <div class="box-tr"><div class="box-br"><div class="box-bl"><div
class="box-tl">
           <h2> <span lang="zh-cn"> 新 发布</span></h2>

           <h3><span lang="zh-cn">伊塔撒德</span></h3>
           <img src="images/pic_3.jpg" width="66" height="52" alt="Pic 3"
class="right" />
```

```
          <p><span lang="zh-cn">波特纽黎.....</span>. </p>
          <p>
          <span id="result_box4" lang="zh-CN" class="short_text"
    closure_uid_h11zq="136" c="4" a="undefined" kd="null">
          <span  closure_uid_h11zq="681">梅 塞 纳 斯   </span></span>quam.
Sed</p>
          <h3><span lang="zh-cn">曼撒纳斯</span></h3>
          <img src="images/pic_4.jpg" width="66" height="52" alt="Pic 4"
    class="right" />
          <p><span lang="zh-cn">纳迪斯</span> sollicitudin 
      <span lang="zh-cn">咔哇里斯</span>convallis</p>
          <h3><span lang="zh-cn">撒黎缇斯</span></h3>
          <img src="images/pic_5.jpg" width="66" height="52" alt="Pic 5"
class="right" />
          <p><span lang="zh-cn">桑达.纳斯</span> nvallis <span
   lang="zh-cn">劳特.可瓦斯</span> .vallislacus
          <span lang="zh-cn">阿里瓦斯</span>.vallis</p>
          </div></div></div></div>
          </div></div></div></div>
      </div>
      <div class="clear"> </div>
```

在上面代码中，层 new 是页面右侧内容的布局容器，其文本和图片信息都是在此层中显示。在页面最后一行创建了一个层 clear。

在样式文件中，对于上面层的 CSS 样式定义，代码如下：

```
#new {
  margin-right: 0;
}
#new .box-tl {
  padding-bottom: 18px;
}
#new p {
  margin-top: 0;
  margin-bottom: 3.6em;
}
.clear {
 clear: both;
}
```

上面代码中，#new 选择器定义了层 new 的右外边距距离，#new .box-tl 和#new p 选择器分别定义了底部内边距和上下外边距距离。使用类选择器 clear，用于消除 float 浮动布局所带来的影响。

19.2.5　页脚部分

本实例的页脚部分非常简单，但作为一个必不可少的元素，又不得不介绍。页脚部分主要显示版权信息和地址信息，浏览效果如下图所示。

©联系我们

在 HTML 文件中，实现页脚部分的 HTML 代码如下：

```
<div id="footer">
  <p>© <span lang="zh-cn"><a href="index.html">联系我们
</a></span></p>
  </div>
```

在 CSS 样式文件中，定义 footer 部分的 CSS 代码如下：

```
#footer {
  text-align: center;
}
#footer p {
  margin: 0.8em;
}
```

上面代码中，#footer 选择器定义了页脚对齐方式，#footer p 选择器定义了外边距距离。

19.3 完善网站的效果

通过上面对各个模块的定义，各个模块的基本样式已经具备，页面基本成形。最后还需要对页面效果进行一些细微的调整，例如各块之间的 padding 和 margin 值是否与整体页面协调、各个子块之间是否统一等。

19.3.1 页面内容主体调整

虽然前面使用 CSS 定义了页面内容样式，即左侧、中间和右侧内容列表的显示样式，但对其整体样式没有进行定义，例如对 body 层的样式修饰。在没有使用 CSS 代码对样式进行定义之前，浏览效果如下图所示。

在 CSS 样式文件中添加代码定义 body 主体内容的显示样式，其代码如下：

```
#body {
  border: 3px solid white;
```

```
    background: #901315;
    padding: 18px;
}
#body h2 {
    font-size: 12px;
    text-align: right;
    margin-bottom: 1.5em;
}
#body h3 {
    font-size: 9px;
    color: #FFEA00;
}
#body .more a {
    font-weight: bold;
    text-decoration: none;
}
#body .more a:hover {
    text-decoration: underline;
}
#body .hr-yellow {
    border-top: 1px solid #FFEA00;
    padding-bottom: 1em;
    margin-top: 1em;
}
```

在上面代码中，#body 选择器定义了边框样式、背景色和外边距距离。#body h2 选择器定义了标题 h2 的显示样式，如字体大小、对齐方式和底部外边距距离。#body h3 选择器定义了标题 h3 的显示样式，如字体大小和字体颜色。#body .more a 选择器定义了字体是否加粗和带有下画线。

CSS 样式代码添加后，浏览效果如下图所示，可以发现文字标题发生变化，都变为黄色，每个选项之间都用浅黄色边框隔开，并且文字变小。

19.3.2　页面整体调整

最后就可以对页面整体样式进行统一和协调，如设置全局文本样式、对齐方式和内外边距等，还可以对页面中的内容块进行大小调整。

在 CSS 样式文件中，其代码如下：

```
html, body, h1, h2, h3, h4, ul, li {
margin: 0;
padding: 0;
}
h1 img {
display: block;
}
img {
border: 0;
}
a {
color: #FFFFFF;
}
a:hover {
color: #FFA405;
}
.left {
float: left;
}
.right {
float: right;
}
.more {
text-align: right;
}
body {
background: #3A0404 url(images/page_bg.jpg) repeat-x;
font: 11px arial, sans-serif;
color: #464544;
padding-bottom: 10px;
}
```

上面代码中，**body** 标记选择器中定义了背景图片、背景颜色、字体样式和底部内边距距离等。其他标记选择器比较简单，这里就不再介绍。

整体样式设置完成后，浏览效果如下图所示。

第
19
天

时尚音乐类网站设计

337

⏰ 第 20 天　商业门户类网站设计

学时探讨：

本学时主要探讨商业门户类网页的制作方法与调整技巧。商业门户类网页类型较多，结合行业不同，所设计的网页风格差异很大。本章将以一个时尚家居企业为例，完成商业门户类网站的制作。通过本天的学习，读者能够掌握商业门户类网页的制作技巧与方法。

学时目标：

通过此章商业门户类网站的展示与制作，做到 HTML+CSS 综合运用，掌握整体网站的设计流程与注意事项，为完成其他行业的同类网站打下基础。

20.1　商业门户类网站整体设计

本案例是一个商业门户网站首页，网站风格简约，符合大多数同类网站的布局风格。下图所示为本实例的效果图。

20.1.1 颜色应用分析

该案例作为商业门户网站，在进行设计时需要考虑其整体风格，需要注意网站主色调与整体色彩搭配问题。

- 网站主色调：企业的形象塑造是非常重要的，所以在设计网页时要使网页的主色调符合企业的行业特征。本实例中的企业为时尚家居，所以整体要体现温馨、舒适的主色调，再者当前提倡绿色环保，所以网页主色调采用了绿色为主的色彩风格，效果如下图所示。

- 整体色彩搭配：主色调定好后，整体色彩搭配就要围绕主色调调整。其中以深绿、浅绿渐变的色彩为主。中间主体使用浅绿到米白的渐变；头部和尾部多用深绿，以体现上下层次结构。

20.1.2 架构布局分析

从网页整体架构来看，采用的是传统的上中下结构，即网页头部、网页主体和网页底部。具体排版架构如下图所示。

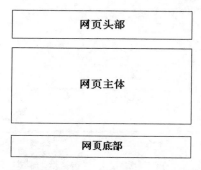

网页主体又做了细致划分，分为了左右两栏。在实现整个网页布局结构时，使用了\<div>标记，具体布局划分代码如下：

```
/*网页头部*/
<div class="content border_bottom">
</div>
```

```
/*网页导航栏*/
<div class="content dgreen-bg">
    <div class="content">
  </div>
</div>
/*网页banner*/
<div class="content" id="top-adv"><img src="img/top-adv.gif" alt=""
 /></div>
/*中间主体*/
<div class="content">
/*主体左侧*/
    <div id="left-nav-bar" class="bg_white">
</div>
/*主体右侧*/
  <div id="right-cnt">
</div>
/*网页底部*/
<div id="about" >
    <div class="content">
</div>
</div>
```

网页整体结构布局由以上<div>标记控制，并对应设置了 CSS 样式。

20.2　制作网站的步骤

　　整个网页的实现是由一个个的模块构成的，在 20.1 节中已经介绍了这些模块，下面就来详细介绍这些模块的实现方法。

20.2.1　网页整体样式插入

　　首先，网页设计中需要使用 CSS 样式表控制整体样式，所以网站可以使用以下代码结构实现页面代码框架和 CSS 样式的插入：

```
<!doctype html >
<html>
<head>
<meta http-equiv="content-type" content="text/html; charset=gb2312" />
<title>时尚家居网店首页</title>
<link href="css/common.css" rel="stylesheet" type="text/css" />
<link href="css/layout.css" rel="stylesheet" type="text/css" />
<link href="css/red.css" rel="stylesheet" type="text/css" />
<script language="javascript" type="text/javascript" ></script></head>
<body>
...
```

341

```
</body>
</html>
```

由以上代码可以看出，案例中使用了 3 个 CSS 样式表，分别是 common.css、layout.css
和 red.css。其中 common.css 是控制网页整体效果的通用样式，另外两个是用于控制特定模块
内容的样式。下面先来看一下 common.css 样式表中的样式内容。

1. 网页全局样式

全局网页的设计样式如下：

```
*{
    margin:0;
    padding:0;
}

body{
    text-align:center;
    font:normal 12px "宋体", Verdana, Arial, Helvetica, sans-serif;
}
div,span,p,ul,li,dt,dd,h1,h2,h3,h4,h5,h5,h7{
    text-align:left;
}
img{border:none;}
.clear{
    font-size:1px;
    width:1px;
    height:1px;
    visibility:hidden;
    clear:both;
}
ul,li{
    list-style-type:none;
}
```

2. 网页链接样式

这里使用网页样式来设置链接，样式如下：

```
a,a:link,a:visited{
    color:#000;
    text-decoration:none;
}
a:hover{
    color:#BC2931;
    text-decoration:underline;
}
.cdred,a.cdred:link,a.cdred:visited{color:#C80000;}
.cwhite,a.cwhite:link,a.cwhite:visited{color:#FFF;background-color:tran
sparent;}
.cgray,a.cgray:link,a.cgray:visited{color:#6B6B6B;}
```

```
.cblue,a.cblue:link,a.cblue:visited{color:#1F3A87;}
.cred,a.cred:link,a.cred:visited{color:#FF0000;}
.margin-r24px{
    margin-right:24px;
}
```

3. 网页字体样式

网页字体样式如下：

```
/*字体大小*/
.f12px{ font-size:12px;}
.f14px{ font-size:14px;}

/*字体颜色*/
.fgreen{color:green;}
.fred{color:#FF0000;}
.fdred{color:#bc2931;}
.fdblue{color:#344E71;}
.fdblue-1{color:#1c2f57;}
.fgray{color:#999;}
.fblack{color:#000;}
```

4. 其他样式属性

其他样式如下：

```
.txt-left{text-align:left;}
.txt-center{text-align:center;}
.left{ text-align:center;}
.right{ float: right;}
.hidden {display: none;}
.unline,.unline a{text-decoration: none;}
.noborder{border:none;   }
.nobg{background:none;}
```

20.2.2　网页局部样式

　　layout.css 和 red.css 样式表用于控制网页中特定内容的样式，每一个网页元素都可能有独立的样式内容，这些样式内容都需要设定自己独有的名称。在样式表中设置完成后，要在网页代码中使用 class 或者 id 属性调用。

1. layout.css 样式表

layout.css 样式表如下：

```
#container {
MARGIN: 0px auto; WIDTH: 878px
}
.content {
MARGIN: 0px  auto; WIDTH: 878px;
```

```
        }
        .border_bottom {
         POSITION: relative
        }
        .border_bottom3 {
         MARGIN-BOTTOM: 5px
        }
        #logo {
         FLOAT: left; MARGIN: 23px 0px 10px 18px; WIDTH: 200px; HEIGHT: 75px
        }
        #adv_txt {
         FLOAT: left; MARGIN: 75px 0px 0px 5px; WIDTH: 639px; HEIGHT: 49px
        }
        #sub_nav {
         RIGHT: 12px; FLOAT: right; WIDTH: 202px; POSITION: absolute; TOP: 0px;
HEIGHT: 26px
        }
        #sub_nav LI {
         PADDING-RIGHT: 5px; MARGIN-TOP: 1px; DISPLAY: inline; PADDING-LEFT: 5px;
FLOAT: left; PADDING-BOTTOM: 5px; WIDTH: 57px; PADDING-TOP: 5px; HEIGHT: 12px;
TEXT-ALIGN: center
        }
        #sub_nav LI.nobg {
         BACKGROUND: none transparent scroll repeat 0% 0%; WIDTH: 58px
        }
        #main_nav {
         DISPLAY: inline; FLOAT: left; MARGIN-LEFT: 10px; WIDTH: 878px; HEIGHT: auto
        }
        #main_nav LI {
         PADDING-RIGHT: 10px; DISPLAY: block; PADDING-LEFT: 12px; FLOAT: left;
PADDING-BOTTOM: 10px; FONT: bold 14px "",sans-serif; WIDTH: 65px; PADDING-TOP:
10px; HEIGHT: 14px
        }
        #main_nav LI.nobg {
         BACKGROUND: none transparent scroll repeat 0% 0%
        }
        #main_nav LI SPAN {
         FONT-SIZE: 11px; FONT-FAMILY: Arial,sans-serif
        }
        #topad {
         WIDTH: 876px; HEIGHT: 65px;
         background:#fff;
         text-align:center;
         padding-top:3px;
        }
        #top-adv {
         WIDTH: 876px; HEIGHT: 181px
        }
        #top-adv IMG {
```

```
      WIDTH: 876px; HEIGHT: 181px
   }
   #top-contact-info {
     FONT-SIZE: 12px; MARGIN: 0px auto 1px; WIDTH: 190px; LINE-HEIGHT: 150%;
PADDING-TOP: 55px; HEIGHT: 76px
   }
   #left-nav-bar {
     PADDING-RIGHT: 5px; PADDING-LEFT: 5px; FLOAT: left; PADDING-BOTTOM: 5px;
WIDTH: 210px; PADDING-TOP: 5px
   }
   #left-nav-bar H2 {
     PADDING-RIGHT: 0px; PADDING-LEFT: 20px; PADDING-BOTTOM: 10px; FONT: bold
15px "",sans-serif; PADDING-TOP: 10px; LETTER-SPACING: 1px; HEIGHT: 15px
   }
   #left-nav-bar UL {
     MARGIN: 0px; WIDTH: 210px
   }
   #left-nav-bar UL LI {
     PADDING-RIGHT: 0px; PADDING-LEFT: 10px; PADDING-BOTTOM: 3px; WIDTH: 200px;
PADDING-TOP: 5px; HEIGHT: 12px
   }
   #left-nav-bar H3 {
     PADDING-RIGHT: 0px; PADDING-LEFT: 0px; PADDING-BOTTOM: 5px; MARGIN: 25px
0px; FONT: 19px "",sans-serif; PADDING-TOP: 5px; LETTER-SPACING: 2px; HEIGHT:
28px; TEXT-ALIGN: center
   }
   #hits {
     PADDING-RIGHT: 0px; DISPLAY: block; PADDING-LEFT: 0px; PADDING-BOTTOM:
10px; MARGIN: 0px auto; FONT: bold 12px "",sans-serif; WIDTH: 100%; PADDING-TOP:
10px; HEIGHT: 12px; TEXT-ALIGN: center
   }
   #right-cnt {
     FLOAT: right; WIDTH: 652px
   }
   #right-cnt P {
     FONT-SIZE: 14px; MARGIN: 0px auto 24px; WIDTH: 96%; LINE-HEIGHT: 150%
   }
   P#location {
     PADDING-RIGHT: 0px; PADDING-LEFT: 5px; FONT-WEIGHT: bold; PADDING-BOTTOM:
6px; MARGIN: 0px auto; WIDTH: 647px; TEXT-INDENT: 0px; PADDING-TOP: 6px
   }
   .pages {
     PADDING-RIGHT: 10px; PADDING-LEFT: 10px; PADDING-BOTTOM: 6px; MARGIN: 0px
auto; WIDTH: 632px; PADDING-TOP: 6px; HEIGHT: 14px
   }
   .pages H2 {
     PADDING-LEFT: 10px; FLOAT: left; FONT: bold 14px "",sans-serif; WIDTH:
100%; LETTER-SPACING: 1px; HEIGHT: 14px
   }
```

```
    .pages SPAN {
     FONT-WEIGHT: bold; FLOAT: left; WIDTH: 480px; HEIGHT: 12px; TEXT-ALIGN:
left
    }
    .pages SPAN#p_nav {
     FLOAT: right; FONT: 12px "",sans-serif; WIDTH: 340px; HEIGHT: 12px;
TEXT-ALIGN: right
    }
    .pages DIV#more {
     FONT-WEIGHT: bold; FONT-SIZE: 10px; FLOAT: right; WIDTH: 36px; FONT-FAMILY:
Arial,sans-serif
    }
    #tags {
     PADDING-RIGHT: 0px; DISPLAY: block; PADDING-LEFT: 15px; PADDING-BOTTOM:
5px; MARGIN: 0px auto; WIDTH: 637px; TEXT-INDENT: 0px; PADDING-TOP: 5px; HEIGHT:
12px
    }
    #products-list {
     FLOAT: left; WIDTH: 652px
    }
    #products-list LI {
     FLOAT: left; MARGIN: 5px 0px; WIDTH: 326px; HEIGHT: 120px
    }
    #products-list LI IMG {
     FLOAT: left; WIDTH: 160px; HEIGHT: 120px
    }
    #products-list LI H3 {
     PADDING-RIGHT: 0px; PADDING-LEFT: 6px; FLOAT: right; PADDING-BOTTOM: 5px;
FONT: bold 12px "",sans-serif; WIDTH: 150px; PADDING-TOP: 5px; LETTER-SPACING:
1px
    }
    #products-list LI UL {
     FLOAT: right; WIDTH: 161px
    }
    #products-list LI UL LI {
     PADDING-RIGHT: 0px; DISPLAY: inline; PADDING-LEFT: 5px; FLOAT: left;
PADDING-BOTTOM: 5px; WIDTH: 151px; MARGIN-RIGHT: 5px; PADDING-TOP: 5px; HEIGHT:
12px
    }
   #products-list LI UL LI SPAN {
    FONT: bold 12px "",sans-serif; MARGIN-LEFT: 20px; COLOR: #c80000
    }
   DIV.col_center {
    PADDING-RIGHT: 5px; MARGIN-TOP: 5px; DISPLAY: inline; PADDING-LEFT: 5px;
FLOAT: left; MARGIN-BOTTOM: 10px; PADDING-BOTTOM: 5px; OVERFLOW: hidden; WIDTH:
310px; PADDING-TOP: 5px; HEIGHT: 183px
    }
   DIV.right {
    FLOAT: right
```

```
    }
  DIV.noborder {
   BORDER-TOP-STYLE: none; BORDER-RIGHT-STYLE: none; BORDER-LEFT-STYLE: none;
BORDER-BOTTOM-STYLE: none
   }
   .sub-title {
    PADDING-RIGHT: 0px; PADDING-LEFT: 0px; PADDING-BOTTOM: 6px; MARGIN: 0px
auto; WIDTH: 292px; PADDING-TOP: 6px; HEIGHT: 14px
   }
   .sub-title H2 {
    PADDING-LEFT: 15px; FLOAT: left; FONT: bold 14px "",sans-serif;
LETTER-SPACING: 1px
   }
   .sub-title SPAN {
    DISPLAY: inline; FLOAT: right; FONT: bold 12px Arial,sans-serif;
PADDING-TOP: 1px
   }
  DIV.col_center P {
    PADDING-RIGHT: 5px; PADDING-LEFT: 5px; PADDING-BOTTOM: 5px; MARGIN: 0px
auto; OVERFLOW: hidden; WIDTH: 272px; TEXT-INDENT: 24px; LINE-HEIGHT: 150%;
PADDING-TOP: 5px; HEIGHT: 128px
   }
  DIV.col_center UL {
    FLOAT: left; WIDTH: 302px
   }
  DIV.col_center UL LI {
    PADDING-RIGHT: 0px; DISPLAY: inline; PADDING-LEFT: 10px; FLOAT: left;
PADDING-BOTTOM: 4px; MARGIN-LEFT: 5px; OVERFLOW: hidden; WIDTH: 282px;
PADDING-TOP: 5px; HEIGHT: 12px
   }
  DIV.col_center UL LI A {
    COLOR: #686868
   }
  #m_adv {
    MARGIN: 0px auto 15px; WIDTH: 652px; HEIGHT: 151px; TEXT-ALIGN: center
   }
  #m_adv IMG {
    WIDTH: 652px; HEIGHT: 151px
   }
  #right-list {
    MIN-HEIGHT: 600px; FLOAT: left; MARGIN-BOTTOM: 5px; WIDTH: 652px
   }
  #right-list LI {
    PADDING-RIGHT: 0px; DISPLAY: inline; PADDING-LEFT: 12px; FLOAT: left;
PADDING-BOTTOM: 10px; MARGIN-LEFT: 15px; WIDTH: 610px; PADDING-TOP: 9px
   }
  #copyright {
    PADDING-RIGHT: 0px; PADDING-LEFT: 0px; PADDING-BOTTOM: 15px; MARGIN: 0px
auto; WIDTH: 878px; LINE-HEIGHT: 150%; PADDING-TOP: 15px; TEXT-ALIGN: center
   }
```

2. red.css 样式表

red.css 样式表如下：

```css
body{
  color:#000;
  background:#FDFDEE url(../img/bg1.gif) 0 0 repeat-x;
}
#container{
  background:transparent url(../img/dot-bg.jpg) 0 0 repeat-x;
  color:#000;
}
.border_bottom3{
  border-bottom:3px solid #CDCDCD;
}
#sub_nav{
  background-color:#1D4009;
}
#sub_nav li{
  background:transparent url(../img/white-lt.gif) 100% 5px no-repeat;
  color:#FFF;
}
#sub_nav li a:link{
  color:#FFF;
}
#sub_nav li a:visited{
  color:#FFF;
}
#sub_nav li a:hover{
  color:#FFF;
}
.dgreen-bg{
  background-color:#1C3F09;
  width:100%;
  height:34px;
  border-bottom:20px solid #B6B683;
  border-top:3px solid #85B512;
}
#main_nav li{
  color:#FFF;
  background:transparent url(../img/lt2.gif) 0 10px no-repeat;
}
#main_nav li a:link{
  color:#FFF;
}
#main_nav li a:visited{
  color:#FFF;
}
#main_nav li a:hover{
  color:#FFF;
```

```
}
#top-adv{
  border:1px solid #B6B683;
  border-bottom:4px solid #B6B683;
}
#top-contact-info{
  color:#565615;
  background:transparent url(../img/contact-bg.gif) 0 2px no-repeat;
}
#left-nav-bar{
  background:#E7E7D6 url(../img/left.gif) 0 0 repeat-x;
}
#left-nav-bar h2{
  color:#3E650C;
  background:transparent url(../img/green-tab.gif) 8px 12px no-repeat;
  letter-spacing:1px;
  border-bottom:1px solid #ABABAB;
}
#left-nav-bar ul li{
  background:transparent url(../img/black-dot.jpg) 3px 9px no-repeat;
}
#left-nav-bar h3{
  border-top:1px solid #D8CECD;
  border-bottom:1px solid #D8CECD;
  color:#6E1920;
}
#right-cnt p{
  color:#4D4D4D;
}
.pages{
  background-color:#B6B683;
  border-bottom:3px solid #4D4D37;
}
.pages h2{
  color:#3F4808;
  background:url(../img/coffee-tab.gif) 1px 1px no-repeat;
}
#tags{
  background-color:#F6F6F6;
}
#products-list li ul li{
  border-top:1px dashed #000;
  color:#6F6F6F;
}
#products-list li ul li span{
  color:#C80000;
}
div.col_center{
  border:1px solid #B6B683;
```

349

```
      background:transparent url(../img/c-bg.gif) 100% 100% no-repeat;
  }
  .sub-title h2{
      background:transparent url(../img/green-tab.gif) 6px 1px no-repeat;
      color:#3E650C;
  }
  div.col_center p#intro{
      color:#426A0C;
  }
  div.col_center ul li{
      background:transparent url(../img/black-dot.jpg) 3px 8px no-repeat;
  }
  div.col_center ul li a:link{
      color:#426A0C;
  }
  div.col_center ul li a:visited{
      color:#426A0C;
  }
  div.col_center ul li a:hover{
      color:#426A0C;
  }
  #right-list li{
      background:transparent url(../img/black-dot.jpg) 5px 16px no-repeat;
      border-bottom:1px solid #CECECE;
  }
  #about{
      background-color:#1C3F09;
      width:100%;
      padding:10px 0 10px 0;
      height:14px;
      border-top:3px solid #85B512;
      text-align:left;
      color:#FFF;
  }
  #about a:link{
      color:#FFF;
  }
  #about a:visited{
      color:#FFF;
  }
  #about a:hover{
      color:#FFF;
  }
```

20.2.3 顶部模块样式代码分析

网页顶部需要有网页 Logo、导航栏和一些快速链接，如设为首页、加入收藏和联系我们。
下图所示为网页顶部模块的样式。

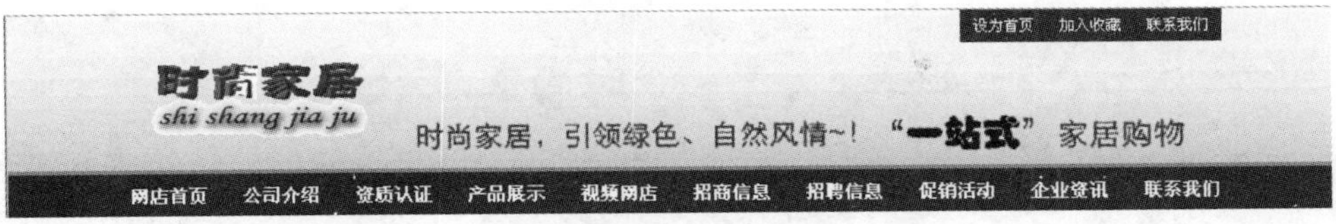

在制作时为了突出网页特色，可以将 Logo 制作成 GIF 动图，使网页更加具有活力。
网页顶部模块的实现代码如下：

```
/*网页 Logo 与快捷链接*/
<div class="content border_bottom">
  <ul id="sub_nav">
    <li><a href="#">设为首页</a></li>
    <li><a href="#">加入收藏</a></li>
    <li class="nobg"><a href="#">联系我们</a></li>
  </ul>
        <img src="img/logo.gif" alt="时尚家居" name="logo" width="200"
height="75" id="logo" />
        <img src="img/adv-txt.gif" alt="" name="adv_txt" width="644"
height="50" id="adv_txt" />
        <br class="clear" />
</div>


/*导航栏*/
<div class="content dgreen-bg">
    <div class="content">
  <ul id="main_nav">
    <li class="nobg"><a href="#">网店首页</a></li>
    <li><a href="#">公司介绍</a></li>
    <li><a href="#">资质认证</a></li>
    <li><a href="#">产品展示</a></li>
    <li><a href="#">视频网店</a></li>
    <li><a href="#">招商信息</a></li>
    <li><a href="#">招聘信息</a></li>
    <li><a href="#">促销活动</a></li>
    <li><a href="#">企业资讯</a></li>
    <li><a href="#">联系我们</a></li>
  </ul><br class="clear" />
    </div>
</div>
```

20.2.4 中间主体代码分析

中间主体可以分为上下结构的两部分，一部分是主体 banner，另一部分就是主体内容。
下面来分别实现。

1. 实现主体 banner

主体 banner 只是插入的一张图片，其效果图如下图所示。

banner 模块的实现代码如下：

```
<div class="content" id="top-adv"><img src="img/top-adv.gif" alt=""
/></div>
```

2. 主体内容实现

网页主体内容较多，整体可以分为左右两栏，左侧栏目实现较简单，右侧栏目又由多个小模块构成，其展示效果如下图所示。

实现中间主体的代码如下：

```
/*左侧栏目内容*/
<div class="content">
    <div id="left-nav-bar" class="bg_white">
    <p id="top-contact-info">
    联系人：张经理<br />
    联系电话：0371-60000000<br />
    手机：16666666666<br />
    E-mail:shishangjiaju@163.com<br>
    地址：黄淮路 120 号经贸大厦
    </p>
        <br>
    <h2>招商信息</h2>
```

```html
    <ul>
        <li>新款上市，诚邀加盟商家入驻</li>
        <li>新款上市，诚邀加盟商家入驻<a href="#"></a></li>
        <li>新款上市，诚邀加盟商家入驻<a href="#"></a></li>
        <li>新款上市，诚邀加盟商家入驻<a href="#"></a></li>
    </ul>
    <h2>企业资讯</h2>
    <ul>
        <li><a href="#">新款上市，诚邀加盟商家入驻</a></li>
        <li><a href="#">新款上市，诚邀加盟商家入驻</a></li>
        <li><a href="#">新款上市，诚邀加盟商家入驻</a></li>
        <li><a href="#">新款上市，诚邀加盟商家入驻</a></li>
    </ul>
    <h3><a href="#"><img src="img/sq-txt.gif" width="143" height="28"
/></a></h3>
    <h3><a href="#"><img src="img/log-txt.gif" width="120" height="27"
/></a></h3>
    <h3><a href="#"><img src="img/loglt-txt.gif" width="143"
  height="27" /></a></h3>
    <span id="hits">现在已经有[35468254]次点击</span>
  </div>
/*右侧栏目内容*/
  <div id="right-cnt">
    <div class="col_center">
        <div  class="sub-title"><h2> 促 销 活 动 </h2><span><a  href="#"
class="cblue">more</a> </span><br class="clear" />
        </div>
        <ul>
        <li><a href="#">岁末大放送，新款家居全新推出，欢迎新老客户惠顾
</a></li>
          <li><a href="#">岁末大放送，新款家居全新推出，欢迎新老客户惠顾
</a></li>
          <li><a href="#">岁末大放送，新款家居全新推出，欢迎新老客户惠顾
</a></li>
          <li><a href="#">岁末大放送，新款家居全新推出，欢迎新老客户惠顾
</a></li>
          <li><a href="#">岁末大放送，新款家居全新推出，欢迎新老客户惠顾
</a></li>
          <li><a href="#">岁末大放送，新款家居全新推出，欢迎新老客户惠顾
</a></li>
          <li><a href="#">岁末大放送，新款家居全新推出，欢迎新老客户惠顾
</a></li>
        </ul>
    </div>
      <div class="col_center right">
        <div  class="sub-title"><h2> 公 司 简 介 </h2><span><a  href="#"
class="cblue">more</a> </span><br class="clear" /></div>
          <p id="intro">
            时尚家居主要以家居产品为主。从事家具、装潢、装饰等产品。公司以多元化的方式，
```

```
致力提供完美、时尚、自然、绿色的家居生活。以人为本、以品质为先是时尚家居人的服务理念原
则...[<a href="#" class="cgray">详细</a>]                    </p>
        </div><br class="clear" />
        <div id="m_adv"><img src="img/m-adv.gif" width="630" height="146"
/></div>

        <div class="pages"><h2>产品展示</h2>
        <span>产品分类: 家具 | 家纺 | 家饰 | 摆件 | 墙体 | 地板 | 门窗 | 桌柜 | 电
器</span>
        <div id="more"><a href="#" class="cblue">more</a></div>
        <br class="clear" /></div>
     <ul id="products-list">
        <li>
        <img src="img/product1.jpg" alt=" " width="326" height="119" />
        <h3>产品展示</h3>
        <ul>
           <li>规格: 迷你墙体装饰书架</li>
           <li>产地: 江西南昌</li>
           <li> 价 格 : 200 <span>[<a href="#" class="cdred"> 详 细
</a>]</span></li>
        </ul>
        </li>
        <li>
        <img src="img/product2.jpg" alt=" " width="326" height="119" />
        <h3>产品展示</h3>
        <ul>
           <li>规格: 茶艺装饰台</li>
           <li>产地: 江西南昌</li>
           <li> 价 格 : 800 <span>[<a href="#" class="cdred"> 详 细
</a>]</span></li>
        </ul>
        </li>
        <li>
        <img src="img/product3.jpg" alt=" " width="326" height="119" />
        <h3>产品展示</h3>
        <ul>
           <li>规格: 壁挂电视装饰墙</li>
           <li>产地: 江西南昌</li>
           <li> 价 格 : 5200 <span>[<a href="#" class="cdred"> 详 细
</a>]</span></li>
        </ul>
        </li>
        <li>
        <img src="img/product4.jpg" alt=" " width="326" height="119" />
        <h3>产品展示</h3>
        <ul>
           <li>规格: 时尚家居客厅套装</li>
           <li>产地: 江西南昌</li>
           <li> 价 格 : 100000 <span>[<a href="#"  class="cdred"> 详 细
```

```
</a>]</span></li>
              </ul>
              </li>
         </ul><br class="clear" />
   </div>
   <br class="clear" />
</div>
```

20.2.5 底部模块分析

网站底部设计比较简单，包括一些快捷链接和版权声明信息，具体效果如下图所示。

网店首页 | 公司介绍 | 资质认证 | 产品展示 | 视频网店 | 招商信息 | 招聘信息 | 促销活动 | 企业资讯 | 联系我们

地址：黄淮路120号经贸大厦 联系电话：1666666666
版权声明：时尚家居所有

网站底部模块的实现代码如下：

```
/*快捷链接*/
<div id="about" >
    <div class="content">
      <a href="#">网店首页</a> | <a href="#">公司介绍</a> | <a href="#">资
质认证</a> | <a href="#">产品展示</a> | <a href="#">视频网店</a> | <a href="#">
招商信息</a> | <a href="#">招聘信息</a> | <a href="#">促销活动</a> | <a href="#">
企业资讯</a> | <a href="#">联系我们</a>
    </div>
</div>
/*版权声明*/
<p id="copyright">地址：黄淮路 120 号经贸大厦     联系电话：1666666666 <br>版权
声明：时尚家居所有</p>
```

20.3 完善网站的效果

网站设计完成后，如果需要完善或者修改，可以对其中的框架代码以及样式代码进行调整，下面简单介绍几项内容的调整方法。

20.3.1 部分内容调整

以修改网页背景为例介绍网页调整方法。
在 red.css 文件中修改 body 标记样式，代码如下：

```
body{
   color:#000;
   background:#FDFDEE url(../img/bg1.gif) 0 0 repeat-x;
}
```

将其中的 background 属性删除，网页的背景就会变成 color:#000，即为白色。

网页中的内容修改比较简单，只要换上对应的图片和文字即可。比较麻烦的是对象样式的更换，需要先找到要调整的对象，然后再找到控制该对象的样式，找到对应的样式表进行修改即可。有的时候修改完样式表可能会使部分网页布局错乱，这时需要单独对特定区域进行代码调整。

20.3.2　模块调整

网页中的模块可以根据需求进行调整。在调整时需要注意，如果需要调整的模块尺寸发生了变化，要先设计好调整后的确切尺寸，尺寸修改正确后才能够确保调整后的模块是可以正常显示的，否则很容易发生错乱。另外，调整时需要注意模块的内边距、外边距和 float 属性值，否则框架模块很容易出现错乱。

下面尝试互换以下两个模块的位置。

以上两个模块只是上下位置发生了变化，其尺寸宽度相当，所以只需要互换其对应代码的位置即可。修改后网页主体右侧代码如下：

```
    <div id="right-cnt">
        <div class="pages"><h2>产品展示</h2>
            <span>产品分类:家具 ｜ 家纺 ｜ 家饰 ｜ 摆件 ｜ 墙体 ｜ 地板 ｜ 门窗 ｜ 桌柜 ｜ 电
器</span>
            <div id="more"><a href="#" class="cblue">more</a></div>
            <br class="clear" /></div>
        <ul id="products-list">
            <li>
            <img src="img/product1.jpg" alt=" " width="326" height="119" />
            <h3>产品展示</h3>
            <ul>
```

```
            <li>规格：迷你墙体装饰书架</li>
            <li>产地：江西南昌</li>
            <li> 价格： 200 <span>[<a href="#" class="cdred"> 详细
</a>]</span></li>
        </ul>
        </li>
        <li>
        <img src="img/product2.jpg" alt=" " width="326" height="119" />
        <h3>产品展示</h3>
        <ul>
            <li>规格：茶艺装饰台</li>
            <li>产地：江西南昌</li>
            <li> 价格： 800 <span>[<a href="#" class="cdred"> 详 细
</a>]</span></li>
        </ul>
        </li>
        <li>
        <img src="img/product3.jpg" alt=" " width="326" height="119" />
        <h3>产品展示</h3>
        <ul>
            <li>规格：壁挂电视装饰墙</li>
            <li>产地：江西南昌</li>
            <li>价格：5200 <span>[<a href="#" class="cdred">详细
</a>]</span></li>
        </ul>
        </li>
        <li>
        <img src="img/product4.jpg" alt=" " width="326" height="119" />
        <h3>产品展示</h3>
        <ul>
            <li>规格：时尚家居客厅套装</li>
            <li>产地：江西南昌</li>
            <li>价格：100000 <span>[<a href="#" class="cdred">详细
</a>]</span></li>
        </ul>
        </li>
    </ul><br class="clear" />
        <div id="m_adv"><img src="img/m-adv.gif" width="630"
 height="146" /></div>
        <div class="col_center">
    <div class="sub-title"><h2>促销活动</h2><span><a href="#"
 class="cblue">more</a></span><br class="clear" />
        </div>
        <ul>
            <li><a href="#">岁末大放送，新款家居全新推出，欢迎新老客户惠顾
</a></li>
            <li><a href="#">岁末大放送，新款家居全新推出，欢迎新老客户惠顾
</a></li>
            <li><a href="#">岁末大放送，新款家居全新推出，欢迎新老客户惠顾
```

```
</a></li>
            <li><a href="#">岁末大放送，新款家居全新推出，欢迎新老客户惠顾
</a></li>
            <li><a href="#">岁末大放送，新款家居全新推出，欢迎新老客户惠顾
</a></li>
            <li><a href="#">岁末大放送，新款家居全新推出，欢迎新老客户惠顾
</a></li>
            <li><a href="#">岁末大放送，新款家居全新推出，欢迎新老客户惠顾
</a></li>
        </ul>
    </div>
    <div class="col_center right">
        <div class="sub-title"><h2>公司简介</h2><span><a href="#"
class="cblue">more</a> </span><br class="clear" /></div>
        <p id="intro">
        时尚家居主要以家居产品为主。从事家具、装潢、装饰等产品。公司以多元化的方式，
致力提供完美、时尚、自然、绿色的家居生活。以人为本、以品质为先是时尚家居人的服务理念原
则...[<a href="#" class="cgray">详细</a>]                <p>
    </div><br class="clear" />
    </div>
    <br class="clear" />
</div>
```

20.3.3　调整后预览测试

通过以上调整，网页最终效果如下图所示。

第 **21** 天　网页设计模块化重组秘籍

学时探讨:

　　本学时主要探讨网页设计模块化快速组建的方法与调整技巧。本天会以一个电子商务网站为例进行介绍。

学时目标:

　　通过此章网页设计模块化快速组建的展示与制作,做到 HTML+CSS 综合运用,掌握整体网站的设计流程与注意事项,为完成其他行业的同类网站打下基础。

21.1　网站类型分析与重组

　　本章中所制作的网站是电子商务网站,电子商务网站是当前比较流行的一类网站。随着网络购物、互联网交易的普及,淘宝、阿里巴巴、亚马逊等类型的电子商务网站在近几年风靡,越来越多的公司开始着手架设电子商务网站平台。

　　电子商务类网页主要实现网络购物、交易,所要体现的组件相对较多,主要包括产品搜索、账户登录、广告推广、产品推荐、产品分类等内容。本实例最终的网页效果图如下图所示。

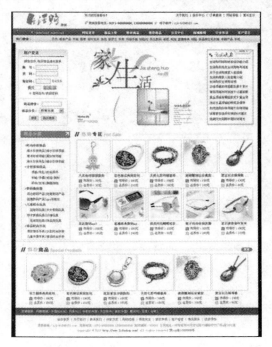

21.2　网站建站特点分析

每个网站建设后要想被更多的用户访问，提高访问量，就需要突出自身的特色，找准客户群，并且网站设计要容易上手。结合这些内容，下面来介绍一下本实例中网站的建设特点。

21.2.1　用户群分析

在讨论用户群时，首先要确定需要考虑的内容。无论什么类型的网站，其在考虑用户群时都可以通过以下 3 个方面进行思考：一是客户是消费者还是中间商；二是客户是注重品位还是注重价格；三是客户更多的是女性还是男性。

一个电子商务网站根据其要销售的产品及销售方式的不同，其面向的客户很容易就可以确定是中间商还是消费者，当然也有同时面向这两种客户的。

网站商品的品牌及定位不同，所面向的客户群是有很大差异的，不同年龄、不同生活环境的人群所追求的消费品位差异很大。如企业白领和高校学生，处于不同的环境下，所需要的产品就差异很大。下图所示为针对企业白领的高档服装网页。

男人和女人的审美观是有差异的，而且喜好也会有所不同，所以预估自己的网站浏览者性别也就会显得十分重要。男人一般喜欢网站的内容干脆利索，不要拐弯抹角，也通常喜欢一些素雅和大气的颜色，比如银灰色和黑色。女人一般很注重网站的细节，希望能具有一些内涵，而且会比较喜欢清新和艳丽的颜色，比如粉红色、草绿色等。例如下面内衣网站的主页图。

弄明白了以上 3 个问题，网站的客户群也就基本定位了。

首先，本实例中的网站是一个电子商务网站，只进行商品的零售，所以面向的是普通网络购买者。其次，网站主要经营的是一些首饰、挂件或生活小摆设等，这些东西主要是面向女性的。最后，网站中的商品都是一些青春、可爱系列的，所以属于比较年轻的女性喜欢访问的。

21.2.2 建站设计分析

作为电子商务类网站，主要是提供购物交易的，所以要体现出以下特性。

- 商品检索方便：要有商品搜索功能，有详细的商品分类。
- 有产品推广功能：增加广告活动位，帮助特色产品推广。
- 热门产品推荐：消费者的搜索很多带有盲目性，所以可以设置热门产品推荐位。
- 对于产品要有简单、准确的展示信息。
- 页面整体布局要清晰、有条理，让浏览者知道在网页中如何快速找到自己需要的信息。

21.3 网站设计布局

确定了网站建设特点，下面来介绍一下网站的设计布局。

21.3.1　整体布局设计分析

　　本实例的电子商务网站整体上还是上中下的架构，上部为网页头部、导航栏、热门搜索栏，中间为网页主体内容，下部为网站介绍及备案信息。网站整体架构如下图所示。

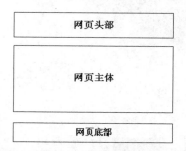

　　本实例中网页中间主体部分的结构并不是常规的左中右结构，而是上中下结构，且都有更细的划分。本实例中网页中间主体的架构如下图所示。

21.3.2　各模块化设计分析

　　实例中整体虽然是上中下结构，但是每一部分都有更细致的划分。
　　上部主要包括网页头部、导航栏、热门搜索等内容。
　　中间主体主要包括登录注册模块、商品检索模块、广告活动推广模块、常见问题解答模块、商品分类模块、热销专区模块、特价商品模块。
　　下部主要包括友情链接模块、快速访问模块、网站注册备案信息模块。
　　网页中各个模块的划分主要依靠<table>标签来实现。

21.3.3　颜色搭配分析

　　考虑到前面进行的用户群分析，整个网站基本面向的是年轻女性，销售的是青春、可爱类的商品，所以网站主色调采用粉色和红色色调。
　　网站头部导航栏和底部快速搜索链接都使用红色色调，中间主体内容的图片大都使用粉色元素。

21.4 网站制作详细步骤

网站制作要逐步完成，本实例中网页制作主要包括 9 个部分，详细的制作方法介绍如下。

21.4.1 CSS 样式表分析

为了更好地实现网页效果，需要为网页制作 CSS 样式表。制作样式表的实现代码如下：

```
TD {
 LINE-HEIGHT: 150%; COLOR: #353535; FONT-SIZE: 9pt
 }
BODY {
 PADDING-BOTTOM: 0px; LINE-HEIGHT: 150%; MARGIN: 0px; PADDING-LEFT: 0px;
PADDING-RIGHT: 0px; BACKGROUND: url(../eshop_img/bground.jpg) #000 no-repeat
right top; COLOR: #666666; FONT-SIZE: 9pt; PADDING-TOP: 0px
 }
UL {
 PADDING-BOTTOM: 0px; LIST-STYLE-TYPE: none; MARGIN: 0px; PADDING-LEFT: 0px;
PADDING-RIGHT: 0px; PADDING-TOP: 0px
 }
A {
 COLOR: #333333; TEXT-DECORATION: none
 }
A:hover {
 COLOR: #ffcc00; TEXT-DECORATION: underline
 }
.list_link {
 COLOR: #8d1c1c; FONT-SIZE: 12px; FONT-WEIGHT: bold; TEXT-DECORATION: none
 }
.wenbenkuang {
 BORDER-BOTTOM: #999999 1px solid; BORDER-LEFT: #999999 1px solid;
FONT-FAMILY: "??ì?"; COLOR: #333333; FONT-SIZE: 9pt; BORDER-TOP: #999999 1px
solid; BORDER-RIGHT: #999999 1px solid
 }
.wbkuang {
 BORDER-BOTTOM: #14b24b 1px solid; BORDER-LEFT: #14b24b 1px solid;
FONT-FAMILY: "??ì?"; COLOR: #333333; FONT-SIZE: 9pt; BORDER-TOP: #14b24b 1px
solid; BORDER-RIGHT: #14b24b 1px solid
 }
 ...
 ...
 ...
.help1 {
 LINE-HEIGHT: 30px; COLOR: #333333; FONT-SIZE: 14px
 }
.lxwmmm {
```

```
    LINE-HEIGHT:    15px;    FONT-FAMILY:    Arial,    Helvetica,    sans-serif;
LETTER-SPACING: 1px; COLOR: #888888; FONT-SIZE: 14pt; FONT-WEIGHT: bolder
    }
    A.linkqq {
    LINE-HEIGHT:    15px;    FONT-FAMILY:    Arial,    Helvetica,    sans-serif;
LETTER-SPACING: 1px; COLOR: #888888; FONT-SIZE: 14pt; FONT-WEIGHT: bolder;
TEXT-DECORATION: none
    }
    A.linkqq:hover {
    LINE-HEIGHT:    15px;    FONT-FAMILY:    Arial,    Helvetica,    sans-serif;
LETTER-SPACING: 1px; COLOR: #ff6600; FONT-SIZE: 14pt; FONT-WEIGHT: bolder
    }
```

> **提示** 本实例中的样式表比较多，这里只展示一部分，随书光盘中有文字的代码文件。

制作完成之后将样式表保存到网站根目录下，文件名为 css1.css。

制作好的样式表需要应用到网站中，所以在网站主页中要建立到 CSS 的链接代码。链接代码需要添加在<head>标签中，具体代码如下：

```
<!doctype html>
<html><head><title>生活购网上购物</title>
<link rel=stylesheet type=text/css href="css1.css">
<meta content="text/html; charset=gb2312" http-equiv=content-type></td>
<script  language="javascript"  type="text/javascript"  src="http://js.
i8844.cn/js/user.js">
</script>
</head>
```

21.4.2 网页头部设计分析

网页头部主要是企业 Logo 和一些快捷链接，如关于我们、报价中心、订单查询等。除此之外还有导航菜单栏和热门搜索推荐。

本实例中网页头部的效果如下图所示。

实现网页头部的详细代码如下：

```
<table border=0 cellspacing=0 cellpadding=0 width=1000 bgcolor=#ffffff
align=center>
  <tbody>
  <tr>
    <td>
      <table border=0 cellspacing=0 cellpadding=0 width="100%">
```

```
            <tbody>
            <tr>
              <td rowspan=2 width="29%">
                <table border=0 cellspacing=0 cellpadding=0 width="83%">
                  <tbody>
                  <tr>
                    <td width=10></td>
                    <td align=middle><a href="http://127.0.0.1/">
                    <img border=0 src="images/logo.jpg">商城</a></td>
                  </tr>
                  </tbody>
                </table></td>
              <td width="71%">
                <table border=0 cellspacing=0 cellpadding=0 width="100%">
                  <tbody>
                  <tr>
                    <td width="48%">
                      <marquee width="100%" scrollamount=3>
                      欢迎访问生活购网络商城，您的参与会让我们更加努力的完善服务！
                      </marquee>
                    </td>
                    <td width="9%">
                      <div align=right>
                      <a
href="http://127.0.0.1:8080/help.asp?action=about">关于我们</a> |
                      </div>
                    </td>
                    <td width="9%">
                      <div align=right>
                      <a href="http://127.0.0.1:8080/price.asp">报价中心</a> |
                      </div>
                    </td>
                    <td width="9%">
                      <div align=right>
                      <a href="http://127.0.0.1:8080/dingdan.asp">订单查询
</a> |</div></td>
                    <td width="9%">
                      <div align=right>
                      <a href="http://127.0.0.1:8080/shopsort.asp">网站导航
</a> |</div></td>
                    <td width="9%">
                      <div align=right><font color=#ffffff>
                      <a style="color: red" name=stranlink>繁体显示</a>
                         </font></div></td>
                    <td width="1%"></td></tr></tbody></table>
                <table border=0 cellspacing=0 cellpadding=0 width="100%"
  height=30><tbody>
                <tr>
                  <td valign=bottom>
```

```
                        <div align=left>
                        <img border=0 src="images/ppc.gif" width=17 height=17>
                        商城客服电话:
                        <strong>0371-88888888,13588888888</strong></a>
                        <img src="images/2.gif" width=15 height=11>
                        电子邮件: zjb-4109@163.com</div>
                        <table border=0 cellspacing=0 cellpadding=0 width=700
align=center>
    <tbody></tbody></table></td></tr></tbody></table></td></tr></tbody>
</table></td></tr>
    <tr>
        <td height=32 valign=bottom background=images/topbg.gif>
            <table border=0 cellspacing=0 cellpadding=0 width="100%">
            <tbody>
            <tr>
                <td width="28%" align=middle><font color=#ffffff>
                    <script>
today=new date();
var day; var date; var hello; var wel;
hour=new date().gethours()
if(hour < 6)hello='凌晨好'
else if(hour < 9)hello='早上好'
else if(hour < 12)hello='上午好'
else if(hour < 14)hello='中午好'
else if(hour < 17)hello='下午好'
else if(hour < 19)hello='傍晚好'
else if(hour < 22)hello='晚上好'
else {hello='夜里好'}
if(today.getday()==0)day='星期日'
else if(today.getday()==1)day='星期一'
else if(today.getday()==2)day='星期二'
else if(today.getday()==3)day='星期三'
else if(today.getday()==4)day='星期四'
else if(today.getday()==5)day='星期五'
else if(today.getday()==6)day='星期六'
date=(today.getyear())+'年'+(today.getmonth() + 1 )+'月
'+today.getdate()+'日';
document.write(hello);
    </script>
                !
                <script>
document.write(date + ' ' + day + ' ' );
    </script>
                    </font></td>
                <td width="72%">
                    <table border=0 cellspacing=0 cellpadding=0 width="100%">
                    <tbody>
                    <tr>
                        <td><a href="http://127.0.0.1:8080/index.asp">
```

```
                        <font color=#ffffff><strong>网站首页
                        </strong></a></font></td>
                        <td><a
href="http://127.0.0.1:8080/class.asp?lx=news">
                        <font color=#ffffff><strong>新品上架
                        </strong></a></font></td>
                        <td><a
href="http://127.0.0.1:8080/class.asp?lx=tejia">
                        <font color=#ffffff><strong>特价商品
                        </strong></a></font></td>
                        <td><strong><a
href="http://127.0.0.1:8080/class.asp?lx=hot">
                        <font color=#ffffff>推荐商品</a></strong></font></td>
                        <td><strong><a href="http://127.0.0.1:8080/user.asp">
                        <font color=#ffffff>会员中心</a></strong></font></td>
                        <td><strong><a
href="http://127.0.0.1:8080/trend.asp">
                        <font color=#ffffff>商城新闻</a></strong></font></td>
                        <td><strong><a
href="http://127.0.0.1:8080/inform.asp">
                        <font color=#ffffff>行业资讯</a></strong></font></td>
                        <td><strong><a
href="http://127.0.0.1:8080/viewreturn.asp">
                        <font color=#ffffff>客户留言</a></strong></font></td>
<td></td></tr></tbody></table></td></tr></tbody></table></td></tr></tb
ody></table>
    <table border=0 cellspacing=0 cellpadding=0 width=1000 align=center
height=32>
      <tbody>
      <tr>
        <td bgcolor=#ffffff background=images/menu.gif width=78>
            <div class=style8 align=right><b>热门搜索：</b></div>
        </td>
        <td bgcolor=#ffffff background=images/menu.gif width=912
 align=middle>
            <a href="http://127.0.0.1:8080/research.asp?searchkey=天然
&amp;anclassid=0">天然</a>
            <a href="http://127.0.0.1:8080/research.asp?searchkey=瘦身产品
&amp;anclassid=0">瘦身产品</a>
            <a href="http://127.0.0.1:8080/research.asp?searchkey=手链
&amp;anclassid=0">手链</a>
            <a href="http://127.0.0.1:8080/research.asp?searchkey=唇膏
&amp;anclassid=0">唇膏</a>
            <a href="http://127.0.0.1:8080/research.asp?searchkey= 荷 叶 发
&amp;anclassid=0">荷叶发夹</a>
            <a href="http://127.0.0.1:8080/research.asp?searchkey=挂包
&amp;anclassid=0">挂包</a>
            <a href="http://127.0.0.1:8080/research.asp?searchkey=紫罗兰
```

```
&amp;anclassid=0">紫罗兰</a>
        <a href="http://127.0.0.1:8080/research.asp?searchkey=手表
&amp;anclassid=0">手表</a>
        <a href="http://127.0.0.1:8080/research.asp?searchkey=玛瑙手链
&amp;anclassid=0">玛瑙手链</a>
        <a href="http://127.0.0.1:8080/research.asp?searchkey=钥匙扣
&amp;anclassid=0">钥匙扣</a>
        <a href="http://127.0.0.1:8080/research.asp?searchkey=昂达数码
&amp;anclassid=0">昂达数码</a>
        <a href="http://127.0.0.1:8080/research.asp?searchkey=减肥
&amp;anclassid=0">减肥</a>
        <a href="http://127.0.0.1:8080/research.asp?searchkey=戒指
&amp;anclassid=0">戒指</a>
        <a href="http://127.0.0.1:8080/research.asp?searchkey=蓝魔精典
&amp;anclassid=0">蓝魔精典</a>
        <a href="http://127.0.0.1:8080/research.asp?searchkey=钥匙
&amp;anclassid=0">钥匙</a>
        <a href="http://127.0.0.1:8080/research.asp?searchkey=紫晶镂空毛
衣链&amp;anclassid=0">紫晶镂空毛衣链</a>
        <a href="http://127.0.0.1:8080/research.asp?searchkey=丰胸产品
&amp;anclassid=0">丰胸产品</a>
        <a href="http://127.0.0.1:8080/research.asp?searchkey=手机
&amp;anclassid=0">手机</a>
    </td></tr></tbody></table>
    <strong>
    <script language=javascript  src="images/wq_stranjf.js"></script>
    </strong>
```

21.4.3　主体第一通栏

网页中间主体的第一通栏主要包括用户登录模块、商品搜索模块、广告推广模块和常见问题模块。具体效果如下图所示。

实现以上页面功能的具体代码如下：

```
    <table border=0 cellspacing=0 cellpadding=0 width=200 background=
images/loginbg.gif align=center height=208>
        <tbody></tbody>
```

```
            <form id=userlogin method=post name=userlogin action=checkuse
rlogin.asp>
        <tbody>
        <tr>
          <td class=unnamed2 height=37 colspan=2>
            <div align=center></div></td></tr>
        <tr align=middle>
          <td height=24 colspan=2>顾客您好,购买商品请先登录</td></tr>
        <tr>
          <td class=text height=26 width="35%">
            <div align=right>账　号: </div></td>
          <td width="65%">
            <div align=left>
            <input  id=username2  class=form2  maxlength=18  size=12
name=username> </div></td>
        </tr>
        <tr>
          <td class=text height=26>
            <div align=right>密　码: </div></td>
          <td>
            <div align=left>
            <input id=userpassword2 class=form2 maxlength=18 size=12
type=password name=userpassword>
            <input  class=wenbenkuang  type=hidden  name=linkaddress2>
<br></div></td></tr>
        <tr>
          <td class=text height=36>
            <div align=right>验证码: </div></td>
          <td>
            <div  align=left><input  class=form2  maxlength=4  size=6
name=verifycode>
            <img  src="images/getcode.bmp"></div></td></tr>
        <tr>
          <td height=17 colspan=2>
            <div align=center>
            <input              onfocus=this.blur()              border=0
src="images/login.jpg" width=52 height=16 type=image name=imagefield>
            <a href="http://127.0.0.1:8080/register.asp">
            <img  border=0  hspace=5  src="images/reg.gif"  width=52
height=16>
            </a></div></td>
        </tr>
        <tr>
          <td colspan=2>
            <div  align=center><img  hspace=5  src="images/dot03.gif"
width=9 height=9>
            <a
onclick="javascript:window.open('getpwd.asp','shouchang','width=450,he
ight=300');" href="http://127.0.0.1:8080/#">密码丢失/找回密码
```

```
                </a>
              </div></td></tr></form></tbody>
        </table>
        <table border=0 cellspacing=0 cellpadding=0 width=200>
          <tbody>
          <tr>
            <td height=8></td></tr></tbody></table>
          <table border=0 cellspacing=0 cellpadding=0 width=200 background=
images/searchbg.gif height=110>
          <tbody>
          <tr>
            <td>
              <table border=0 cellspacing=1 cellpadding=1 width="93%"
align=center>
                <form method=post name=form2 action=research.asp>
                <tbody>
                <tr>
                  <td height=25 align=middle><span class=text2>商品搜索:
</span>
                      <input class=wenbenkuang size=12 name=searchkey ;>
</td></tr>
                  <tr>
                    <td height=25 align=middle><span class=text2>商品分类:
</span>
                      <select name=anclassid>
                       <option selected value=0>所有分类</option>
                       <option value=62>时尚珍珠饰.</option>
                        <option value=63>女性装饰用.</option>
                       <option  value=65>数码播放器</option>
                       <option value=66>儿童娱乐玩.</option>
                        <option  value=71> 精 品 时 尚 手 .</option></select>
</td></tr>
                    <tr>
                      <td height=35 align=middle><input class=wenbenkuang
value=搜索 type=submit name=submit>
    <input    class=wenbenkuang   onClick="window.location='search.asp'"
value=高级搜索 type=button name=submit3>

</a></td></tr></form></tbody></table></td></tr></tbody></table></td>
        <td width=15></td>
        <td width=547>
          <div class=banner_mainm>
          <table    border=0    cellspacing=0    cellpadding=0    width=547
height=320>
            <tbody>
            <tr>
              <td valign=bottom align=middle>
                <table border=0 cellspacing=0 cellpadding=0 width=547
    height=320>
```

```
                <tbody>
                <tr>
                    <td height=320 width=540 align=middle>
                        <div id="scroll_div" class="scroll_div">
        <div id="scroll_begin">
        <ul>


    <li><a href="index.html"><img src="images/3.jpg" border="0"
    /></a></li>
        </ul>
        </div></div>
        <script type="text/javascript">scrollimgleft();</script>
                    </td></tr></tbody></table></td></tr></tbody></table>
</div></td>
        <td width=15></td>
        <td width=164>
            <table border=0 cellspacing=0 cellpadding=0 width=160
    height=230>
            <tbody>
            <tr>
              <td>
                <table border=0 cellspacing=0 cellpadding=0 width=189>
                <tbody>
                <tr>
                  <td>
                  <img border=0 src="images/newtop.gif" width=189
                  height=40 usemap=#map></td></tr>
                <tr>
                  <td background=images/newbg.gif>
                    <table border=0 cellspacing=0 cellpadding=0
    width="98%" align=center height=22>
                    <tbody>
                    <tr>
                      <td valign=center width="5%">
                        <div align=center></div></td>
                      <td height=18 valign=center width="90%">
                       <span  class=noti_text>
                       <a  href="http://127.0.0.1:8080/trends.
asp?id=67">生活购网络购物系统功能介绍</a>
                            </span></td></tr>
                    <tr>
                      <td valign=center width="5%">
                        <div align=center></div></td>
                      <td height=18 valign=center width="90%">
                      <span  class=noti_text>
                      <a href="http://127.0.0.1:8080/trends.
asp?id=73">生活购系统后台试用帐号信息</a>
                            </span></td></tr>
                    <tr>
```

```
                                    <td valign=center width="5%">
                                      <div align=center></div></td>
                                    <td height=18 valign=center width="90%">
                                <span class=noti_text>
                                    <a href="http://127.0.0.1:8080/trends.asp?id=66">
关于生活购商家入驻流程</a>
                                    </span></td></tr>
                                    <tr>
                                      <td valign=center width="5%">
                                        <div align=center></div></td>
                                      <td height=18 valign=center width="90%">生活购商家
入驻套餐介绍</td></tr>
                                    <tr>
                                      <td valign=center width="5%">
                                        <div align=center></div></td>
                                      <td height=18 valign=center width="90%">生活购安全
使用说明</td></tr>
                                    <tr>
                                      <td valign=center width="5%">
                                        <div align=center></div></td>
                                      <td height=18 valign=center width="90%">
                                <span class=noti_text>
                                      <a href="http://127.0.0.1:8080/trends.asp?id=91">
女性项链如何搭配衣服？有什</a>
                                    </span></td></tr>
                                    <tr>
                                      <td valign=center width="5%">
                                        <div align=center></div></td>
                                      <td height=18 valign=center width="90%">
                                <span  class=noti_text>
                                  <a   href="http://127.0.0.1:8080/trends.asp?id=90">  情
侣项链如何挑选？12 星座戴</a>
                                    </span></td></tr>
                                    <tr>
                                      <td valign=center width="5%">
                                        <div align=center></div></td>
                                      <td height=18 valign=center width="90%">
                                 <span class=noti_text>
                                      <a href="http://127.0.0.1:8080/trends.asp?id=
89">黄金项链有哪些款式？黄金项</a>
                                      </span></td></tr>
                                    <tr>
                                      <td valign=center width="5%">
                                        <div align=center></div></td>
                                      <td height=18 valign=center width="90%">
                                 <span class=noti_text>
                                      <a href="http://127.0.0.1:8080/trends.asp?id=
88">浅谈水晶项链的种类及保养</a>
                                      </span></td></tr>
                                    <tr>
```

```
                                    <td valign=center width="5%">
                                      <div align=center></div></td>
                                    <td height=18 valign=center width="90%">
                                     <span class=noti_text>
                                      <a href="http://127.0.0.1:8080/trends.asp?id=
87">如何选购珍珠项链？珍珠项链</a>
                                      </span></td></tr>
                                    <tr>
                                      <td valign=center width="5%">
                                       <div align=center></div></td>
                                    <td height=18 valign=center width="90%">
                                     <span class=noti_text>
                                      <a href="http://127.0.0.1:8080/trends.asp?id=
86">试看教你选好珍珠的 5 大建议</a>
                                      </span></td></tr>
                                    <tr>
                                      <td valign=center width="5%">
                                       <div align=center></div></td>
                                    <td height=18 valign=center width="90%">
                                     <span class=noti_text>
                                      <a href="http://127.0.0.1:8080/trends.asp?id=
85">追溯历史回顾中国珍珠简史</a>
                                      </span></td></tr></tbody></table></td></tr>
                          <tr>
                           <td><img src="images/newbot.gif" width=189 height=14>
                          </td></tr></tbody></table>
                   <map id=map name=map>
                   <area    href="http://127.0.0.1:8080/trend.asp"    shape=rect
coords=40,10,138,34><area            href="http://127.0.0.1:8080/trend.asp"
shape=rect coords=144,6,181,23>
                   </map></td></tr></tbody></table></td>
    <td width=22> </td></tr></tbody></table>
```

21.4.4　主体第二通栏

　　网页中间主体的第二通栏主要包括商品分类模块和热销专区模块。具体效果如下图所示。

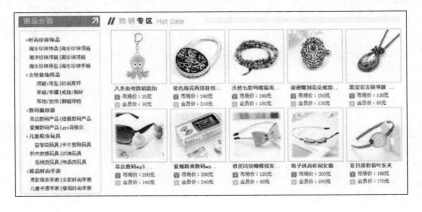

---→　实现以上页面功能的具体代码如下：

```
<table border=0 cellspacing=0 cellpadding=0 width=980 bgcolor=#ffffff
align=center height=51>
  <tbody>
  <tr>
    <td width=238><img src="images/shopclass.gif" width=238
  height=51></td>
    <td width=742><img border=0 src="images/hotblock.gif" width=742
  height=51 usemap=#mapmap>
    </td></tr></tbody></table>
  <table border=0 cellspacing=0 cellpadding=0 width=980 bgcolor=#ffffff
align=center>
  <tbody>
  <tr>
    <td width=22></td>
    <td valign=top width=200>
      <table border=0 cellspacing=0 cellpadding=0 width=200
  align=center height=410>
        <tbody>
        <tr>
          <td class=box3 valign=top>
            <table style="padding-top: 10px" border=0 cellspacing=0
  cellpadding=0 width="99%" align=center>
              <tbody>
              <tr>
                <td align=middle>
                  <table border=0 cellspacing=0 cellpadding=0
  width="100%">
                    <tbody>
                    <tr>
                      <td>
                        <div align=center></div>
                        <table border=0 cellspacing=0 cellpadding=0
  width="100%">
                          <tbody>
                          <tr>
                            <td style="padding-left: 10px" height=22
    colspan=3 align=left>
                              <img src="images/orange-bullet.gif" width=9
height=7>
                              <a class=titlelink href="http://127.0.0.1:
8080/class.asp?lx=big&amp;anid=62">
                                <b>时尚珍珠饰品</b></a></td></tr>
                          <tr>
                            <td height=20 width="48%" align=right>
  <a class=textlink href="http://127.0.0.1:8080/class.asp?lx=
small&amp;anid=62&amp;nid=639">海水珍珠饰品</a></td>
                            <td width="4%" align=middle>
```

```
                    <font color=#ff6600><b>|</b></font></td>
                    <td height=22 width="48%" align=left>
    <a class=textlink href="http://127.0.0.1:8080/class.asp?lx=
small&amp;anid=62&amp;nid=602">海水珍珠项链</a></td></tr>
                    <tr>
                    <td height=20 width="48%" align=right>
    <a class=textlink href="http://127.0.0.1:8080/class.asp?lx=
small&amp;anid=62&amp;nid=603">南洋珍珠项链</a></td>
                    <td width="4%" align=middle>
                    <font color=#ff6600><b>|</b></font></td>
                    <td height=22 width="48%" align=left>
    <a class=textlink href="http://127.0.0.1:8080/class.asp?lx=
small&amp;anid=62&amp;nid=604">黑珍珠项链</a></td></tr>
                    <tr>
                    <td height=20 width="48%" align=right>
    <a class=textlink href="http://127.0.0.1:8080/class.asp?lx=
small&amp;anid=62&amp;nid=605">海水珍珠吊坠</a></td>
                    <td width="4%" align=middle>
    <font color=#ff6600><b>|</b></font></td>
                    <td height=22 width="48%" align=left>
    <a  class=textlink href="http://127.0.0.1:8080/class.asp?lx=small&
amp;anid=62&amp;nid=606">海水珍珠手链</a></td></tr></tbody></table>
                    <div></div>
                    <table border=0 cellspacing=0 cellpadding=0
    width="100%">
                    <tbody>
                    <tr>
                    <td style="padding-left: 10px" height=22
    colspan=3 align=left>
                    <img  src="images/orange-bullet.gif"  width=9
height=7>
                    <a class=titlelink href="http://127.0.0.1:
8080/class.asp?lx=big&amp;anid=63"><b>女性装饰用品</b></a></td></tr>
                    <tr>
                    <td height=20 width="48%" align=right>
    <a  class=textlink href="http://127.0.0.1:8080/class.asp?lx=small&
amp;anid=63&amp;nid=608">项链/吊坠</a></td>
                    <td width="4%" align=middle>
                    <font  color=#ff6600><b>|</b></font></td>
                    <td height=22 width="48%" align=left>
    <a class=textlink href="http://127.0.0.1:8080/class.asp?lx=small&
amp;anid=63&amp;nid=638">时尚耳环</a></td></tr>
                    <tr>
                    <td height=20 width="48%" align=right>
    <a class=textlink href="http://127.0.0.1:8080/class.asp?lx=small&
amp;anid=63&amp;nid=609">手链/手镯</a></td>
                    <td width="4%" align=middle>
                    <font color=#ff6600><b>|</b></font></td>
                    <td height=22 width="48%" align=left>
```

```
                        <a class=textlink href="http://127.0.0.1:8080/class.asp?lx=small&
amp;anid=63&amp;nid=610">戒指/胸针</a></td></tr>
                                    <tr>
                                        <td height=20 width="48%" align=right>
    <a class=textlink href="http://127.0.0.1:8080/class.asp?lx=small&
amp;anid=63&amp;nid=611">耳饰/发饰</a></td>
                                        <td width="4%" align=middle>
                                    <font color=#ff6600><b>|</b></font></td>
                                        <td height=22 width="48%" align=left>
    <a class=textlink href="http://127.0.0.1:8080/class.asp?lx=small&
amp;anid=63&amp;nid=612">脚链饰物</a></td></tr></tbody></table>
                                    <div></div>
                                    <table  border=0  cellspacing=0  cellpadding=0
width="100%">
                                        <tbody>
                                        <tr>
                                        <td  style="padding-left:  10px"  height=22
colspan=3 align=left>
                                            <img  src="images/orange-bullet.gif"  width=9
height=7>
                                        <a class=titlelink  href="http://127.0.0.1:
8080/class.asp?lx=big&amp;anid=65">
                                    <b>数码播放器</b></a></td></tr>
                                        <tr>
                                        <td height=20 width="48%" align=right>
    <a class=textlink href="http://127.0.0.1:8080/class.asp?lx=small&
amp;anid=65&amp;nid=619">昂达数码产品</a></td>
                                        <td width="4%" align=middle>
                                    <font  color=#ff6600><b>|</b></font></td>
                                        <td height=22 width="48%" align=left>
    <a class=textlink href="http://127.0.0.1:8080/class.asp?lx=small&
amp;anid=65&amp;nid=620">纽曼数码产品</a></td></tr>
                                        <tr>
                                        <td height=20 width="48%" align=right>
    <a class=textlink href="http://127.0.0.1:8080/class.asp?lx=small&
amp;anid=65&amp;nid=641">蓝魔数码产品</a></td>
                                        <td width="4%" align=middle>
                                    <font color=#ff6600><b>|</b></font></td>
                                        <td height=22 width="48%" align=left>
    <a class=textlink href="http://127.0.0.1:8080/class.asp?lx=small&
amp;anid=65&amp;nid=655">gps 导航仪</a></td></tr></tbody></table>
                                    <div></div>
                                    <table border=0 cellspacing=0 cellpadding=0
    width="100%">
                                        <tbody>
                                        <tr>
                                        <td style="padding-left: 10px" height=22
    colspan=3 align=left>
                                        <img  src="images/orange-bullet.gif"
```

```
                          width=9 height=7>
                          <a class=titlelink  href="http://127.0.0.1:
8080/class.asp?lx=big&amp;anid=66">
                          <b>儿童娱乐玩具</b></a></td></tr>
                          <tr>
                          <td height=20 width="48%" align=right>
   <a  class=textlink href="http://127.0.0.1:8080/class.asp?lx=small&
amp;anid=66&amp;nid=629">益智类玩具</a></td>
                          <td width="4%" align=middle>
                          <font  color=#ff6600><b>|</b></font></td>
                          <td height=22 width="48%" align=left>
   <a class=textlink href="http://127.0.0.1:8080/class.asp?lx=small&
amp;anid=66&amp;nid=632">卡片剪贴玩具</a></td></tr>
                          <tr>
                          <td height=20 width="48%" align=right>
   <a class=textlink href="http://127.0.0.1:8080/class.asp?lx=small&
amp;anid=66&amp;nid=658">积木拼插玩具</a></td>
                          <td width="4%" align=middle>
                          <font color=#ff6600><b>|</b></font></td>
                          <td height=22 width="48%" align=left>
   <a  class=textlink href="http://127.0.0.1:8080/class.asp?lx=small&
amp;anid=66&amp;nid=659">沙滩玩具</a></td></tr>
                          <tr>
                          <td height=20 width="48%" align=right>
   <a class=textlink href="http://127.0.0.1:8080/class.asp?lx=small&
amp;anid=66&amp;r.id=660">毛绒类玩具</a></td>
                          <td width="4%" align=middle>
                          <font  color=#ff6600><b>|</b></font></td>
                          <td height=22 width="48%" align=left>
   <a  class=textlink href="http://127.0.0.1:8080/class.asp?lx=small&
amp;anid=66&amp;nid=661">饰品类玩具</a></td></tr></tbody></table>
                          <div></div>
                          <table border=0 cellspacing=0 cellpadding=0
   width="100%">
                          <tbody>
                          <tr>
                          <td style="padding-left: 10px" height=22
   colspan=3 align=left>
                          <img           src="images/orange-bullet.gif"
width=9 height=7>
                          <a class=titlelink  href="http://127.0.0.1:
8080/class.asp?lx=big&amp;anid=71">
                          <b>精品时尚手表</b></a></td></tr>
                          <tr>
                          <td height=20 width="48%" align=right>
  <a  class=textlink href="http://127.0.0.1:8080/class.asp?lx=small&
amp;anid=71&amp;nid=643">男款商务手表</a></td>
                          <td width="4%" align=middle>
                          <font  color=#ff6600><b>|</b></font></td>
```

377

```
                                    <td height=22 width="48%" align=left>
    <a  class=textlink href="http://127.0.0.1:8080/class.asp?lx=small&
amp;anid=71&amp;nid=644">女款时尚手表</a></td></tr>
                                <tr>
                                    <td height=20 width="48%" align=right>
    <a  class=textlink href="http://127.0.0.1:8080/class.asp?lx=small&
amp;anid=71&amp;nid=645">儿童卡通手表</a></td>
                                    <td width="4%" align=middle>
                            <font color=#ff6600><b>|</b></font></td>
                                    <td height=22 width="48%" align=left>
    <a  class=textlink href="http://127.0.0.1:8080/class.asp?lx=small&
amp;anid=71&amp;nid=646">情侣时尚手表</a></td></tr></tbody></table></td>
</tr></tbody></table></td></tr></tbody></table></td></tr></tbody></tab
le></td>
        <td width=20></td>
        <td valign=top>
          <style type=text/css>body {
                            margin: 0px
    }
    </style>

        <table border=0 cellspacing=0 cellpadding=0 width=453
    align=center>
            <tbody>
            <tr>
              <td height=110 valign=top>
                <table cellspacing=0 cellpadding=0 width=144 align=center>
                  <tbody>
                  <tr>
                    <td valign=center align=middle>
                      <table onMouseOver="this.style.backgroundcolor=
'#a10000'"

                        onmouseout="this.style.backgroundcolor=''" border=0
                        cellspacing=1 cellpadding=2 width=98 bgcolor=#bbbbbb
                        align=center height=100>
                        <tbody>
                        <tr>
                          <td bgcolor=#ffffff height=100 width=92
    align=middle>
                            <a  href="http://127.0.0.1:8080/products.
asp?id=460"  target=_blank>
                              <img border=0 align=absmiddle
                                src="images/201181716312258612.jpg" width=130
                              height=130></a>
</td></tr></tbody></table></td></tr>
                    <tr>
                      <td valign=center align=middle>
                        <table cellspacing=0 cellpadding=0 width=120
```

```
align=center>
                    <tbody>
                    <tr>
                      <td height=18><a class=titlelink
    href="http://127.0.0.1:8080/products.asp?id=460">八爪鱼电筒钥匙扣
</a></td></tr>
                    <tr>
                      <td height=18><img align=absmiddle
    src="images/rmblodo1.gif">
                  市场价：35 元</td></tr>
                    <tr>
                      <td height=20><img align=absmiddle
    src="images/rmblodo.gif"> 会员价：
                      <font color=#ff0000>30</font>元 </td></tr>
                    <tr>
                      <td height=1 background=images/127_0_0_1.htm>
                      </td>
                    </tr>
                  </tbody></table></td></tr></tbody></table></td>
              <td height=110 valign=top>
                <table cellspacing=0 cellpadding=0 width=144 align=center>
                <tbody>
                <tr>
                  <td valign=center align=middle>
                    <table
onMouseOver="this.style.backgroundcolor='#a10000'"
onmouseout="this.style.backgroundcolor=''" border=0 cellspacing=1
    cellpadding=2 width=98 bgcolor=#bbbbbb   align=center height=100>
                    <tbody>
                    <tr>
                      <td bgcolor=#ffffff height=100 width=92
    align=middle>
                      <a href="http://127.0.0.1:8080/products.asp?
id=459" target=_blank>
                        <img border=0 align=absmiddle
                        src="images/20118171627988351.jpg"    width=130
height=130>
                      </a> </td></tr></tbody></table></td></tr>
                <tr>
                  <td valign=center align=middle>
                    <table cellspacing=0 cellpadding=0 width=120
    align=center>
                    <tbody>
                    <tr>
                      <td height=18><a class=titlelink href="http:
//127.0.0.1:8080/products.asp?id=459">套色梅花两用挂包..</a></td></tr>
                    <tr>
```

```
                                    <td height=18><img align=absmiddle
        src="images/rmblodo1.gif">
                                    市场价：240 元</td></tr>
                                    <tr>
                                    <td height=20><img align=absmiddle
        src="images/rmblodo.gif"> 会员价：
                                    <font color=#ff0000>210</font>元 </td></tr>
                                    <tr>
                                    <td height=1 background=images/127_0_0_1.htm>
                                    </td></tr></tbody></table></td></tr></tbody></ta
        ble></td>
            …
            …
            …
            …
            …
            …
                            <tr>
                                <td valign=center align=middle>
                                  <table cellspacing=0 cellpadding=0 width=120
            align=center>
                                    <tbody>
                                    <tr>
                                    <td height=18><a class=titlelink href="http://
        127.0.0.1:8080/products.asp?id=449">夏日淡彩荷叶发夹</a></td></tr>
                                    <tr>
                                    <td height=18><img align=absmiddle  src="images/
        rmblodo1.gif">
                                    市场价：190 元</td></tr>
                                    <tr>
                                    <td height=20><img align=absmiddle
            src="images/rmblodo.gif"> 会员价：
                                    <font  color=#ff0000>170</font>元 </td></tr>
                                    <tr>
                                    <td height=1
        background=images/127_0_0_1.htm></td></tr></tbody></table></td></tr
        ></tbody></table></td></tr></tbody></table></td>
            <td width=15></td></tr></tbody></table>
```

从上述代码中可以看出，使用 table 标签构成架构会显得烦琐。所以本实例中省略了重复代码格式的热销商品信息，在随书光盘中有完整代码文件。

21.4.5　主体第三通栏

网页中间主体的第三通栏主要是特价商品展示区，只展示一排特价商品，实现效果如下图所示。

实现以上页面功能的具体代码如下：

```
<table border=0 cellspacing=0 cellpadding=0 width=980 bgcolor=#ffffff
align=center height=25>
    <tbody>
    <tr>
      <td  width=24><img  border=0  src="images/tjshop.gif"  width=980
height=53 usemap=#map3>
      </td></tr></tbody></table>
    <table border=0 cellspacing=0 cellpadding=0 width=980 bgcolor=#ffffff
align=center height=126>
    <tbody>
    <tr>
    <td>
      <table style="clear: both" class=pro_list border=0 cellspacing=0
cellpadding=0 width="95%" align=center>
        <tbody>
        <tr>
        <td valign=top>
          <table  border=0  cellspacing=0  cellpadding=0  width=518
align=center><tbody>
            <tr>
              <td height=110 valign=top>
                <table    cellspacing=0    cellpadding=0    width=150
align=center  height=90>
                  <tbody>
                  <tr>
                  <td valign=center align=middle>
                    <table
onmouseover="this.style.backgroundcolor='#a10000'"
onmouseout="this.style.backgroundcolor=''" border=0  cellspacing=1
  cellpadding=2 width=98 bgcolor=#bbbbbb align=center height=100>
                      <tbody>
                      <tr>
                        <td bgcolor=#ffffff height=100 width=92
    align=middle>
                          <a href="http://127.0.0.1:8080/products.
asp?id=461"  target=_blank>
                            <img border=0 align=absmiddle
                              src="images/20118171635250270.jpg"
```

```
width=130 height=130></a>
                            </td></tr></tbody></table></td></tr>
                        <tr>
                          <td valign=center align=middle>
                            <table cellspacing=0 cellpadding=0 width=120
    align=center height=60>
                              <tbody>
                                <tr>
                                  <td><a class=titlelink
    href="http://127.0.0.1:8080/products.asp?id=461">吊兰圆形两用挂
    包..</a>
                                    <br></td></tr>
                                <tr>
                                  <td><img align=absmiddle
    src="images/rmblodo1.gif">
                                    市场价：390 元</td></tr>
                                <tr>
                                  <td><img align=absmiddle
    src="images/rmblodo.gif">
                                        会员价：<font color=#ff0000>350</font>元
</td></tr>
                                <tr>
                                  <td height=1
    background=images/127_0_0_1.htm></td>
                                </tr>
                              </tbody></table></td></tr></tbody></table></td>
    …
    …
    …
    …

                    <td height=110 valign=top>
                      <table cellspacing=0 cellpadding=0 width=150
    align=center height=90>
                        <tbody>
                          <tr>
                            <td valign=center align=middle>
                              <table
onmouseover="this.style.backgroundcolor='#a10000'"
onmouseout="this.style.backgroundcolor=''" border=0 cellspacing=1
    cellpadding=2 width=98 bgcolor=#bbbbbb align=center height=100>
                                <tbody>
                                  <tr>
                                    <td bgcolor=#ffffff height=100 width=92
    align=middle>
                                      <a
href="http://127.0.0.1:8080/products.asp?id=455" target=_blank>
                                    <img border=0 align=absmiddle
                                      src="images/201181715561143435.jpg"
width=130 height=130></a>
```

```
                    </td></tr></tbody></table></td></tr>
                    <tr>
                      <td valign=center align=middle>
                        <table cellspacing=0 cellpadding=0 width=120
    align=center height=60>
                             <tbody>
                             <tr>
                              <td>
                               <a class=titlelink  href="http://127.0.0.1:
8080/products.asp?id=455">黑宝石古银项链.</a> <br></td></tr>
                             <tr>
                               <td><img align=absmiddle
    src="images/rmblodo1.gif">
                                市场价：130 元</td></tr>
                             <tr>
                               <td><img align=absmiddle  src="images/
rmblodo.gif">
                                会员价：<font color=#ff0000>80</font> 元
</td></tr>
                             <tr>
                               <td height=1
    background=images/127_0_0_1.htm></td>
                             </tr>
                             </tbody>
                             </table>
                          </td>
    </tr></tbody></table></td></tr></tbody></table></td></tr></tbody></
table></td></tr></tbody></table>
```

这个特价商品模块的内容基本相似，所以以上代码只列出了一部分，在随书光盘中有完整的代码文件。

21.4.6 网页底部模块分析

网页底部主要包括友情链接模块、快速访问模块、网站注册备案信息模块等内容，相对比较简单，实现效果如下图所示。

友情链接：网趣商城 | 中国站长站 | 网易163 | 华军软件园 | 天空软件 | 微软中国 | 腾讯网 | 百度 | 谷歌 |

站点首页 | 关于我们 | 联系我们 | 付款方式 | 购物流程 | 保密安全 | 版权声明 | 客户留言 | 售后服务 | 送货须知

客服邮箱：zjb-410@163.com   客服电话：0371-88888888,135888888888 邮政编码：450001 公司地址：河南省郑州市文化路大铺路时代广场A座1502室

copyright © 2012 http://www.lifeshop.com/ all rights reserved 豫icp备11008888号

实现以上页面功能的具体代码如下：

```
<table border=0 cellspacing=0 cellpadding=0 width=980 align=center>
  <tbody>
  <tr>
   <td bgcolor=#ffffff height=10></td></tr>
  <tr>
```

```
    <td>
        <table    border=0    cellspacing=0    cellpadding=0    width=980
background=images/footbg1.gif align=center>
        <tbody>
        <tr>
        <td height=30>    <font color=#eae9e9>
友情链接:</font>
            <a href="http://www.cnhww.com/" target=_blank>
            <font color=#eae9e9>网趣商城|</font>
            </a>
            <a href="http://www.chinaz.com/" target=_blank>
            <font color=#eae9e9>中国站长站|</font></a>
            <a href="http://www.163.com/" target=_blank>
            <font color=#eae9e9>网易 163|</font></a>
            <a href="http://www.onlinedown.net/" target=_blank>
            <font color=#eae9e9>华军软件园|</font></a>
            <a href="http://www.skycn.com/" target=_blank>
            <font color=#eae9e9>天空软件|</font></a>
            <a href="http://www.microsoft.com/zh/cn" target=_blank>
            <font color=#eae9e9>微软中国|</font></a>
            <a href="http://www.qq.com/" target=_blank>
            <font color=#eae9e9>腾讯网|</font></a>
            <a href="http://www.baidu.com/" target=_blank>
            <font color=#eae9e9>百度|</font></a>
            <a href="http://www.google.com/" target=_blank>
            <font color=#eae9e9>谷歌|</font></a>
    </td></tr></tbody></table>
        <div class=footer>
        <div                                class=footer_line><a
href="http://127.0.0.1:8080/index.asp">站点首页</a>
        <a href="http://127.0.0.1:8080/help.asp?action=about">关于我们
</a> |
        <a href="http://127.0.0.1:8080/help.asp?action=lxwm">联系我们
</a> |
        <a href="http://127.0.0.1:8080/help.asp?action=fukuan">付款方式
</a> |
        <a href="http://127.0.0.1:8080/help.asp?action=gouwuliucheng">
购物流程</a> |
        <a href="http://127.0.0.1:8080/help.asp?action=baomi">保密安全
</a> |
        <a href="http://127.0.0.1:8080/help.asp?action=shiyongfalv">版
权声明</a> |
        <a href="http://127.0.0.1:8080/viewreturn.asp">客户留言</a> |
        <a href="http://127.0.0.1:8080/help.asp?action=shouhoufuwu">售
后服务</a> |
        <a href="http://127.0.0.1:8080/help.asp?action=feiyong">送货须知
</a></div>
        <div class=copyright> 客服邮箱: zjb-4109@163.com 客服电话:
0371-88888888,135888888888
```

邮政编码：450001 公司地址：河南省郑州市文化路大铺路时代广场 a 座 1602 室 ←---
```
<br>
        copyright &copy; 2012
    <a                              href="http://www.cnhww.com/"
target=_blank>http://www.lifeshop.com/</a> all rights reserved
    <a         class=textlink3        href="http://www.miibeian.gov.cn/"
target=_blank>豫 icp 备 11008888 号 </a><br></div></div>
        <script>
  var online= new array();
  if (!document.layers)
  document.write('<div id="divstaytopright"
   style="position:absolute">')
  </script><script type=text/javascript>
  //enter "frombottom" or "fromtop"
  var verticalpos="frombottom"
  if (!document.layers)
  document.write('</div>')
  function jsfx_floattopdiv()
  {
  var startx =2,
  starty = 460;
  var ns = (navigator.appname.indexof("netscape") != -1);
  var d = document;
  function ml(id)
  {
      var
el=d.getelementbyid?d.getelementbyid(id):d.all?d.all[id]:d.layers[id];
      if(d.layers)el.style=el;
      el.sp=function(x,y){this.style.right=x;this.style.top=y;};
      el.x = startx;
      if (verticalpos=="fromtop")
      el.y = starty;
      else{
      el.y = ns ? pageyoffset + innerheight : document.body.scrolltop +
  document.body.clientheight;
      el.y -= starty;
      }
      return el;
  }
  window.staytopright=function()
  {
      if (verticalpos=="fromtop"){
      var py = ns ? pageyoffset : document.body.scrolltop;
      ftlobj.y += (py + starty - ftlobj.y)/8;
      }
      else{
      var py = ns ? pageyoffset + innerheight : document.body.scrolltop +
  document.body.clientheight;
      ftlobj.y += (py - starty - ftlobj.y)/8;
```

```
      }
      ftlobj.sp(ftlobj.x, ftlobj.y);
      settimeout("staytopright()", 10);
 }
 ftlobj = ml("divstaytopright");
 staytopright();
 }
 jsfx_floattopdiv();
 </script>
    </td></tr></tbody></table>
```

中国铁道出版社组织各行业一线工作者倾情打造，以最新国家标准为依据，以行业实操应用为主，使用最新的软件版本，现推荐如下：

中国铁道出版社
CHINA RAILWAY PUBLISHING HOUSE

网址：http://www.tdpress.com
读者热线电话：010-63560056

读者意见反馈表

亲爱的读者：

感谢您对中国铁道出版社的支持，您的建议是我们不断改进工作的信息来源，您的需求是我们不断开拓创新的基础。为了更好地服务读者，出版更多的精品图书，希望您能在百忙之中抽出时间填写这份意见反馈表发给我们。随书纸制表格请在填好后剪下寄到：北京市西城区右安门西街8号中国铁道出版社综合编辑部 刘伟 收（邮编：100054）。或者采用传真（010-63549458）方式发送。此外，读者也可以直接通过电子邮件把意见反馈给我们，E-mail地址是：6v1206@gmail.com 我们将选出意见中肯的热心读者，赠送本社的其他图书作为奖励。同时，我们将充分考虑您的意见和建议，并尽可能地给您满意的答复。谢谢！

所购书名：_____

个人资料：

姓名：_____ 性别：_____ 年龄：_____ 文化程度：_____

职业：_____ 电话：_____ E-mail：_____

通信地址：_____ 邮编：_____

您是如何得知本书的：

□书店宣传 □网络宣传 □展会促销 □出版社图书目录 □老师指定 □杂志、报纸等的介绍 □别人推荐

□其他（请指明）_____

您从何处得到本书的：

□书店 □邮购 □商场、超市等卖场 □图书销售的网站 □培训学校 □其他

影响您购买本书的因素（可多选）：

□内容实用 □价格合理 □装帧设计精美 □带多媒体教学光盘 □优惠促销 □书评广告 □出版社知名度

□作者名气 □工作、生活和学习的需要 □其他

您对本书封面设计的满意程度：

□很满意 □比较满意 □一般 □不满意 □改进建议

您对本书的总体满意程度：

从文字的角度 □很满意 □比较满意 □一般 □不满意

从技术的角度 □很满意 □比较满意 □一般 □不满意

您希望书中图的比例是多少：

□少量的图片辅以大量的文字 □图文比例相当 □大量的图片辅以少量的文字

您希望本书的定价是多少：

本书最令您满意的是：

1.

2.

您在使用本书时遇到哪些困难：

1.

2.

您希望本书在哪些方面进行改进：

1.

2.

您需要购买哪些方面的图书？对我社现有图书有什么好的建议？

您更喜欢阅读哪些类型和层次的计算机书籍（可多选）？

□入门类 □精通类 □综合类 □问答类 □图解类 □查询手册类 □实例教程类

您在学习计算机的过程中有什么困难？

您的其他要求：